电工电路

一本通

门 宏 ◎ 编著

U0334733

人民邮电出版社

北 京

图书在版编目（CIP）数据

电工电路一本通 / 门宏编著. -- 北京 ：人民邮电
出版社，2021.4
ISBN 978-7-115-55552-6

Ⅰ．①电… Ⅱ．①门… Ⅲ．①电路—基本知识 Ⅳ.
①TM13

中国版本图书馆CIP数据核字(2020)第245142号

内 容 提 要

本书是专为电工技术初学者和电工技术从业人员精心打造的技术宝典，具有易读性、实用性、全面性、资料性的特点，既是电工技术初学者的快速入门教材，也是电工技术人员的翔实技术资料，一本书解决学习和应用电工电路中方方面面的问题。

全书共9章，内容涵盖了各种实用的电工电路，包括照明控制与调光电路、自动控制与遥控电路、门铃与报警器电路、延时与定时电路、彩灯与装饰灯电路、室内供配电电路、电源与充电电路、电动机控制电路、电工仪表与家用电器电路等。这些电路都是成熟的实用电工电路，读者完全可以根据需要拿来就用。

本书适合广大电工技术爱好者、电工技术人员阅读与备查，并可作为职业技术学校和务工人员上岗培训的基础教材。

◆ 编　著　门　宏
责任编辑　黄汉兵
责任印制　陈　犇

◆ 人民邮电出版社出版发行　　北京市丰台区成寿寺路 11 号
邮编　100164　电子邮件　315@ptpress.com.cn
网址　https://www.ptpress.com.cn
天津市豪迈印务有限公司印刷

◆ 开本：787×1092　1/16
印张：14.25　　　　　　　2021 年 4 月第 1 版
字数：380 千字　　　　　2021 年 4 月天津第 1 次印刷

定价：79.00 元

读者服务热线：(010)81055493　印装质量热线：(010)81055316
反盗版热线：(010)81055315
广告经营许可证：京东市监广登字 20170147 号

前言

电是现代社会的重要能源,电工技术是现代科技的重要领域,涉及社会生产生活的方方面面,社会对电工技术人才的需求越来越大。电工电路是电工技术领域中十分重要的内容。《电工电路一本通》是专为电工技术初学者和电工技术人员精心打造的技术宝典,具有易读性、实用性、全面性、资料性的特点,既是电工技术初学者的快速入门教材,也是电工技术人员的翔实技术资料。

《电工电路一本通》通过240多个实例系统地讲解了电工领域中的经典电路和实用电路。随着科学技术特别是微电子技术的不断发展和进步,现代电工领域越来越多地应用了电子技术,例如电子镇流器、电子调光电路、电子延时电路、集成稳压电源等,书中有相当部分是涉及这些现代电子电工技术的实用电路。

本书的编著宗旨:让电工技术初学者一看就懂、一学就会、一做就成;让初学者一本书从入门到精通,让电工技术从业人员有启发、有提高、有资料。本书既提供电工电路实用技能技巧,也提供电工实用的技术资料。

全书共9章,内容涵盖了各种实用的电工电路。第1章讲解照明控制与调光电路,第2章讲解自动控制与遥控电路,第3章讲解门铃与报警器电路,第4章讲解延时与定时电路,第5章讲解彩灯与装饰灯电路,第6章讲解室内供配电电路,第7章讲解电源与充电电路,第8章讲解电动机控制电路,第9章讲解电工仪表与家用电器电路。这240多个电路都是成熟的实用电工电路,读者完全可以根据需要拿来就用。

本书适合广大电工技术爱好者、电工从业人员学习和作为资料备查,并可作为职业技术学校和务工人员上岗培训的基础教材。书中如有不当之处,欢迎广大读者朋友批评指正。

编者
2020.10

目录

第 8 章　电动机控制电路　/182

第 9 章　电工仪表与家用电器电路　/192

第1章 照明控制与调光电路

现代照明基本上都使用电光源，保障电光源正常可靠工作的电路称之为照明电路。照明电路是电工电路中涉及面最广、应用最普遍的电路，包括控制照明灯亮与灭的开关电路、为特种电光源提供配套的电源电路、可以改变电光源亮度的调光电路等。

1. 一个开关控制一盏灯

照明用电光源主要包括白炽灯、日光灯、石英灯、节能灯、LED等种类，如图1-1所示。照明用电光源的特点是通电即亮、断电即灭。因此，用一个开关控制照明灯的供电电路，接通电路则照明灯亮（开灯），切断电路则照明灯灭（关灯），这就是最简单的照明电路。

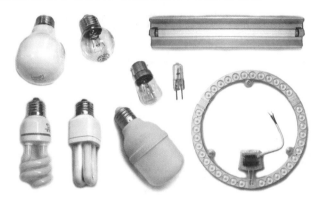

图1-1 电光源的种类

一个开关控制一盏灯的电路如图1-2所示，这是一种最基本、最常用的照明灯控制电路。开关S应串接在220V市电电源的相线上，这样在关断开关S后，照明灯上不带电，确保安全。如果开关S串接在220V市电电源的零线上，虽然也可实现开灯、关灯，但关灯后照明灯上仍然带电，存在安全隐患。图1-3所示为一个开关控制一盏灯的实物接线图。该电路适用于所有电光源照明控制，包括白炽灯、日光灯、石英灯、节能灯、LED等。

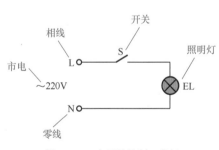

图1-2 一个开关控制一盏灯

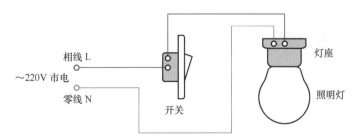

图1-3 一个开关控制一盏灯实物接线图

现在使用的绝大多数照明灯都是螺旋接口，俗称螺口灯泡，包括白炽灯、紧凑型节能灯、一体式 LED 等。接线时应注意，相线必须接在灯座的中心接点上，如图 1-4 所示，这样灯座及灯泡的螺旋扣即使外露也可确保安全。S 采用单极单位开关即可，开关和灯座的额定电压和额定电流指标，应大于所用照明灯的相应指标。

图 1-4　螺口照明灯与灯座

2. 一个开关控制多盏灯

一个开关可以同时控制多盏灯，电路如图 1-5 所示，将需要同时控制的多盏灯（图中示出了 3 盏灯）并联后接入电路即可，这些照明灯将同时受开关 S 的控制，一起开灯，一起关灯。

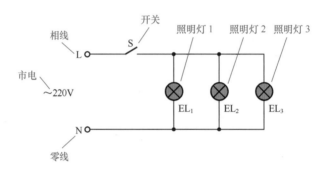

图 1-5　一个开关控制多盏灯

实际操作时，为避免布线中途的导线接头，特别是暗埋式布线中途接头易成为故障点且维修麻烦，可根据具体情况，将接头安排在灯座中，如图 1-6 所示。或将接头安排在开关盒中，如图 1-7 所示。开关的额定电流指标，应大于所有被其控制的灯泡电流的总和。

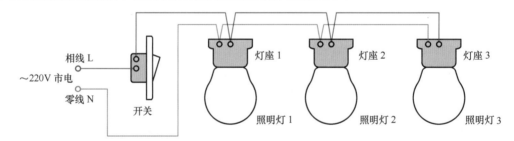

图 1-6　一个开关控制多盏灯接线图之一

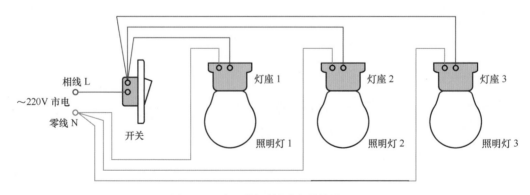

图 1-7　一个开关控制多盏灯接线图之二

3. 一个开关分别控制两盏灯

一个开关可以分别控制两盏灯，电路如图 1-8 所示，控制开关 S 为单极三位开关。当开关 S 拨向最下端时，接通了照明灯 EL_1 的电源而使其点亮。当 S 拨向中间端时，接通了照明灯 EL_2 的电源而使其点亮。当 S 拨向最上端时，两个照明灯的电路均被切断而不亮。图 1-9 所示为一个开关分别控制两盏灯的实物接线图。

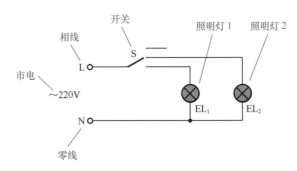

图 1-8　一个开关分别控制两盏灯

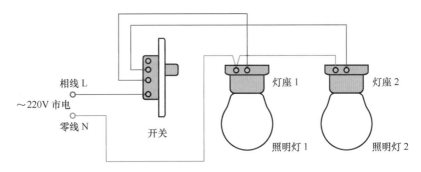

图 1-9　一个开关分别控制两盏灯接线图

4. 两个开关在两处控制同一盏灯

两个开关在两处可以控制同一盏灯，其中任何一个开关都能够打开该灯，任何一个开关也都能够关闭该灯。两个开关在两处控制同一盏灯的电路如图 1-10 所示，开关 S_1、S_2 均为单极双位开关，在两个开关之间需安排两根连接导线。

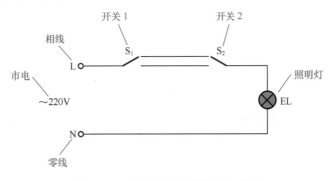

图 1-10　两个开关在两处控制同一盏灯

当 S_1 与 S_2 拨向相同（都拨向上端或都拨向下端）时，电路接通，照明灯 EL 点亮。当 S_1 与 S_2 拨向不同（一个拨向上端、另一个拨向下端）时，电路切断，照明灯 EL 熄灭。这种接线方法可以在两个地方控制同一盏灯的亮与灭。例如，将开关 S_1 设置在门口，S_2 设置在床头，您进门时用 S_1 打开照明灯，就寝时则用 S_2 关灯，十分方便。图 1-11 所示为两个开关在两处控制同一盏灯的实物接线图。

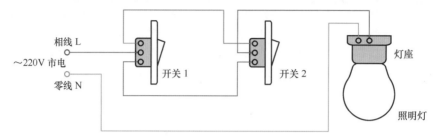

图 1-11　两个开关在两处控制同一盏灯接线图

5.　两个开关单线控制同一盏灯

图 1-12 所示为两个开关在两处控制同一盏灯的另一种接线方法，在两个开关 S_1、S_2 之间只需要一根连接导线，而且两个开关均使用单极单位开关即可，同样可以达到两个开关在两处控制同一盏灯的效果。当 S_1 与 S_2 拨向相同时，两个二极管为顺向串联，提供电流通路，照明灯 EL 点亮。当 S_1 与 S_2 拨向不同时，两个二极管为反向串联，总有一个二极管处于截止状态，切断电流通路，照明灯 EL 熄灭。

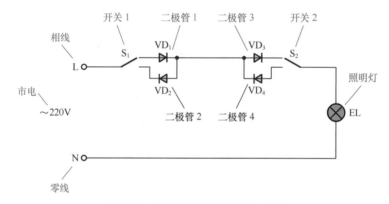

图 1-12　两个开关单线控制同一盏灯

由于二极管的存在，电路变成了半波供电，照明灯的亮度有所降低，并且只适用于白炽灯、石英灯等。这种方法适用于两个开关相距较远、对灯光亮度要求不高的场合，例如应用于楼梯的照明灯控制，S_1 置于楼下，S_2 置于楼上，您可在楼下用 S_1 打开楼梯灯，上楼进家门后则用 S_2 关灯。二极管 $VD_1 \sim VD_4$ 一般可用 1N4007，如果所用灯泡功率超过 200W 则应采用 1N5407 等整流电流更大的二极管。图 1-13 所示为两个开关在两处单线控制同一盏灯的实物接线图。

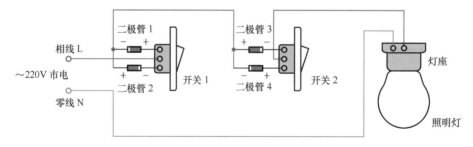

图 1-13　两个开关单线控制同一盏灯接线图

6.　三个开关在三处控制同一盏灯

三个开关可以在三处控制同一盏灯，电路如图 1-14 所示，S_1、S_3 为单极双位开关，S_2 为双极双位开关，各开关之间均用两根导线连接。三个开关 S_1、S_2、S_3 中，任何一个开关都可以独立地控制同一盏照明灯 EL 的亮与灭。即在照明灯 EL 不亮时，任何一个开关都可以开灯；而在照明灯 EL 亮着时，任何一个开关都可以关灯。图 1-15 所示为三个开关在三处控制同一盏灯的实物接线图。

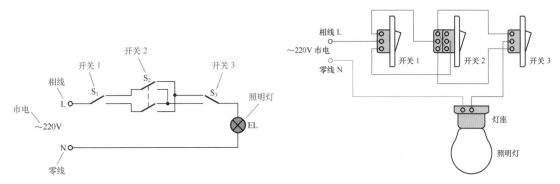

图 1-14　三个开关在三处控制同一盏灯　　　图 1-15　三个开关在三处控制同一盏灯接线图

7.　多开关控制楼梯照明灯

图 1-16 所示为六层楼的楼梯照明灯多开关控制电路，S_1、S_6 为单极双位开关，$S_2 \sim S_5$ 为双极双位开关。六个照明灯和六个开关分别安装在六个楼层，六层楼的照明灯一起开关，可以用任一开关开灯，也可以用任一开关关灯。比如，人们可以在楼道口开灯，上楼后再关灯；也可以在任一楼层开灯，下楼后再关灯。该控制电路既提供了方便又有利于节电。图 1-17 所示为多开关控制楼梯照明灯的实物接线图。

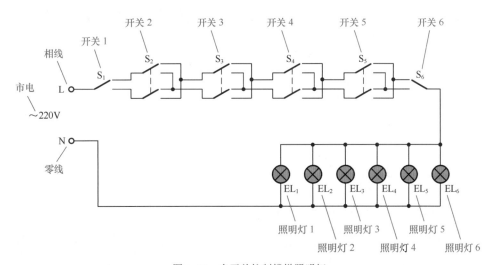

图 1-16　多开关控制楼梯照明灯

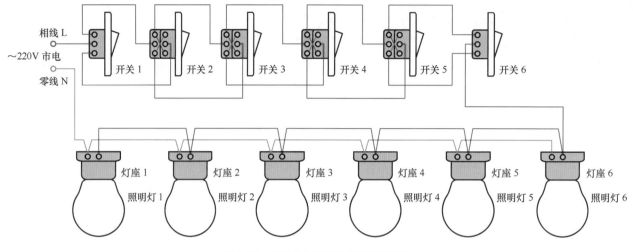

图 1-17　多开关控制楼梯照明灯接线图

8.　多路控制楼道灯电路

多路控制楼道灯电路采用双向晶闸管控制，可以在任一楼层打开或关闭楼道灯，极大地方便了晚间楼道内的行人。图 1-18 所示为多路控制楼道灯电路图。

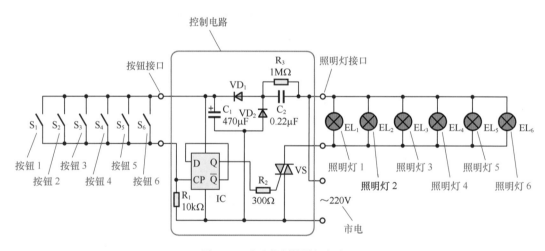

图 1-18　多路控制楼道灯电路

电路控制部分为 D 触发器（IC）构成的双稳态触发器，其 Q 输出端信号经 R_2 加至双向晶闸管 VS 的控制极，作为 VS 的触发信号。双稳态触发器的特点是具有两个稳定的状态，并且在外加触发信号的作用下，可以由一种稳定状态转换为另一种稳定状态。在没有外加触发信号时，现有状态将一直保持下去。

电路图中，$S_1 \sim S_6$ 为控制按钮开关，任意一个开关按下时，将在电阻 R_1 上产生一个脉冲电压，触发双稳态触发器 IC 翻转。当双稳态触发器的 Q 输出端为"1"时，高电平经 R_2 触发双向晶闸管 VS 导通，楼道灯 $EL_1 \sim EL_6$ 点亮。当双稳态触发器的 Q 输出端为"0"时，双向晶闸管 VS 因无触发信号而在交流电过零时截止，楼道灯 $EL_1 \sim EL_6$ 熄灭。

控制按钮可以无限制地增加数量，互相并联即可。这些控制按钮按需要分布在各个楼层，每个楼层的楼道灯也互相并联在一起。图 1-19 所示为六层楼的多路控制楼道灯实物接线图。

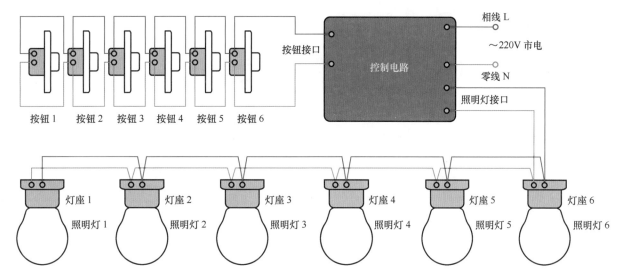

图 1-19　多路控制楼道灯接线图

　　例如，某人住在六楼，晚上回来时在一楼按一下控制按钮 S_1，所有楼层的楼道灯都点亮提供照明。当他到达六楼门口时，按一下六楼的控制按钮 S_6，所有楼层的楼道灯都熄灭，既方便又节约电能。

　　电路采用电容降压整流电源供电，C_2 为降压电容，R_3 为其泄放电阻，VD_1 为整流二极管，VD_2 为续流二极管，C_1 为滤波电容。电容降压整流电源的最大特点是电路简单、成本低廉，主要应用于小电流供电场合。

9.　日光灯连接电路

　　日光灯是一种气体放电发光的电光源，通常做成管状。与白炽灯相比，日光灯具有光色好、光线柔和、灯管温度较低、发光效率较高、使用寿命长的显著优点。日光灯管不可直接加电使用，需要配镇流器和启辉器等附件才能工作。

　　图 1-20 所示为日光灯连接电路。镇流器 L 实际上是一个铁芯电感线圈，它具有两个作用：一是在日光灯启动时与启辉器配合产生瞬时高压使灯管内汞蒸气电离放电；二是在日光灯点亮后限制和稳定灯管的工作电流。

　　开关 S 应接在 220V 市电相线与镇流器 L 之间。如果将开关 S 接在零线上，关断开关后日光灯管仍会有微弱发光。

　　启辉器结构如图 1-21 所示，由氖泡和电容器组成。氖泡内有一双金属片构成的接点，它的作用是在日光灯启动时自动断开电路，配合镇流器产生瞬时高压点亮灯管。电容器并接在氖泡两端，用于消除双金属片接点断开时的火花干扰。

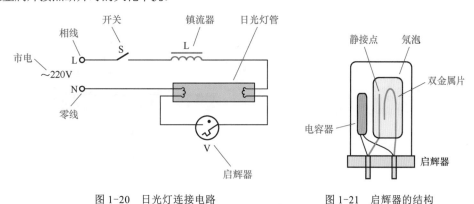

图 1-20　日光灯连接电路　　　　　　图 1-21　启辉器的结构

　　采用电感镇流器的日光灯，属于电感性负载，因此功率因数较低。由于直接由 50Hz 交流电供电，灯光存在频闪现象，特别是在观察周期性运动的物体时，频闪尤为明显。图 1-22 所示为日光灯连接电路实物接线图。

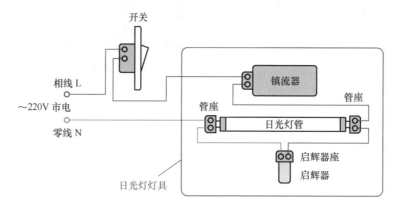

图 1-22　日光灯连接电路接线图

10.　日光灯功率因数提高电路

电容器可以提高感性负载的功率因数。普通日光灯由于采用电感镇流器，整个电路呈感性，功率因数很低，一般只有 0.5～0.6，这对供电系统是很不利的。在日光灯电路中并接电容器 C，可以显著提高电路的功率因数，如图 1-23 所示。例如在 40 W 日光灯电路中，取并接电容器 $C = 4.7\mu F$，则可将功率因数提高到 0.9 以上。图 1-24 所示为日光灯并接电容器实物接线图。

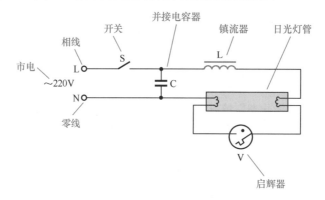

图 1-23　并接电容器提高日光灯功率因数

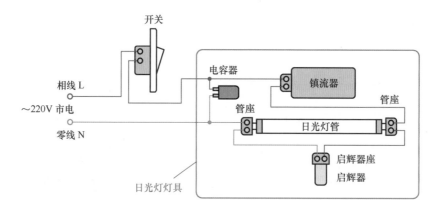

图 1-24　日光灯并接电容器接线图

11.　电子日光灯连接电路

电子日光灯使用电子镇流器取代了普通日光灯中的铁芯电感镇流器,不仅彻底消除了普通日光灯的频闪和铁芯振动引起的"嗡嗡"噪声,而且功率因数可达 0.9 以上,比普通日光灯提高 80%,效率大大提高。电子日光灯具有节电、明亮、易启动、无频闪、功率因数高、电源电压范围宽等突出优点。

图 1-25 所示为电子日光灯连接电路。电子镇流器采用先进的开关电源技术和谐振启辉技术,将 50 Hz 交流市电变换为 50 kHz 高频交流电,再去点亮日光灯管。图 1-26 所示为电子日光灯连接电路实物接线图。

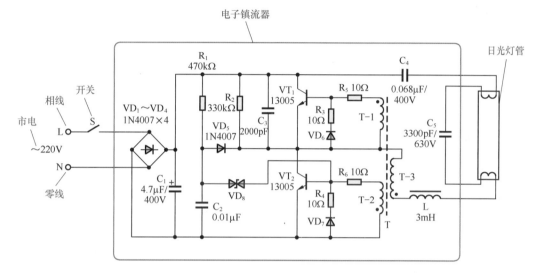

图 1-25　电子日光灯连接电路

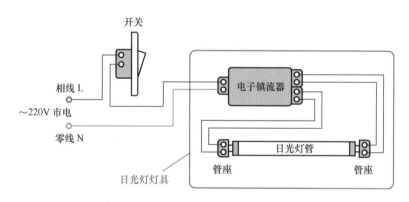

图 1-26　电子日光灯连接电路实物接线图

交流 220V 市电接入电路后,直接经整流二极管 $VD_1 \sim VD_4$ 桥式整流、滤波电容器 C_1 滤波后,输出约 310V 的直流电压,作为高频振荡器的工作电源。功率开关管 VT_1、VT_2 和高频变压器 T 等组成开关式自激振荡器,将 310V 直流电压逆变为 50kHz、约 270V 的高频交流电压,作为日光灯管的工作电压,通过 C_5 和 L 组成的谐振启辉电路送往日光灯管。C_5 和 L 组成串联谐振电路,谐振电容 C_5 上的谐振电压为回路电压的 Q 倍(约 600V),加在日光灯管两端使其启辉点亮。在刚接通电源时,由 R_1、C_2、VD_8 组成的启动电路使自激振荡器起振。图 1-27 所示为电子镇流器工作原理方框图。

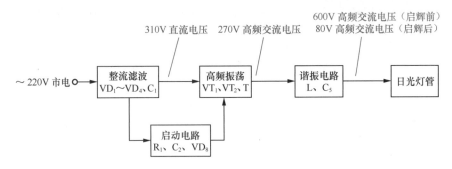

图 1-27　电子镇流器原理方框图

12. LED 日光灯连接电路

LED 即发光二极管灯，是一种半导体固体电光源，具有绿色环保、节能高效的优点。LED 日光灯管是将若干 LED 电光源与驱动电路一起封装在日光灯管形状的外壳内，如图 1-28 所示，可以安装到原有的日光灯灯具上，是普通日光灯的升级换代产品。

图 1-28　LED 日光灯管

LED 日光灯连接电路如图 1-29 所示。由于驱动电路已封装在 LED 灯管内，因此连接电路极为简单，220V 市电电源的相线经开关 S 连接到 LED 灯管驱动电路一端的引脚，零线连接到 LED 灯管另一端的引脚。LED 灯管每一端的两个引脚已在内部连接在一起，所以每一端接一个引脚即可。图 1-30 所示为 LED 日光灯连接电路实物接线图。

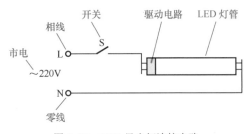

图 1-29　LED 日光灯连接电路

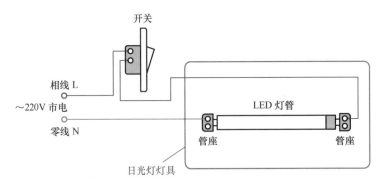

图 1-30　LED 日光灯连接电路接线图

对于采用铁芯电感镇流器的日光灯灯具，换用 LED 日光灯管时，卸掉日光灯灯具上的启辉器，然后将 LED 灯管直接装上即可，非常方便，如图 1-31 所示。采用电子镇流器的日光灯灯具必须拆除电子镇流器后按图 1-30 连接 LED 日光灯管。

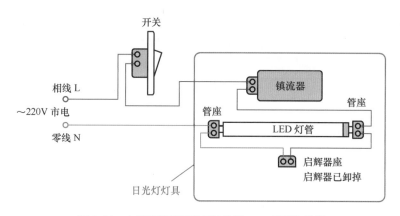

图 1-31 电感镇流器日光灯具换用 LED 灯管接线图

13. 高压汞灯连接电路

　　高压汞灯又称为高压水银灯，是一种高强度气体放电发光的电光源，具有发光效率高、功率大、寿命长的特点，适用于一般情况下的大面积室内外照明，例如街道、广场、车站、码头、停车场、立交桥、交易市场、高大厂房、仓库等。

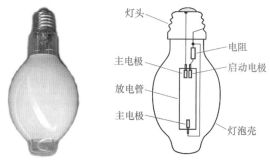

图 1-32 高压汞灯

　　高压汞灯如图 1-32 所示，是利用汞蒸气放电来获得可见光的电光源。电源接通后，由于启动电极与旁边的主电极距离很近，首先在它们之间产生辉光放电，使得放电管内温度上升、汞被气化，接着便在两个主电极之间产生弧光放电。这时放电管产生很强的可见光和紫外线，紫外线激发玻璃泡壳内壁的荧光粉发出大量可见光。由于灯泡工作时，内部的气体压力大于一个大气压，所以称为高压汞灯。

　　高压汞灯具有标准型高压汞灯和自镇流型高压汞灯两类。标准型高压汞灯工作时必须串接配套的镇流器，连接电路如图 1-33 所示，实物接线图如图 1-34 所示。

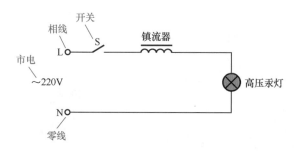

图 1-33 标准型高压汞灯连接电路

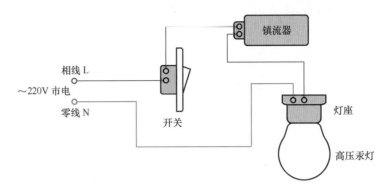

图 1-34 高压汞灯连接电路接线图

自镇流型高压汞灯与标准型高压汞灯的主要不同在于，自镇流型高压汞灯灯泡中串联了起镇流作用的钨丝，因此电路中不需要外接镇流器。自镇流型高压汞灯连接电路如图 1-35 所示，实物接线图如图 1-36 所示。

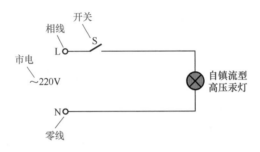

图 1-35 自镇流型高压汞灯连接电路

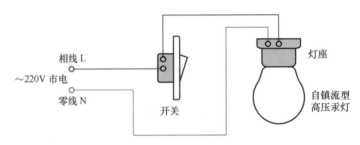

图 1-36 自镇流型高压汞灯连接电路实物接线图

14. 高压钠灯连接电路

高压钠灯也是一种高强度气体放电发光的电光源，它的发光效率和使用寿命比高压汞灯有大幅度提高，是高压放电灯中发光效率最高的一种。高压钠灯的显色性比高压汞灯好，所发出的光是金黄色，因此许多场合都选用高压钠灯作泛光照明，使建筑物在夜间显示出金碧辉煌、庄严富丽的效果。

高压钠灯具有高效、节能、光通量高、透雾性强、光色柔和及寿命长等优点，广泛应用在广场、道路、机场、港口、车站、隧道、大桥、工矿企业等照明场所。

高压钠灯如图 1-37 所示，由发光管、支架、玻璃

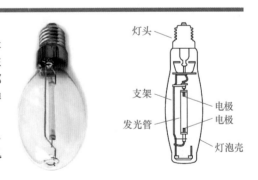

图 1-37 高压钠灯

泡壳和灯头四部分组成。高压钠灯的放电物质是金属钠蒸气。当高压钠灯启动后，发光管两端电极之间产生电弧，电弧的高温作用使管内的金属钠受热蒸发成为钠蒸气，钠原子与电场中的电子频繁碰撞，获得能量产生电离激发，从而产生大量可见光输出。

高压钠灯工作时必须串接配套的镇流器，连接电路如图 1-38 所示。图 1-39 所示为高压钠灯连接电路实物接线图。

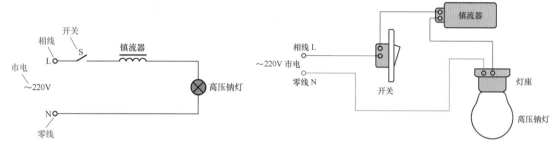

图 1-38　高压钠灯连接电路　　　　　图 1-39　高压钠灯连接电路实物接线图

高压钠灯的启动方式有内触发式和电子触发器触发式两种。电子触发器可克服内触发式高压钠灯再启动时间长（约 10min）的缺点，具有启动快、再启动时间短（小于 30s）、体积小、寿命长的特点，目前应用广泛，其接线电路如图 1-40 所示。图 1-41 所示为电子触发器高压钠灯连接电路实物接线图。

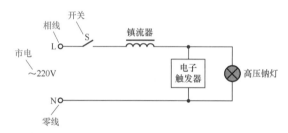

图 1-40　电子触发器高压钠灯连接电路

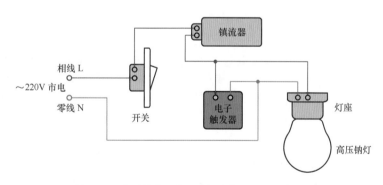

图 1-41　电子触发器高压钠灯连接电路实物接线图

15.　电子节能灯电路

采用电子镇流器的紧凑型荧光灯，将灯管和电子镇流器紧密地结合为一个整体，并配上普通白炽灯头（螺口或卡口），可直接替换白炽灯，人们通俗地称之为节能灯，如图 1-42 所示。节能灯具有节电、明亮、易启动、无频闪、功率因数高、寿命长和使用方便等突出优点，得到了普遍的应用。

电子节能灯电路如图 1-43 所示，由整流电路、启动电路、逆变电路、谐振启辉电路等部分组成。交流 220V 市电经 VD₁ ~ VD₄ 桥式整流和 C₁ 滤波后，成为 310V 左右的直流电压，再由功率开关管 VT₁、VT₂ 和高频变压器 T 等组成的逆变电路变换为 50kHz 左右、约 270V 的高频交流电压，作为节能荧光灯管的电源电压。

图 1-42 电子节能灯结构

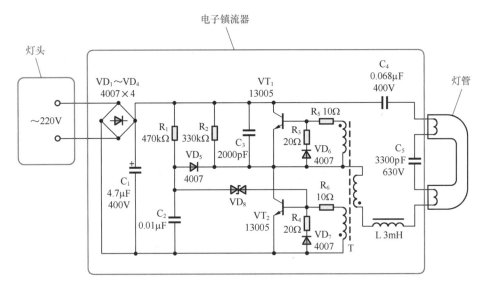

图 1-43 电子节能灯电路

C₅ 与 L 组成串联谐振电路，在谐振电容 C₅ 两端产生一个 Q 倍于振荡电压的高电压（约 600V），将灯管内气体击穿而启辉。当灯管点亮后，其内阻急剧下降，该内阻并联于 C₅ 两端，使谐振电路 Q 值大大降低，故 C₅ 两端（即灯管两端）的高启辉电压即下降为正常工作电压（约 80V），维持灯管稳定地正常发光。图 1-44 所示为电子节能灯连接电路实物接线图。

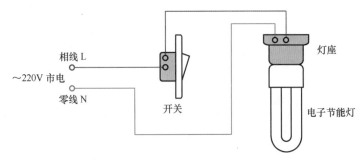

图 1-44 电子节能灯连接电路实物接线图

16.　变压器降压石英灯电路

石英灯也是一种白炽灯，具有亮度高、功耗小、发光效率高和寿命长的特点，低压石英灯还具有安全的特点。石英灯泡配以聚光型反光罩即组成石英射灯，具有很好的局部聚光照明效果，常用于商品橱窗展柜照明、客厅装饰定向照明等。

石英灯泡额定工作电压有高压和低压两种。高压石英灯泡的额定工作电压为 220V，直接接入交流220V 电源即可使用。低压石英灯泡的额定工作电压通常为 12V，需要配以降压电路使用。

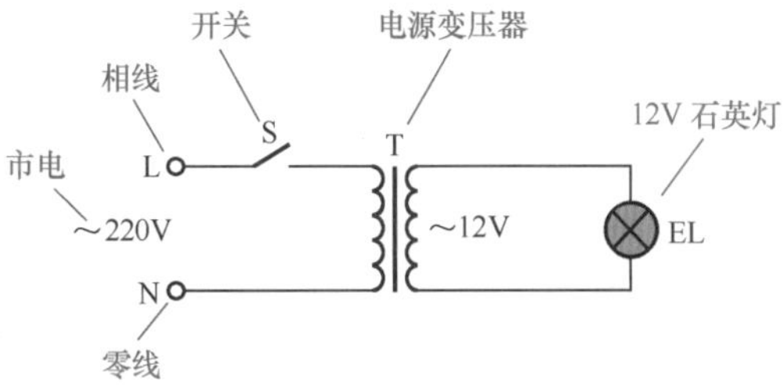

图 1-45　变压器降压石英灯电路

变压器降压石英灯电路如图 1-45 所示，电源变压器 T 将交流 220V 市电降压为交流电压 12V，供石英灯泡使用。图 1-46 所示为变压器降压石英灯电路实物接线图。

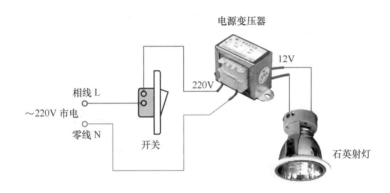

图 1-46　变压器降压石英灯电路实物接线图

17.　石英灯电源变换电路

低压石英灯也可以采用电源变换电路降压供电。电源变换电路由高压整流、高频振荡、降压等部分组成，具有工频交流→高压直流→高频交流→低压交流的电源变换功能，可以将 220V、50Hz 的市电变换为 12V、40kHz 的高频交流电，供石英灯泡使用。采用高频交流电可以极大地缩小降压变压器的体积，提高其效率。

图 1-47 所示为石英灯电源变换电路。接通电源开关 S 后，220V、50Hz 的市电被整流二极管 $VD_1 \sim VD_4$ 直接整流为 310V 左右的直流电压。开关管 VT_1、VT_2 与高频变压器 T 等组成高频振荡电路，振荡频率约为 40kHz。高频变压器 T 的两个反馈绕组 L_1、L_2 分别接在 VT_1、VT_2 的基极，使 VT_1 与 VT_2 轮流导通，将 310V 直流电压逆变为约 250V、40kHz 的高频交流电压，再由高频变压器 T 的 L_4 绕组将其降压为 12V 点亮石英灯泡。图 1-48 所示为采用电源变换电路的石英灯实物接线图。

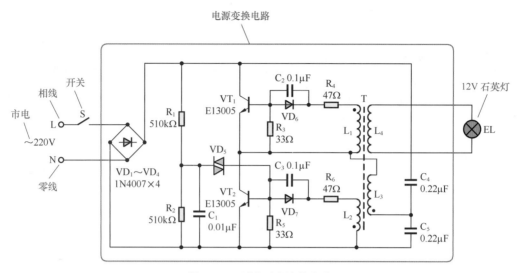

图 1-47 石英灯电源变换电路

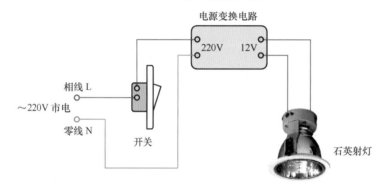

图 1-48 采用电源变换电路的石英灯接线图

18. 轻触台灯开关电路

图 1-49 所示为轻触台灯开关电路，"开"和"关"为两个轻触按钮开关 SB_1 和 SB_2，555 时基电路 IC 构成双稳态触发器完成控制功能，单向晶闸管 VS 构成无触点直流开关，控制台灯 EL 的点亮与熄灭。图 1-50 所示为轻触台灯开关电路实物应用接线图。

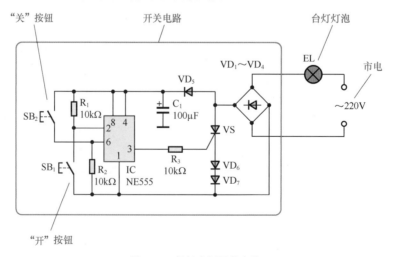

图 1-49 轻触台灯开关电路

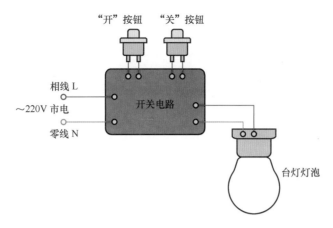

图 1-50　轻触台灯开关电路实物应用接线图

当按下"开"轻触按钮开关 SB$_1$ 时，555 时基电路的第 2 脚被接地，即在双稳态触发器的置"1"输入端加上一个"0"电平触发脉冲，双稳态触发器被置"1"，其输出端（第 3 脚）输出为高电平，经 R$_3$ 加至单向晶闸管 VS 的控制极，触发 VS 导通，台灯点亮。

当按下"关"轻触按钮开关 SB$_2$ 时，555 时基电路的第 6 脚被接正电源，即在双稳态触发器的置"0"输入端加上一个"1"电平触发脉冲，双稳态触发器被置"0"，其输出端（第 3 脚）输出为"0"，单向晶闸管 VS 失去触发信号，在交流电过零时截止，台灯熄灭。

晶体二极管 VD$_1$ ~ VD$_4$ 构成桥式整流电路，为控制电路提供直流电源，同时使得单向晶闸管可以控制台灯的交流回路。VD$_5$ 起隔离作用，其左侧因为有 C$_1$ 滤波而为 IC 提供平稳的直流电压，其右侧为脉动电压保证晶闸管 VS 可以在过零时截止。VD$_6$ 与 VD$_7$ 的作用是垫高 VS 的管压降，确保在 VS 导通时 IC 仍能得到一定的工作电压。

19.　单触摸开关电路

图 1-51 所示为晶闸管构成的单触摸开关电路。该触摸开关具有延时功能，可应用于楼道、走廊等公共部位的照明灯节电控制。行人需要时用手触摸一下开关，照明灯即点亮，并在数十秒后自动熄灭。

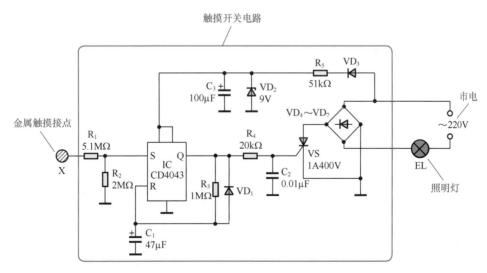

图 1-51　单触摸开关电路

触摸开关的控制核心是 RS 触发器 CD4043（IC），R$_3$ 与 C$_1$ 构成阻容延时电路，使 RS 触发器工作于单稳态状态。X 为金属触摸接点。单向晶闸管 VS、整流桥 VD$_4$ ~ VD$_7$ 等构成执行电路，在 RS 触发器输出信号的作用下控制照明灯 EL 的亮与灭。

当人体接触到金属触摸接点 X 时，人体感应电压经 R_1 加至触发器的 S 端（置 "1" 输入端），使触发器置 "1"，输出端 $Q = 1$（高电平），通过 R_4 使单向晶闸管 VS 导通，照明灯 EL 点亮。R_1 为隔离电阻，以其高阻值确保金属触摸点对人体的安全。

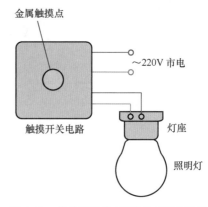

图 1-52　单触摸开关电路实物应用接线图

触发器置 "1" 的同时，输出端 Q 的高电平经 R_3 向 C_1 充电，C_1 上电压逐步上升。当 C_1 的电压达到 R 端（置 "0" 输入端）的阈值时，触发器被置 "0"，输出端 $Q = 0$，单向晶闸管 VS 在交流电过零时关断，照明灯 EL 熄灭。

该触摸开关电路可以直接安装到开关盒内，取代原照明灯的开关。图 1-52 所示为单触摸开关电路实物应用接线图。

照明灯 EL 点亮的时间 T_W 由延时电路 R_3 与 C_1 的取值决定，$T_W = 0.69 (R_3 C_1)$，本电路中延时时间约为 32 秒。二极管 VD_1 的作用是当延时结束 $Q = 0$ 时，将 C_1 上的电荷迅速放掉，为下一次触发做好准备。

如需要改变照明灯 EL 点亮的时间，可以通过改变 R_3 或 C_1 的大小来实现，增大 R_3 或 C_1 则亮灯时间加长，减小 R_3 或 C_1 则亮灯时间缩短。

VS 采用 1A400V 的单向晶闸管，可控制 100W 以下的照明灯。如欲控制更大功率的照明灯，应采用更大工作电流的晶闸管 VS 和整流二极管 $VD_4 \sim VD_7$。

二极管 $VD_4 \sim VD_7$ 构成整流桥，作用是无论交流 220V 市电的相线与零线怎样接入电路，都能保证控制电路正常工作。整流二极管 VD_3、降压电阻 R_5、滤波电容 C_3 和稳压二极管 VD_2 组成电源电路，将交流 220V 市电直接整流为 +9V 电源供控制电路工作。

20.　双触摸开关电路

图 1-53 所示为 555 时基电路构成的双触摸开关电路，"开" 和 "关" 为两对金属触摸接点。当用手触摸 "开" 接点时，人体电阻将接点接通，使 555 时基电路第 2 脚接地，其第 3 脚输出高电平，晶体管 VT 导通，继电器 K 吸合，照明灯 EL 点亮。

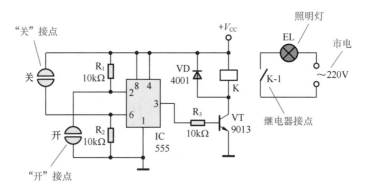

图 1-53　555 时基电路构成的双触摸开关电路

当用手触摸 "关" 接点时，电源电压 $+V_{CC}$ 加至 555 时基电路第 6 脚，其第 3 脚输出为 "0"，晶体管 VT 截止，继电器 K 释放，照明灯 EL 熄灭。VD 为保护二极管，防止晶体管 VT 截止时被继电器线圈的反压击穿。

该电路由于采用继电器控制，使控制电路与照明灯的 220V 市电完全隔离，安全性很高。缺点是控制电路必须有 6～12V 的直流电源，可以使用电池。

21. 门控照明灯开关

夜晚回家，打开门后要摸黑找照明灯开关，很不方便。门控照明灯开关可以解决这些不便，在夜晚您回家打开门后，室内照明灯立即自动点亮。

图 1-54 所示为门控照明灯开关电路，采用磁控技术，由永久磁铁、干簧管 S_1、双向晶闸管 VS 等组成门控开关，控制照明灯 EL 的交流电源。

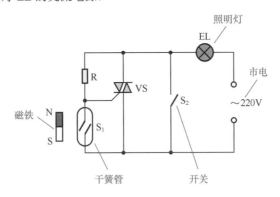

图 1-54　门控照明灯开关电路

干簧管是将两根互不相通的铁磁性金属条密封在玻璃管内而成的，干簧管的特点是受磁场控制，常开接点干簧管没有磁场作用时接点断开，受到磁场（永久磁铁或电磁线圈产生的磁场）作用时接点闭合，如图 1-55 所示。

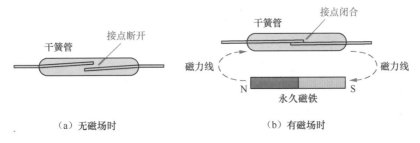

（a）无磁场时　　　　　　　　　（b）有磁场时

图 1-55　干簧管与磁场

门控开关原理是利用干簧管与永久磁铁之间相对位置变化进行工作的。常开触点干簧管 S_1 安装在门框上，永久磁铁安装在门上靠近干簧管的位置，如图 1-56 所示。

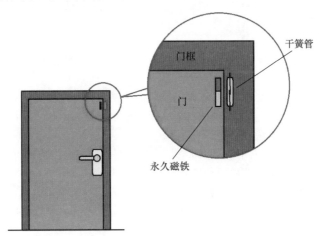

图 1-56　干簧管与磁铁的位置

门关着时，永久磁铁靠近干簧管 S_1 使其接点闭合，使双向晶闸管 VS 的控制极触发电压 $U_G = 0$，所以双向晶闸管 VS 截止，照明灯 EL 不亮。

当门打开时，永久磁铁离开了干簧管 S_1，干簧管接点断开，双向晶闸管 VS 的控制极触发电压 $U_G=1$，所以双向晶闸管 VS 导通，照明灯 EL 点亮。这时打开室内照明灯开关 S_2 再关上门即可。

22. 时基电路门控智能开关

门控智能开关的功能是，在夜晚您回家打开门后，室内照明灯立即自动点亮。或者当您晚上开门外出时，门外楼道照明灯自动点亮，持续 40s 后自动关闭。白天则被控照明灯不亮。

图 1-57 所示为时基电路构成的门控智能开关电路，由门控电路、光控电路、可控施密特触发器、延时电路、开关电路和电源电路等部分组成。

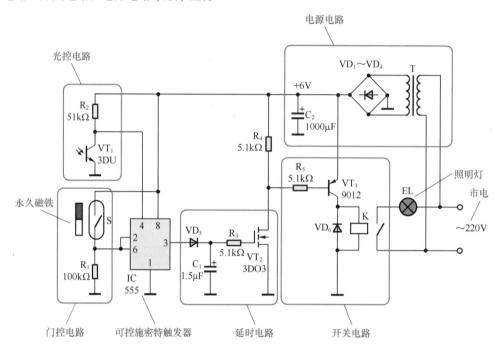

图 1-57　时基电路构成的门控智能开关电路

门控电路由常开触点干簧管 S、永久磁铁、电阻 R_1 等构成，干簧管安装在门框上，永久磁铁安装在门上靠近干簧管的位置。门关着时，永久磁铁靠近干簧管 S 使其接点闭合，R_1 上电压为高电平 "1"。当门打开时，永久磁铁离开了干簧管 S，其接点断开，R_1 上电压为低电平 "0"。

光控电路由光电三极管 VT_1 与负载电阻 R_2 构成。无光照时，VT_1 截止，输出为高电平 "1"；有光照时，VT_1 导通，输出为低电平 "0"。

555 时基电路 IC 构成可控施密特触发器，综合 R_1 上的门控信号和 VT_1 输出的光控信号，完成对电灯的智能控制。

555 时基电路 IC 的输入端（第 2、第 6 脚）接门控电路，其复位端 $\overline{MR}$ 受光控电路控制。白天光控信号为 "0"，IC 被强制复位，无论门控信号如何，IC 输出端（第 3 脚）$U_o=0$，开关电路 VT_3 截止，继电器 K 处于释放状态接点断开，照明灯不亮。

夜晚光控信号为 "1"，IC 进入正常工作状态。当门打开时，门控信号为 "0"，IC 输出端（第 3 脚）$U_o=1$，开关电路 VT_3 导通，继电器 K 吸合接点接通，照明灯点亮。

延时电路由二极管 VD_5、电容 C_1、场效应管 VT_2 等构成，对 IC 输出的 "1" 信号延时约 40 s。这样当门被打开、人进（出）后又关上时，照明灯并不随之立即关闭，而是延时 40s 后再关闭，给主人提供进一步操作的方便。

交流 220V 市电经电源变压器 T 降压、二极管 $VD_1 \sim VD_4$ 桥式整流、电容 C_2 滤波后，提供 +6V 直流电源供整个电路使用。由于该电路静态功耗极微，全年耗电量小于 1 度电，因此不设电源开关。

23. 数字电路门控智能开关

采用数字集成电路也可以构成门控智能开关,电路如图 1-58 所示,数字门电路构成了控制电路的核心。与非门 IC-1、IC-2 构成典型的 RS 触发器,门控信号与光控信号分别作为 S(置"1")端和 R(置"0")端输入信号。

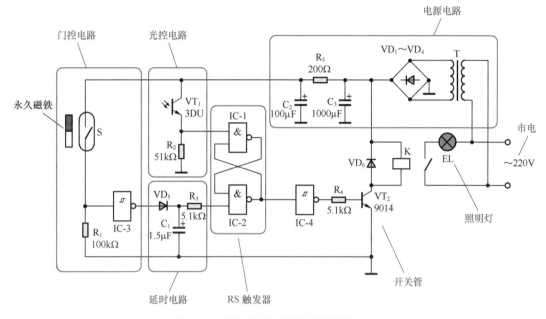

图 1-58　数字集成电路门控智能开关电路

固定在门上的永久磁铁、固定在门框上的干簧管 S、电阻 R_1、施密特非门 IC-3 等组成门控电路。门关着时,因永久磁铁靠近,干簧管 S 被磁化而接点导通,施密特非门 IC-3 输出为"0"。当门打开时,永久磁铁离开了干簧管 S 使其接点断开,施密特非门 IC-3 输出为"1"。

光电三极管 VT_1 与 R_2 组成光控电路。无光照时 VT_1 截止,输出为"0";有光照时 VT_1 导通,输出为"1"。

门控信号与光控信号同时作用于与非门 IC-1、IC-2 构成的 RS 触发器。只有当光控电路输出为"0"(无光,即夜晚),并且门控电路输出为"1"(门被打开)时,IC-2 输出才为"0",经非门 IC-4 反相后使开关管 VT_2 导通,继电器 K 吸合,照明灯点亮。而在光控电路输出为"1"时(有光,即白天),或者在门控电路输出为"0"时(门未打开),IC-2 输出均为"1",经 IC-4 反相后使开关管 VT_2 截止,继电器 K 处于释放状态,照明灯不亮。

VD_5、C_1 等组成延时电路,使点亮的照明灯延时约 40s 后再关闭。延时电路利用了 CMOS 电路极高的输入阻抗(大于 10MΩ),因此较小的电容即可获得较长的延时时间。

24. 串联法延长白炽灯泡寿命

在某些亮度要求不高的照明场合,例如楼道灯、走廊灯、小区内的路灯等,可以降低白炽灯泡的亮度,其好处是既可以节电,又可以延长灯泡的使用寿命,降低维修更换灯泡的工作量。在图 1-59 所示电路中,将两个相同功率的 220V 白炽灯泡串联使用,每个灯泡只获得一半电压

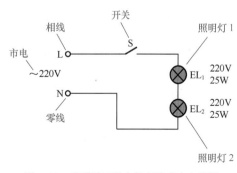

图 1-59　串联法延长白炽灯泡寿命电路图

（110V），亮度降低了，而灯泡寿命却延长许多。图1-60所示为串联法延长白炽灯泡寿命实物接线图。

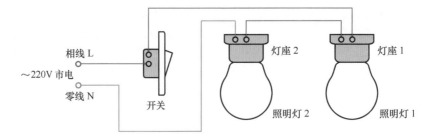

图 1-60　串联法延长白炽灯泡寿命实物接线图

25.　二极管延长白炽灯泡寿命

在白炽灯泡的供电回路中串接二极管可以有效地延长灯泡的使用寿命。如图1-61所示，电路中串联接入一个整流二极管VD，使得白炽灯泡只在220V交流电源的半个周期中有电流通过，灯泡获得的有效电压值下降，所以灯泡发光亮度有所降低其使用寿命明显延长。本方法适用于白炽灯泡、石英灯泡（也是一种白炽灯泡）。实际选用整流二极管VD时，其参数中的最大反向电压应大于400V、最大整流电流应大于所用灯泡电流值的1.5倍。图1-62所示为二极管延长白炽灯泡寿命实物接线图。

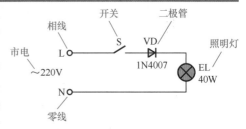

图 1-61　二极管延长灯泡使用寿命电路图

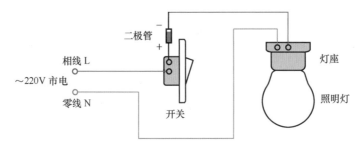

图 1-62　二极管延长白炽灯泡寿命实物接线图

26.　二极管调光电路

利用整流二极管可以实现简单调光，电路如图1-63所示，S为单极三位开关。当S拨向最下端时，接通电源，照明灯EL全亮。当S拨向中间端时，整流二极管VD串入电路改为半波供电，照明灯EL约为半亮。当S拨向最上端时，切断照明灯电源（关灯）。图1-64所示为二极管调光电路实物接线图。本方法只适用于白炽灯泡。

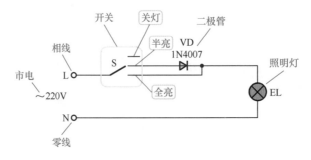

图 1-63　二极管调光电路

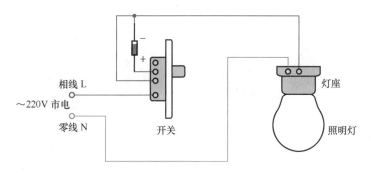

图 1-64　二极管调光电路实物接线图

27.　单开关双灯调光电路

图 1-65 所示为单开关控制双（两盏）灯的简易调光电路，S 为双极三位开关，S_a 与 S_b 联动。电路巧妙地利用白炽灯泡的串并联，不需要其他任何元器件即可实现照明灯的调光。当 S 拨向最下端时，照明灯 EL_1 与照明灯 EL_2 并联接入 220V 市电电源，两盏照明灯全亮。当 S 拨向中间端时，照明灯 EL_1 与照明灯 EL_2 串联接入 220V 市电电源，两照明灯均约为半亮。当 S 拨向最上端时，切断电源关灯。图 1-66 所示为单开关双灯调光电路实物接线图。

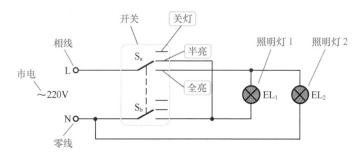

图 1-65　单开关控制双灯的简易调光电路

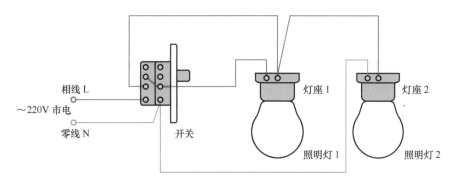

图 1-66　单开关双灯调光电路实物接线图

28.　单向晶闸管调光电路

应用晶闸管可以实现白炽灯的无级调光。晶闸管是一种具有三个 PN 结的功率型半导体器件，包括单向晶闸管和双向晶闸管等，常见的晶闸管如图 1-67 所示。晶闸管可以像闸门一样控制电流大小。在交流电的每个半周，触发脉冲来得早或迟，决定了晶闸管导通角的大或小，相对应的是输出电压电流的大或小，晶闸管控制原理如图 1-68 所示。

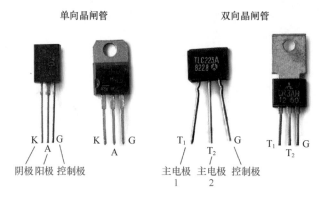

单向晶闸管　　　　　　双向晶闸管

图 1-67　常见的晶闸管

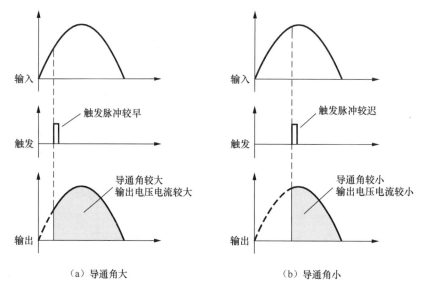

（a）导通角大　　　　　　（b）导通角小

图 1-68　晶闸管控制原理

图 1-69 所示为采用单向晶闸管的调光电路，整流二极管 $VD_1 \sim VD_4$ 构成桥式整流，使得采用单向晶闸管即可实现交流调光。单向晶闸管 VS 控制白炽灯的电压与电流，VS 的导通角大小决定白炽灯的亮度。电阻 R_1、电位器 RP、电容 C_1 等构成调光网络，控制单向晶闸管 VS 的导通角。

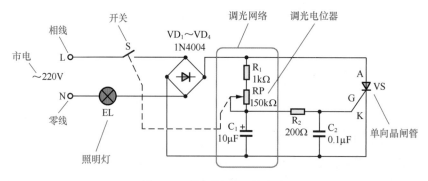

图 1-69　单向晶闸管调光电路

接通电源后，220V 交流电压经 $VD_1 \sim VD_4$ 整流后变成脉动直流电压，每个半周开始时经过 R_1、

RP 向 C_1 充电。当 C_1 上所充电压达到晶闸管 VS 的控制极触发阈值时，VS 导通。当交流电压过零时 VS 截止。这个充电时间越长对应的晶闸管导通角越小。

调节电位器 RP 可改变 C_1 的充电时间，也就改变了晶闸管 VS 的导通角。减小 RP 阻值，对 C_1 的充电快，VS 导通角增大，灯光亮度增强。增大 RP 阻值，对 C_1 的充电慢，VS 导通角减小，灯光亮度减弱。实际应用时，RP 可选用带开关电位器，并使开关 S 刚打开时 RP 处于最大阻值。这样，在使用中打开开关时，灯光微亮，然后再逐步调亮，效果较好。图 1-70 所示为单向晶闸管调光电路实物接线图。

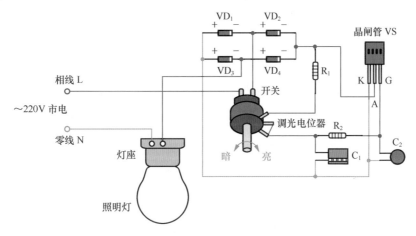

图 1-70　单向晶闸管调光电路实物接线图

29.　双向晶闸管调光电路

调光电路采用双向晶闸管可以使电路简化。图 1-71 所示为采用双向晶闸管的调光电路，双向晶闸管 VS 直接接在交流回路中，VD 为双向触发二极管。调节电位器 RP 可改变 VS 的导通角，从而达到调光的目的。调光原理与采用单向晶闸管的调光电路类似。RP 选用带开关电位器，兼具开关与调光功能，使用方便。

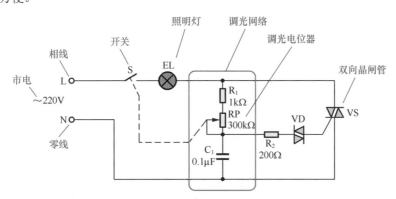

图 1-71　双向晶闸管调光电路

30.　单结晶体管触发的调光电路

单结晶体管触发电路是一种常用的晶闸管触发电路。单结晶体管又称为双基极二极管，是一种具有一个 PN 结和两个欧姆电极的负阻半导体器件，如图 1-72 所示。图 1-73 所示的单结晶体管调光台灯电路中，就采用了单结晶体管触发电路。

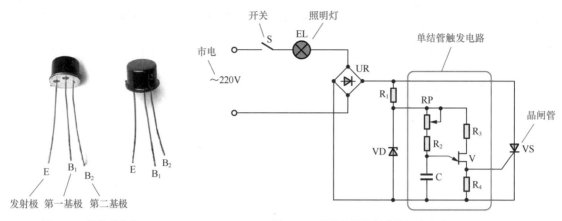

图 1-72　单结晶体管

发射极　第一基极　第二基极

图 1-73　单结晶体管触发的调光电路

在交流电的每半周内，晶闸管 VS 由单结晶体管 V 输出的窄脉冲触发导通。电源开关 S 接通后，单结晶体管 V 仍处于截止状态，电阻 R_4 上无电压，即晶闸管 VS 控制极无触发电压。这时电源经 R_1、RP 和 R_2 向 C 充电，直到 C 上所充电压达到单结晶体管的峰点电压 U_p 时，单结晶体管 V 导通，C 通过单结晶体管 V 迅速放电，这个放电电流在电阻 R_4 上产生一个窄脉冲电压，触发晶闸管 VS 导通。

调节电位器 RP 可改变电容 C 的充电速率，从而改变单结晶体管 V 输出窄脉冲触发电压的时间，也就改变了晶闸管 VS 的导通角，从而改变了流过照明灯泡 EL 的电流，实现了调光的目的。

31. 低压石英灯调光电路

石英灯是一种时尚灯具，大多采用 12V 石英灯泡，具有亮度高、功耗小、寿命长和安全的特点。图 1-74 所示为低压石英灯调光电路，可以控制石英灯的亮度在微亮到全亮之间连续可调。

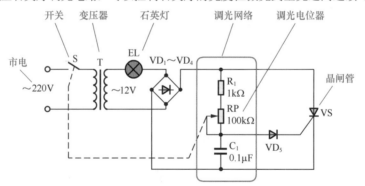

图 1-74　低压石英灯调光电路

电路中，VS 为单向晶闸管，VD_5 为触发二极管，EL 为 12 V 石英灯泡，T 为电源变压器。电阻 R_1、电位器 RP 和电容 C_1 构成调光网络，与 VD_5 一起产生触发电压。

接通电源后，变压器 T 次级的 12V、50Hz 交流电经二极管 $VD_1 \sim VD_4$ 桥式整流为 100Hz 的脉动直流电，每个半周开始时通过 R_1、RP 向 C_1 充电，由于充电电流很小，不足以使石英灯 EL 发光。

随着时间的推移，当 C_1 上所充电压达到 VD_5 的导通电压时，VD_5 导通输出一个触发电压，使单向晶闸管 VS 导通，石英灯 EL 发光。当交流电压过零时，晶闸管关断，下一个半周开始时重复以上过程。

当（R_1+RP）的阻值较小时，充电时间较短，晶闸管 VS 的导通角较大，石英灯 EL 上获得电压较大，发光较亮。当（R_1+RP）的阻值较大时，充电时间较长，晶闸管 VS 的导通角较小，石英灯 EL 上获得电压较小，发光较暗。调节电位器 RP 即可改变晶闸管的导通角，从而达到调光的目的。

32. 晶体管石英灯调光电路

晶体管构成的石英灯调光电路如图 1-75 所示，晶体管 VT_1、VT_2 构成模拟单向晶闸管，承担调光主元器件的功能。

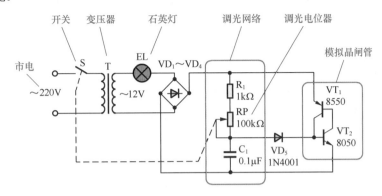

图 1-75　晶体管石英灯调光电路

单向晶闸管含有 PNPN 四层结构，形成三个 PN 结，具有三个外电极：阳极 A、阴极 K、控制极 G，可等效为 PNP、NPN 两晶体管组成的复合管，如图 1-76 所示。因此，用一个 PNP 型晶体管 VT_1 和一个 NPN 型晶体管 VT_2 组合起来，即可作为一个模拟单向晶闸管使用。晶体管 VT_1 的发射极等效为晶闸管 VS 的阳极 A，VT_2 的发射极等效为 VS 的阴极 K，VT_2 的基极等效为 VS 的控制极 G。

在模拟晶闸管 A、K 极间加上正向电压（A 极正、K 极负），VT_1、VT_2 并不自动导通。当在控制极 G 加上正向触发电压时，VT_2 因有基极电流而导通并为 VT_1 提供基极电流，使 VT_1 随即导通；VT_1 的导通又为 VT_2 提供更大的

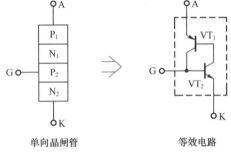

图 1-76　晶闸管等效电路

基极电流，如此形成强烈的正反馈，VT_1、VT_2 迅速进入饱和状态，负载电流即可从 A 极到 K 极通过。这时即使去掉触发电压，VT_1、VT_2 仍维持饱和状态，直至通过其的电流小于维持电流时，VT_1、VT_2 才截止。可见，完全符合晶闸管的工作特性。

调节电位器 RP 即可改变模拟晶闸管的导通角，从而达到调光的目的。

33. LED 台灯电路

利用多个白光 LED 组成 LED 阵列，即可构成 LED 台灯。图 1-77 所示为 LED 台灯电路，电路中采用了 20 个高亮度白光 LED 组成发光阵列，照明效果良好。

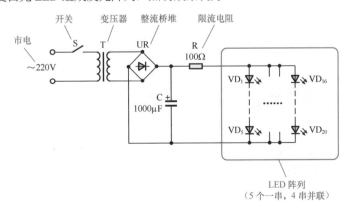

图 1-77　LED 台灯电路

电源变压器 T 和整流桥堆 UR 构成整流电路，将 220V 市电整流为 18V 直流电压，再经 C 滤波后作为照明电源。R 为限流电阻。

20 个 LED，每 5 个串联成一串，共 4 串并联，组成台灯的照明阵列。这样安排的好处：一是 5 个 LED 串联的总电流与一个 LED 的电流相等，有利于降低总电流；二是 4 串 LED 并联，如果有 LED 损坏，不影响其他串 LED 继续照明。

34. 恒流源 LED 台灯电路

为了进一步提高照明质量和效果，可以对 LED 照明阵列实行恒流供电。图 1-78 所示为具有恒流源的 LED 台灯电路，场效应管 VT 与电阻 R 构成恒流源。

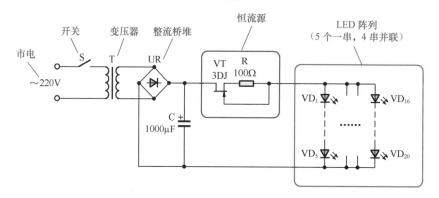

图 1-78　恒流源 LED 台灯电路

结型场效应管恒流原理如图 1-79 所示，如果通过场效应管的漏极电流 I_D 因故增大，源极电阻 R_S 上形成的负栅压也随之增大，迫使 I_D 回落；如果通过场效应管的漏极电流 I_D 因故减小，源极电阻 R_S 上形成的负栅压也随之减小，迫使 I_D 回升，最终使电流 I_D 保持恒定。

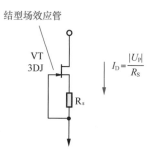

我们知道，LED 是电流驱动型器件，电流的变化会影响 LED 的发光强度和光色。采用恒流源供电后，电源电压的波动将不再影响 LED 的驱动电流，使得 LED 的发光强度和光色稳定，照明质量和效果大大改善。

图 1-79　结型场效应管恒流原理

35. 1.5V LED 手电筒电路

LED 手电筒是一种节能环保的便携式照明设备，它的前端安装有 5 ~ 8 个白光 LED 作为电光源，使用电池供电，如图 1-80 所示。

1.5V 手电筒仅用一节电池供电，体积小、质量轻。由于 LED 自身具有近 2V 的管压降，1.5V 并不能正常点亮 LED，因此升压电路是必需的。图 1-81 所示为具有升压功能的 1.5V LED 手电筒电路。

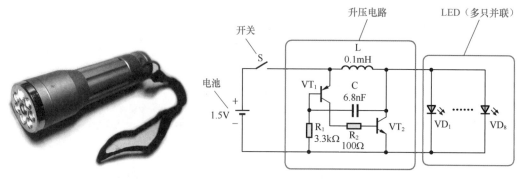

图 1-80　LED 手电筒　　　　图 1-81　1.5V LED 手电筒电路

PNP 晶体管 VT_1、NPN 晶体管 VT_2、储能电感 L、反馈电容 C、电阻 R_1 和 R_2 等构成升压电路，将电池提供的 1.5V 电压升为 3V 电压，驱动 LED 发光。$VD_1 \sim VD_8$ 为 8 个高亮度白光 LED。

电路是利用储能电感 L 的自感电动势实现升压的，现在我们来分析升压电路的工作原理。

接通电源后，PNP 晶体管 VT_1 因 R_1 提供基极偏流而导通，进而通过 R_2 使 VT_2 也导通，将电感 L 和电容 C 的右端接电源负端。由于电容 C 两端电压不能突变，致使 VT_1（PNP 管）因基极电位更低而进入深度饱和状态，并向 VT_2 提供更大的基极偏流使其也进入深度饱和状态。这时 1.5V 电源经 VT_1 发射极 - 基极向 C 充电。

随着 C 充电的完成，VT_1（PNP 管）因基极电位升高而退出饱和状态，并使 VT_2 也退出饱和状态，VT_2 集电极电位升高又通过 C 反馈到 VT_1 基极，导致两管迅速截止，C 开始放电。随着 C 放电的完成，两管退出截止，电路又回到初始状态。

如此周而复始形成振荡，晶体管 VT_2 不断地导通、截止。在 VT_2 导通时，电流流经电感 L 使其储能。在 VT_2 截止时，电感 L 产生自感电动势，与 1.5V 电源电压叠加使 LED 发光。

36.　太阳能 LED 手电筒电路

太阳能 LED 手电筒利用光伏电池产生电能，储存于镍氢电池中，供白光 LED 照明用，是一种几乎不消耗能源的绿色清洁照明设备。图 1-82 所示为太阳能 LED 手电筒电路，采用 6 个高亮度白光 LED 作为电光源，2 节镍氢电池组成蓄电池组。

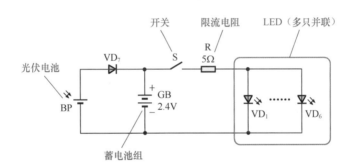

图 1-82　太阳能 LED 手电筒电路

在阳光照射下，光伏电池 BP 产生电能，经二极管 VD_7 向蓄电池组 GB 充电。由于光伏电池产生的电流很小，属于涓流充电，因此省去了充电限流控制电路。VD_7 的作用是防止无光照时蓄电池组的电能向光伏电池倒流。

打开电源开关 S 后，蓄电池组 GB 便向白光 LED（$VD_1 \sim VD_6$）供电使其发光照明。R 是 $VD_1 \sim VD_6$ 的限流电阻。太阳能 LED 手电筒在阳光、灯光下均能充电，甚至在阴雨天的光照下也能充电，使用十分方便。

37.　LED 路灯电路

图 1-83 所示为节能环保的 LED 路灯电路，采用电容降压全波整流电源电路，200 个白光 LED 组成照明 LED 阵列。

电路中，C_1 是降压限流电容，UR 是整流桥，C_2 是滤波电容，R 是 LED 的限流电阻，FU 是保险丝，S 是电源开关。该电路简洁、可靠、效率高。工作原理如下：交流 220V 市电经 C_1 降压限流、UR 全波整流、C_2 滤波后，成为直流电驱动 LED 阵列发光。

路灯面板上 LED 阵列的安排是：在空间排列上为 20 个 ×10 列；在电气连接上每 100 个 LED 相串联，共 2 串，再并联，如图 1-84 所示。

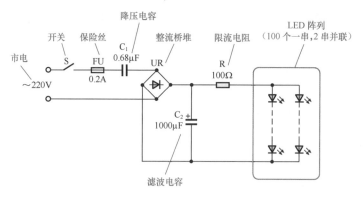

图 1-83　LED 路灯电路

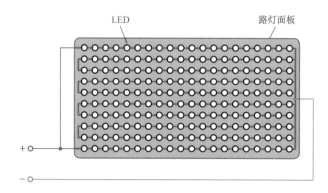

图 1-84　LED 阵列安排

这样连接的优点是充分利用电容降压整流电源的空载电压高、输出电流较小的特性，100 个 LED 串联后管压降是单个 LED 的 100 倍，而工作电流与单个 LED 相同，提高了电源利用率，降低了总电流。

38. LED 应急灯电路

应急灯的功能是在市电电源发生故障而失去照明时，自动提供临时的应急照明。LED 应急灯具有启动快、效率高的特点，广泛应用于机关、学校、商场、展览馆、影剧院、车站码头和机场等公共场所的应急照明。

图 1-85 所示为 LED 应急灯电路，包括整流电源、充电电路、市电检测、光控、电子开关和 LED 照明灯等组成部分。

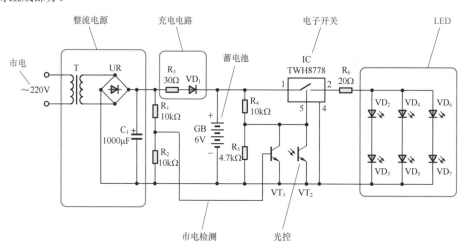

图 1-85　LED 应急灯电路

电源变压器 T、整流全桥 UR 和滤波电容 C_1 组成整流电源电路，将交流 220V 市电转换为 9V 直流电压，经 R_3、VD_1 向 6V 蓄电池 GB 充电。R_3 是充电限流电阻，VD_1 的作用是在市电停电时阻止蓄电池向整流电路倒灌电流。

控制电路的核心是高速开关集成电路 TWH8778（IC），其内部设有过压、过流、过热等保护电路，具有开启电压低、开关速度快、通用性强、外围电路简单的特点，并可方便地连接电压控制和光控等，特别适合电路的自动控制。

TWH8778 的第 1 脚为输入端，第 2 脚为输出端，第 5 脚为控制端。当控制端有 1.6V 以上的开启电压时，TWH8778 导通，电源电压从第 2 脚输出至后续电路。电阻 R_4、R_5 将输入端电压分压后，作为控制端的开启电压。

电阻 R_1、R_2 和晶体管 VT_1 组成市电检测电路。市电正常时，滤波电容 C_1 上的 9V 直流电压经 R_1、R_2 分压后，使晶体管 VT_1 导通，将 R_5 上的开启电压短路到地，TWH8778 因无开启电压而截止。市电因故停电时，晶体管 VT_1 因无基极偏压而截止，R_5 上的开启电压使 TWH8778 导通。

光电三极管 VT_2 构成光控电路。白天光电三极管 VT_2 有光照而导通，将 R_5 上的开启电压短路到地，TWH8778 因无开启电压而截止。夜晚光电三极管 VT_2 无光照而截止，R_5 上的开启电压使 TWH8778 导通。

6 个高亮度白光 LED（$VD_2 \sim VD_7$）组成照明灯，受电子开关 TWH8778 控制。在市电检测电路和光控电路的共同作用下，市电正常时，应急灯不亮，蓄电池充电。白天市电断电时，应急灯仍不亮。只有在夜晚市电断电时，电子开关 TWH8778 导通，应急灯才点亮。

第2章 自动控制与遥控电路

自动控制与遥控电路包括声控、光控、自动控制、智能控制、红外遥控、无线电遥控、电话遥控等。自动控制与遥控技术在电工领域广泛应用，特别是在家用电器等消费领域的应用，使我们的生活变得更方便、更美好。

39. 声控照明灯

利用声控技术，可以实现照明灯的非接触开关。声控照明灯电路如图2-1所示，IC采用了声控专用集成电路SK-6，其内部集成有放大器、比较器、双稳态触发器等功能电路。电容C_2、C_3，整流二极管VD_2、VD_3，稳压管VD_1等组成电容降压电源电路，为声控电路提供6V工作电源。

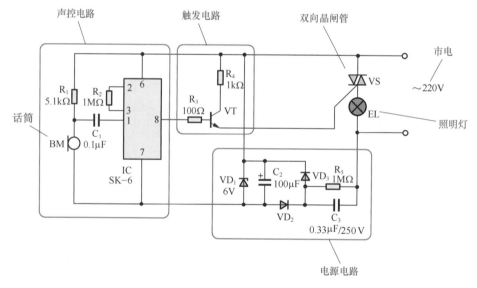

图2-1 声控照明灯电路

电路工作过程为：当人们发出口哨声或拍掌声时，声音信号被驻极体话筒BM接受并转换为电信号，通过C_1输入集成电路SK-6，经放大处理后触发内部双稳态触发器翻转，SK-6的第8脚输出高电平，使晶体管VT导通，进而使双向晶闸管VS导通，照明灯EL点亮。

当人们再次发出口哨声或拍掌声时，SK-6内部双稳态触发器再次翻转，其第8脚输出变为低电平，VT与VS相继截止，照明灯EL熄灭。将该电路组装到灯具中，就可以利用口哨声或拍掌声控制电灯的开与关，不必再安装开关，如图2-2所示。

图2-2 用声音控制灯的开与关

40.　光控自动照明灯

　　利用光控技术，可以实现照明灯的自动开关。光控自动照明灯电路如图 2-3 所示，时基集成电路 NE555 构成施密特触发器，R_1 为光敏电阻，它们共同组成光控电路。晶体管 VT 是继电器 K 的驱动开关管，继电器接点 K-1 控制照明灯 EL 的开或关。VD_6 是保护二极管，作用是防止晶体管 VT 截止瞬间被继电器线圈的反压击穿。电源变压器 T、整流二极管 $VD_1 \sim VD_4$、滤波电容 C_2、稳压管 VD_5 等组成电源电路，为光控电路提供 6V 工作电源。

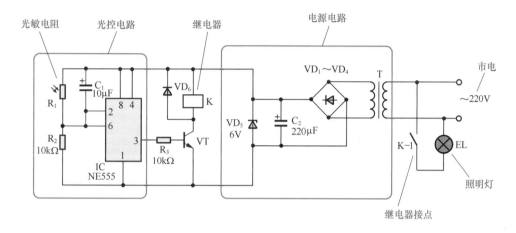

图 2-3　光控自动照明灯电路

　　光控自动照明灯工作原理是：当环境光线明亮时，光敏电阻 R_1 阻值很小，NE555 输出端（第 3 脚）为低电平，晶体管 VT 截止，继电器 K 无电不工作，照明灯 EL 不亮。

　　当环境光线昏暗时，光敏电阻 R_1 阻值变大，NE555 输出端（第 3 脚）变为高电平，使晶体管 VT 导通，继电器 K 吸合，继电器接点 K-1 闭合接通照明灯电路，照明灯 EL 点亮。

　　安装应用时应注意，不要让自身照明灯 EL 的灯光照射到光敏电阻 R_1 上，以免出现误动作。图 2-4 所示是光控自动照明灯的安装图。

　　该电路安装于照明灯具内，即可根据自然环境光的强弱自动控制照明灯的开与关，实现照明灯的自动化。由于采用继电器控制，照明灯 EL 可以是任何种类的灯具，比如白炽灯、石英灯、日光灯、节能灯、LED、碘钨灯、高压汞灯、高压钠灯等。

图 2-4　光控自动照明灯的安装图

41.　太阳能电池光控路灯控制器

　　太阳能电池具有光伏效应，在光的作用下即产生电压，因此，太阳能电池也可以作为光传感器应用。光控路灯控制器就是将太阳能电池作为光传感器应用的一个实例。光控路灯控制器能够实时检测环境光，并依据环境光的变化自动控制路灯的开启或关闭。

　　光控路灯控制器电路如图 2-5 所示，包括光控电路、主控电路、电源电路等部分，图 2-6 所示为其原理方框图。

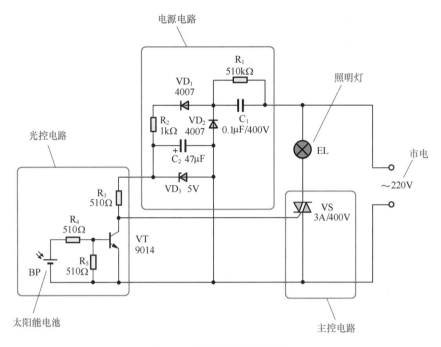

图 2-5 光控路灯控制器电路

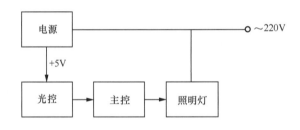

图 2-6 光控路灯控制器电路原理方框图

主控器件采用双向晶闸管 VS，实现了无触点开关控制，体积小、寿命长、造价低、开关速度快。太阳能电池 BP 和晶体管 VT 等组成光控电路，根据现场环境光线强弱控制双向晶闸管 VS 的导通与截止。

光控原理如下：无光照时（夜晚），太阳能电池 BP 无输出电压，晶体管 VT 因无基极电压而截止，+5V 电压经 R_3 加至双向晶闸管 VS 控制极，使 VS 导通，照明灯 EL 点亮。

有光照时（白天），太阳能电池 BP 在光照下产生输出电压，使晶体管 VT 导通，将 +5V 电压旁路，双向晶闸管 VS 因失去控制极触发电压，在交流电过零时截止，关闭照明灯 EL。

双向晶闸管 VS 要求耐压 400V 以上，额定电流应根据所控制的照明灯功率选择。例如，图 2-5 所示电路中 VS 为 3A、400V，可控制不超过 600W 的照明灯。如欲控制 600W 以上的照明灯，则应选用工作电流更大的双向晶闸管。

电容器 C_1、整流二极管 VD_1 和 VD_2、稳压二极管 VD_3 等组成电容降压整流电源电路，为控制电路提供 +5V 电压。C_1（0.1μF）为降压电容，在 220V、50Hz 电源下可提供约 6.9mA 电流。交流电正半周时，220V 电源经 C_1 降压、VD_1 整流、C_2 滤波、VD_3 稳压后，输出 +5V 直流电压。VD_2 为续流二极管，在交流电负半周时为 C_1 提供充放电通道。R_1 为 C_1 的泄放电阻。

采用电容降压整流电源电路，具有电路简单、功耗低、成本低的优点。缺点是整个电路带 220V 市电，调试和使用中应特别注意人身安全。

实际应用时，光控路灯控制器可固定在被控路灯旁，太阳能电池板应位于可被环境光照射而不被本灯照射的地方。如是露天使用，应注意防雨，太阳能电池板可覆盖透明外罩。

42. 光敏电阻自动路灯控制器

自动路灯控制器能够实时检测环境光，并依据环境光的变化自动控制路灯的开启或关闭，实现路灯的自动化控制。自动路灯控制器电路如图 2-7 所示，特点是采用光敏电阻和双向晶闸管。555 时基电路 IC 构成施密特触发器，R_1 为光敏电阻，VT 是触发晶体管，VS 是双向晶闸管。电容 C_2、C_3、二极管 VD_1、VD_2、稳压管 VD_3 等组成电源电路，提供 6V 工作电源。

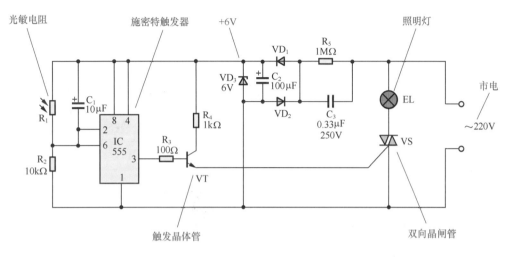

图 2-7 自动路灯控制器电路

双向晶闸管 VS 构成路灯的无触点开关，光敏电阻 R_1 和 555 时基电路 IC 等组成光控电路，控制双向晶闸管 VS 的导通与截止。

当环境光线明亮时，光敏电阻 R_1 阻值很小，555 时基电路输出端（第 3 脚）为低电平，晶体管 VT 和晶闸管 VS 均截止，照明灯 EL 不亮。

当环境光线昏暗时，光敏电阻 R_1 阻值变大，555 时基电路输出端（第 3 脚）变为高电平，使晶体管 VT 导通，6V 工作电压经 R_4、VT 加至双向晶闸管 VS 控制极，使双向晶闸管 VS 导通，照明灯 EL 点亮。

43. 智能照明灯

智能照明灯是一种智能灯具，能够只在夜晚有人时才自动开灯，人走后会自动关灯，既满足了照明的需要，又节约了电能。智能照明灯电路如图 2-8 所示，主要元器件使用了数字集成电路，简化了电路结构，提高了工作可靠性。其中，非门 D_1、D_2、D_3 构成模拟放大器，D_4 为施密特触发器，D_5 为反相器，D_6、D_7、D_8 构成逻辑控制电路。

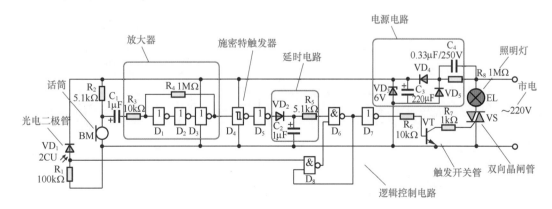

图 2-8 智能照明灯电路

电路工作原理如下。

光电二极管 VD_1 等组成光控电路。白天由于环境光很亮，VD_1 导通，D_8 输出低电平封闭了与非门 D_6，照明灯 EL 不亮。夜晚环境光较暗，光电二极管 VD_1 截止，D_8 输出高电平开启了与非门 D_6，此时照明灯 EL 亮或不亮取决于声控电路。

驻极体话筒 BM 等组成声控电路。没有行人时环境安静，声控电路无输出信号，照明灯 EL 不亮。当有行人接近时，行人的脚步声或讲话声由话筒 BM 接收、$D_1 \sim D_3$ 放大、D_4 整形、D_5 倒相后，经由与非门 D_6、非门 D_7 使触发开关管 VT 和双向晶闸管 VS 导通，照明灯 EL 点亮。

VD_2、C_2 等组成延时电路。当声音信号消失后，由于延时电路的作用，照明灯 EL 将继续点亮数十秒后才关闭。

与非门 D_6 输出端的信号又回送至光控门 D_8 输入端，在照明灯 EL 点亮时封闭光控电路信号，这样即使本照明灯的灯光照射到光电二极管 VD_1 上，系统也不会误认为是白天而造成照明灯刚点亮就立即关闭。

该智能灯控电路可以安放在灯座中，外表只留感光孔和感声孔，如图 2-9 所示。也可以安放在灯头部位，与照明灯组成一个整体，如图 2-10 所示。智能照明灯特别适合安装在楼梯、走廊等公共部位，或作为行人较少的小街小巷的路灯。

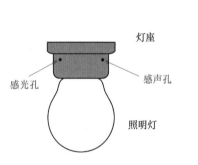

图 2-9　智能照明灯灯座

图 2-10　一体化智能照明灯

44. 声光控电灯开关

声光控电灯开关是由声音控制为主、光线控制为辅的电源开关，将它组装到灯具中，就可以利用口哨声或击掌声控制电灯的开与关，不必再安装开关。

声光控电灯开关电路如图 2-11 所示，包括声控电路、延时电路、光控电路、逻辑控制电路、电子开关和电源电路等组成部分，图 2-12 所示为声光控电灯开关电路原理方框图。

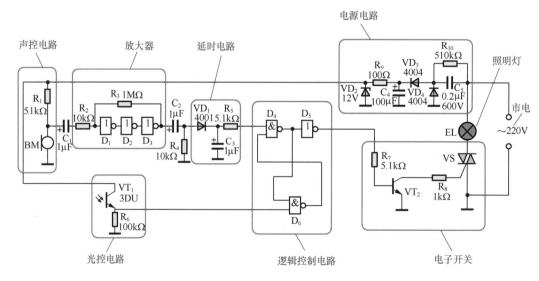

图 2-11　声光控电灯开关电路

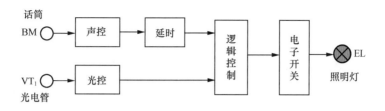

图 2-12　声光控电灯开电路原理关方框图

（1）声控电路。

声控电路包括驻极体话筒 BM 和电压放大器（D_1、D_2、D_3）等。声音信号（脚步声、讲话声等）由驻极体话筒 BM 接收并转换为电信号，经电压放大器放大后输出。电压放大器由 3 个 CMOS 非门 D_1、D_2、D_3 串接而成，R_3 为反馈电阻，R_2 为输入电阻，电压放大倍数 $A = R_3 / R_2 = 100$ 倍（40dB）。改变 R_3 或 R_2 即可改变放大倍数。

（2）延时电路。

因为照明灯不能随着声音的有无而一亮一灭，应持续照明一段时间，所以必须有延时电路。VD_1、C_3、R_5 以及 D_4 的输入阻抗组成延时电路。当有声音信号时，电压放大器输出电压通过 VD_1 使 C_3 迅速充满电，使后续电路工作。当声音消失后，由于 VD_1 的隔离作用，C_3 只能通过 R_5 和 D_4 的输入端放电，由于 CMOS 非门电路的输入阻抗高达数十兆欧姆，因此放电过程极其缓慢，实现了延时，延时时间约为 30s。可通过改变 C_3 来调整延时时间。

（3）光控电路。

为使声控照明灯在白天不亮灯，由光电三极管 VT_1 和负载电阻 R_6 等组成光控电路。夜晚环境光较暗时，光电三极管 VT_1 截止，光控电路输出为 "0"。白天较强的环境光使光电三极管 VT_1 导通，光控电路输出为 "1"。

（4）逻辑控制电路。

逻辑控制电路由与非门 D_4、D_6 等组成。声控照明灯必须满足以下逻辑要求：①白天照明灯不亮；②晚上有一定响度的声音时照明灯点亮；③声音消失后照明灯延时一段时间才熄灭；④本灯点亮后不会被误认为是白天。

逻辑控制原理如图 2-13 所示。白天，光控电路输出端为 "1"，本灯未亮故 D_4 输出端也为 "1"，与非门 D_6 输出端则为 "0"，关闭了与非门 D_4。此时不论声控电路输出如何，D_4 输出端恒为 "1"，照明灯不亮。

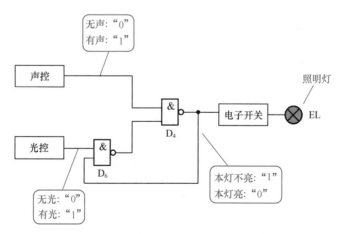

图 2-13　逻辑控制原理

夜晚，光控电路输出端为 "0"，D_6 输出端变为 "1"，打开了与非门 D_4，此时 D_4 的输出状态取决于声控电路。无声音时，声控电路输出端为 "0"，D_4 输出端为 "1"，照明灯不亮。当有声音时，声控电路输出端变为"1"，D₄ 输出端变为"0"，使电子开关导通，照明灯 EL 点亮。由于延时电路的作用，声音信号消失后经过一定延时，声控电路输出端才变为"0"，照明灯 EL 熄灭。

当本灯 EL 点亮时，D₄ 输出端的"0"同时加至与非门 D₆ 的另一输入端将其关闭，使得光控信号无法通过。这样，即使本灯的灯光照射到光电三极管 VT₁ 上，系统也不会误认为是白天而使照明灯刚点亮就立即关闭。

（5）电子开关。

电子开关由驱动晶体管 VT₂、双向晶闸管 VS 等组成，在逻辑控制电路的控制下，控制照明灯 EL 的开与关。

（6）电源电路。

电源电路由降压电容 C₅、整流二极管 VD₃ 和 VD₄、稳压二极管 VD₂ 等组成电容降压整流电路，为控制电路提供 +12V 工作电压。

45. 智能节电楼道灯

智能节电楼道灯是一种智能灯具，既能满足夜晚楼道照明的需要，又能最大限度地节约电能。天黑以后，当有人进入楼梯通道，发出走动声或其他声音时，楼道灯即自动点亮提供照明。当人们进入家门或走出公寓，楼道里没有声音时，楼道灯会自动关闭。在白天，无论是否有声音楼道灯都不点亮。

智能节电楼道灯不仅适用于公寓楼，而且也适用于办公楼、教学楼等公共场所，还可以作为行人较少的小街小巷的路灯。如能广泛应用，必将收到很明显的节电效益。

智能节电楼道灯电路如图 2-14 所示，电路中使用了数字集成电路和 555 时基电路，由双向晶闸管 VS 控制楼道灯的开与关，电路结构简洁、工作稳定可靠。

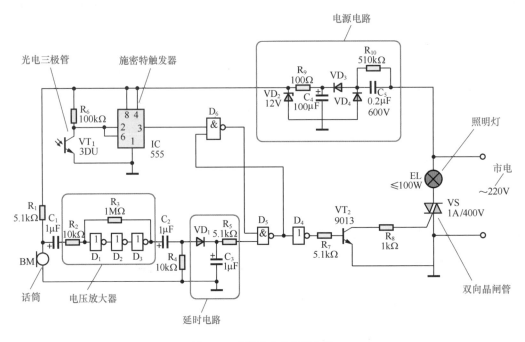

图 2-14　智能节电楼道灯电路

（1）CMOS 电压放大器。

放大声音信号的电压放大器由三个 CMOS 非门 D₁、D₂、D₃ 串接而成，R₃ 为反馈电阻，R₂ 为输入电阻，电压放大倍数 $A = R_3 / R_2 = 100$ 倍（40dB）。改变 R₃ 或 R₂ 即可改变放大倍数。

CMOS 电压放大器原理如图 2-15（a）所示，当用一反馈电阻 R 将非门 D 的输出端与输入端连接起来，其输出端和输入端既不是"1"也不是"0"，而是被偏置在大约 $\frac{1}{2} V_{DD}$ 的地方，即图 2-15（b）

所示曲线图中的 "G" 点。

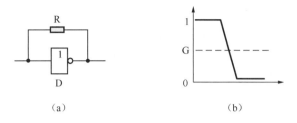

（a）　　　　　　　　　　（b）

图 2-15　CMOS 电压放大器原理

　　由于非门从 "1" 到 "0" 的曲线有一定的斜率，而 "G" 点基本上位于这斜线的中间，因此 "G" 点就是 CMOS 非门模拟运用时的工作点。用 CMOS 非门组成电压放大器，具有电路简单、增益较高、功耗极低的优点，适用于小信号电压放大。

　　（2）施密特触发器。

　　555 时基电路 IC 构成施密特触发器，对光电三极管 VT_1 的输出信号进行整形。夜晚无环境光时，光电三极管 VT_1 截止，555 时基电路输出为 "0"，使与非门 D_6 输出为 "1"，打开了与非门 D_5。这时如有声音，照明灯 EL 即点亮，并延时一段时间后熄灭。

　　白天，较强的环境光使光电三极管 VT_1 导通，555 时基电路输出为 "1"，使与非门 D_6 输出为 "0"，关闭了与非门 D_5，此时不论是否有声音，照明灯 EL 都不亮。

46.　继电器自动楼道灯

　　给公寓楼的楼梯通道装上自动楼道灯，天黑以后，当有人进入楼梯通道，楼道灯即自动点亮提供照明。人离开以后，楼道灯会自动关闭。而在白天楼道灯并不点亮。

　　继电器自动楼道灯电路如图 2-16 所示，采用继电器作为开关器件，具有电路简单、工作可靠、调试容易的特点，并且由于继电器可以具有多个互相独立的接点，因此可以同时控制多路互相独立的负载。

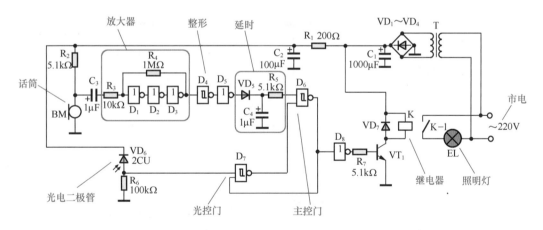

图 2-16　继电器自动楼道灯电路

　　整个电路包括若干个单元。驻极体话筒 BM 等组成的拾音电路，CMOS 非门 D_1、D_2、D_3 等组成的模拟电压放大器，施密特触发器 D_4 构成的整形电路，电容器 C_4 等组成的延时电路，以上部分组成声控电路部分。光电二极管 VD_6 等组成感光电路，施密特触发器 D_7 构成光控门，以上部分组成光控电路部分。施密特触发器 D_6 构成主控门，晶体管 VT_1 和继电器 K 等组成继电开关，以上电路组成执行电路部分。图 2-17 所示为继电器自动楼道灯电路原理方框图。

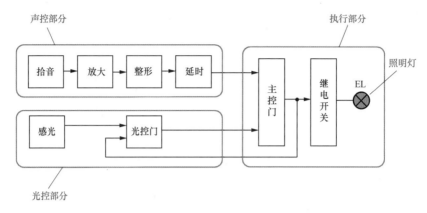

图 2-17　继电器自动楼道灯电路原理方框图

电路基本工作原理如下：声音信号（脚步声、讲话声等）由驻极体话筒 BM 接收并转换为电信号，经 C_3 耦合至 D_1、D_2、D_3 等组成的模拟放大器进行电压放大，再经施密特触发器 D_4 整形为陡峭的脉冲信号，通过 D_5 倒相，VD_5、C_4、R_5、D_6 等延时控制，使电子开关 VT_1 导通，继电器 K 吸合，其接点 K-1 接通照明灯 EL 的电源使其点亮。当声音信号消失后，由于延时电路的作用，照明灯 EL 将继续点亮数十秒后才关闭。

以上所说是夜晚的情况。如果在白天，环境光很亮，光电二极管 VD_6 导通，通过光控门 D_7 使主控门 D_6 关闭，声控信号不起作用，因而照明灯 EL 不亮。

电路延时工作原理是，当有声音时，整形电路反相器 D_5 输出为"1"，经 VD_5 使 C_4 迅速充满电，D_6 输入端为"1"，这时后续电路工作（设 D_6 另一输入端也为"1"）。当声音消失后，D_5 输出为"0"，由于 VD_5 的隔离作用，C_4 只能通过 R_5 和 D_6 的输入端放电。由于 CMOS 电路的输入阻抗高达数十兆欧姆，这个放电过程极其缓慢，这时 D_6 输入端继续保持为"1"，实现了延时。延时时间与 C_4 的容量大小有关，可通过改变 C_4 来调整延时时间。

47. 感应式自动照明灯

感应式自动照明灯无须安装电灯开关，而是依靠人体感应来触发开灯，特别适合作为门灯使用。夜晚当您回到家门口时，感应式自动照明灯即会自动点亮，为您掏钥匙开门提供照明。如果是邻居路过您家门口，感应式自动照明灯则为邻居提供楼道照明，几十秒后自动关灯。

图 2-18 所示为感应式自动照明灯的电路图。电路主要由 4 部分组成：（1）热释电式红外探测头 BH9402（IC）构成的检测电路；（2）门电路 D_1、D_2 等构成的延时电路；（3）单向晶闸管 VS 等构成的无触点开关电路；（4）整流二极管 $VD_1 \sim VD_5$ 和滤波电容 C_3 等构成的电源电路。

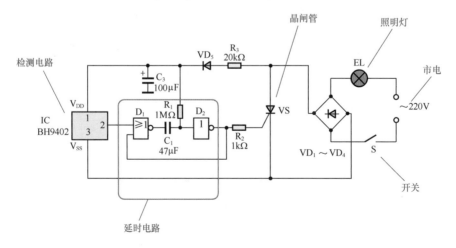

图 2-18　感应式自动照明灯电路

（1）检测电路。

检测电路采用热释电式红外探测头 BH9402。热释电式红外探测头是一种被动式红外检测器件，能以非接触方式检测出人体发出的红外辐射，并将其转化为电信号输出。同时，热释电式红外探测头还能够有效地抑制人体辐射波长以外的红外光和可见光的干扰。具有可靠性高、使用简单方便、体积小、重量轻的特点。

热释电式红外探测头 BH9402 的内部结构如图 2-19 所示，包括热释电红外传感器、高输入阻抗运算放大器、双向鉴幅器、状态控制器、延时定时器、封锁定时器和参考电源电路等。除热释电红外传感器 BH 外，其余主要电路均包含在一块 BISS0001 数模混合集成电路内，缩小了体积，提高了工作的可靠性。

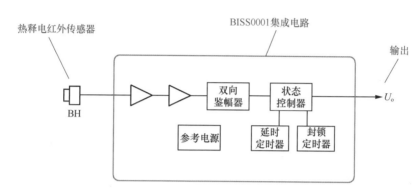

图 2-19　热释电式红外探测头 BH9402 的内部结构

（2）延时电路。

延时电路是一个或非门构成的单稳态触发器，由或非门 D_1、非门 D_2、定时电阻 R_1 和定时电容 C_1 组成。或非门单稳态触发器由正脉冲触发，输出一个脉宽为 T_W 的正矩形脉冲。

电路平时处于稳态，由于 D_2 输入端经 R_1 接 $+V_{DD}$，其输出端为 "0"，耦合至 D_1 输入端使 D_1 输出端为 "1"，电容 C_1 两端电位相等，无压降。

当在触发端加入触发脉冲 U_i 时，或非门 D_1 输出端变为 "0"。由于电容 C 两端的电压不能突变，因此 D_2 输入端也变为 "0"，D_2 输出端 U_o 变为 "1"。由于 U_o 又正反馈到 D_1 输入端形成闭环回路，所以电路一经触发后，即使取消触发脉冲 U_i 仍能保持暂稳态。此时，电源 $+V_{DD}$ 开始经 R_1 对 C_1 充电。

随着 C_1 的充电，D_2 输入端电位逐步上升。当达到 D_2 的转换阈值时，D_2 输出端 U_o 又变为 "0"。由于闭环回路的正反馈作用，D_1 输出端随即变为 "1"，电路回复稳态，直至再次被触发。

（3）无触点开关电路。

单向晶闸管 VS 作为无触点功率开关，控制着照明灯的电源。

当有人来到门前时，热释电传感器将检测到的人体辐射红外线转变为电信号，送入 BISS0001 进行两级放大、双向鉴幅等处理后，由 IC 的第 2 脚输出高电平触发脉冲，触发 D_1、D_2 等构成的单稳态触发器翻转进入延时状态。D_2 输出端的高电平作为触发电压，经电阻 R_2 触发单向晶闸管 VS 导通，照明灯 EL 点亮。

单稳态触发器延时结束后，D_2 输出端变为 "0" 电平，单向晶闸管 VS 因无触发电压而在交流电过零时截止，照明灯 EL 熄灭。

48.　自动调光电路

自动调光电路能够根据环境光的强弱，自动调节照明灯的亮度，属于一种灯光自动控制电路，晶体闸流管构成了控制的主体。

图 2-20 所示为自动调光电路，单向晶闸管 VS 构成主控电路，光电二极管 VD_6、晶体管 VT_1 和 VT_2 等构成光控电路，单结晶体管 V 等构成触发电路，二极管 $VD_1 \sim VD_4$ 构成桥式整流电路。

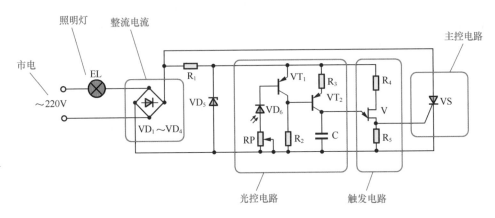

图 2-20　自动调光电路

照明灯 EL 电源回路的交流 220V 电压，经 $VD_1 \sim VD_4$ 桥式整流后成为直流脉动电压，正向加在单向晶闸管 VS 两端。晶闸管 VS 导通时，照明灯 EL 有电流流过而点亮。晶闸管 VS 的导通角不同，照明灯 EL 流过的电流大小也不同，灯光亮度也就不同。这就是一般的调光原理。

自动调光电路的特点在于，晶闸管 VS 控制极的触发脉冲，来自光控触发电路。光电二极管 VD_6 接在晶体管 VT_1 的基极，用于感知环境光的变化，并通过单结晶体管 V 调整触发脉冲的时延，改变晶闸管 VS 的导通角，实现自动调光的目的。

环境光越强，VD_6 的光电流越大，VT_1 的集电极电流也越大，使 VT_2 的基极电位升高，其集电极电流变小（VT_1 和 VT_2 是 PNP 管），使得电容 C 的充电电流变小、充电时间延长，导致单结晶体管 V 产生的触发脉冲在时间上后移，晶闸管 VS 导通角变小，照明灯 EL 两端的平均电压降低，亮度减弱。

环境光越弱，VD_6 的光电流越小，VT_1 的集电极电流也越小，VT_2 的集电极电流变大，使得电容 C 的充电电流变大、充电时间缩短，导致单结晶体管 V 产生的触发脉冲在时间上前移，晶闸管 VS 导通角变大，照明灯 EL 两端的平均电压提高，亮度增强。

稳压二极管 VD_5 的作用是稳定光控触发电路的工作电压，使整个电路工作更加稳定可靠。

49.　红外遥控调光开关

红外遥控调光开关通过遥控器即可控制照明灯的开、关和灯光的明、暗变化，并具有记忆功能。红外遥控调光开关包括开关主体电路和红外遥控器两部分。

（1）红外遥控器。

红外遥控器电路如图 2-21 所示，发射电路采用专用集成电路 TC9148（IC_4），其内部包含编码、振荡、分频、调制、放大等单元电路。$SB_1 \sim SB_4$ 为 4 个遥控按键，可以分别控制 4 盏灯。当按下某一按键时，IC_4 便进行相应的编码并调制到 38 kHz 的载频上，经 VT_2 放大后驱动红外发光二极管 VD_6 发出红外遥控信号。

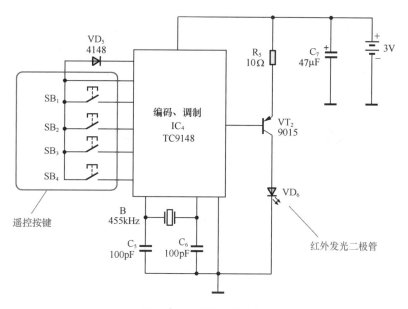

图 2-21 红外遥控器电路

（2）开关主体电路。

开关主体电路如图 2-22 所示，由红外接收电路、解码电路、调光控制电路等组成部分。

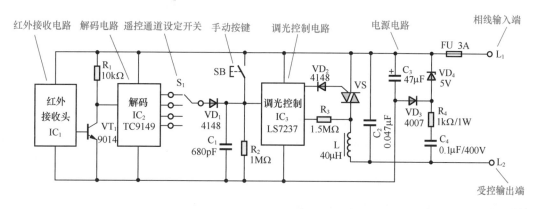

图 2-22 开关主体电路

接收与解码电路采用集成红外接收头（IC_1）和与遥控器上编码电路（IC_4）相配套的解码集成电路 TC9149（IC_2）。遥控器发出的红外信号由 IC_1 接收、VT_1 放大后，进入 IC_2 解码得到控制信号。IC_3 为调光控制集成电路 LS7237，内部集成有逻辑控制器、锁相环路、亮度存储器、数字比较器等，具有开、关和灯光亮度调节功能。

当 IC_2 输出的控制信号经 S_1、VD_1 加至 IC_3 时，IC_3 便产生相应的触发信号经 VD_2 使双向晶闸管 VS 导通、截止或改变导通角，以达到控制电灯开关或调光的目的。SB 为手动控制按键。S_1 为遥控通道设定开关，如用一个遥控器控制 4 盏灯，则应将 4 个开关主体电路中的 S_1 分别拨向不同的位置。

（3）安装使用。

安装时，用调光开关主体直接取代原有的照明灯开关即可，如图 2-23 所示。图 2-24 所示为红外遥控开关实物安装接线图。

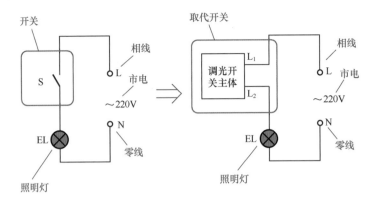

图 2-23　红外遥控开关的安装电路

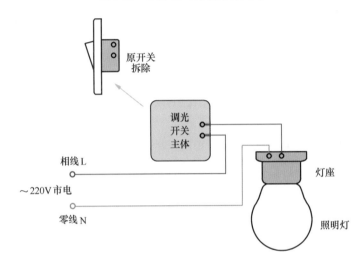

图 2-24　红外遥控开关实物安装接线图

使用时，按一下遥控器上的按键（小于 0.4 s），照明灯即亮；再按一下，照明灯即灭。按住按键不放（大于 0.4 s），照明灯将会由亮渐暗再由暗渐亮地循环变化，在达到所需亮度时松开按键即可。此亮度会被电路记忆，下次打开照明灯时即为此亮度。

50. 照明灯多路红外遥控电路

图 2-25 所示为照明灯多路红外遥控电路，这实际上仅是接收端的电路图。该电路可以用任何品牌的彩电遥控器进行遥控，按遥控器上的任意按键，就能够控制 3 路照明灯。按一下打开第 1 路照明灯，按两下打开第 2 路照明灯，按三下打开第 3 路照明灯，按 4 下则关闭所有 3 路照明灯。

IC_1 为红外接收专用集成电路 CX20106，其内部包含前置放大器、限幅放大器、带通滤波器、检波器、积分器和整形电路。VD_1 是红外光电二极管。当 VD_1 接收到遥控器发出的红外光信号时，经集成电路 CX20106（IC_1）处理后，其输出端（第 7 脚）输出一个负脉冲，经耦合电容 C_5 进入 IC_2 的触发端（第 1 脚）。

IC_2 为四态输出遥控集成电路 BH-SK5，其内部包含有电压放大器、延时电路、整形电路、选频电路、解调器、计数器和驱动电路。BH-SK5（IC_2）的第 11 脚、第 9 脚、第 6 脚为 3 个输出端，在同一时间它们当中最多只有一个输出端为高电平，其余输出端均为 "0"，或者 3 个输出端全部为 "0"。每触发一次，输出端的状态便改变一次。

3 个双向晶闸管 VS_1、VS_2、VS_3 分别控制着 3 路照明灯 EL_1、EL_2、EL_3。3 个双向晶闸管的控制极分别由 IC_2 的 3 个输出端触发，R_6、R_7、R_8 分别是 VS_1、VS_2、VS_3 的触发电阻。

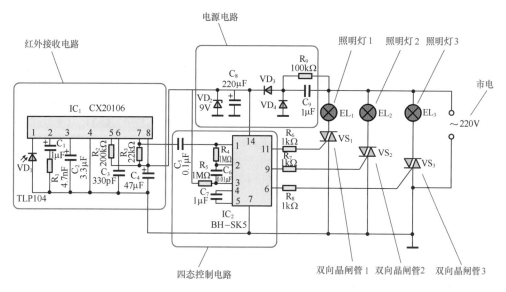

图 2-25　照明灯多路红外遥控电路

电路工作过程如下：设一开始所有照明灯均不亮，按一下遥控器按键，IC_1 接收后输出一触发信号至 IC_2，IC_2 的第 11 脚输出高电平（此时第 9 脚、第 6 脚均为"0"），触发双向晶闸管 VS_1 导通，第 1 路照明灯 EL_1 点亮（第 2 路、第 3 路照明灯不亮）。

按第 2 下遥控器按键，IC_1 接收后再次触发 IC_2，IC_2 的第 9 脚输出高电平（此时第 11 脚、第 6 脚均为"0"），触发双向晶闸管 VS_2 导通，第 2 路照明灯 EL_2 点亮（第 1 路、第 3 路照明灯不亮）。

按第 3 下遥控器按键，IC_1 接收后又一次触发 IC_2，IC_2 的第 6 脚输出高电平（此时第 11 脚、第 9 脚均为"0"），触发双向晶闸管 VS_3 导通，第 3 路照明灯 EL_3 点亮（第 1 路、第 2 路照明灯不亮）。

按第 4 下遥控器按键，IC_1 接收后再一次触发 IC_2，IC_2 的 3 个输出端均为"0"，所有照明灯全部不亮。

按第 5 下遥控器按键，又回到按第 1 下的状态，如此循环控制 3 路照明灯。

51.　无线电遥控电灯分组开关

无线电遥控分组开关电路如图 2-26 所示，具有可控距离远、可穿透墙体等障碍物的特点，可将吊灯等大型灯具的若干照明灯分为 4 组，通过遥控器分别控制各组照明灯的开与关。

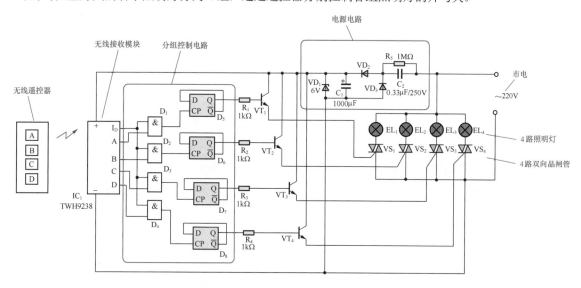

图 2-26　无线电遥控电灯分组开关电路

遥控器和接收模块 IC_1 采用微型无线电遥控组件。遥控器具有"A""B""C""D"共 4 个按键，每个按键控制一组照明灯的开与关。

接收控制电路中，IC_1 为与遥控器相配套的无线电接收模块 TWH9238，其"A""B""C""D"4 个输出端对应遥控器上的"A""B""C""D"4 个按键。

电路工作原理如下：以第 1 组为例，按一下遥控器上的"A"按键，IC_1 的"A"端即为高电平，经与门 D_1 形成一正脉冲，触发双稳态触发器 D_5 翻转输出高电平，晶体管 VT_1 导通使双向晶闸管 VS_1 导通，第 1 组照明灯 EL_1 点亮。再按一下遥控器上的"A"按键，双稳态触发器 D_5 再次翻转输出变为低电平，VT_1 与 VS_1 截止，第 1 组照明灯 EL_1 熄灭。

同理，遥控器上的"B""C""D"按键，相应地分别控制第 2 组、第 3 组、第 4 组照明灯的开与关。通过遥控器上的 4 个按键，即可随意遥控大吊灯的 4 组照明灯的开或关。也可将天花板上的灯具分为 4 组，用该电路进行分组遥控。

52. 声控电源插座

只要您拍一下手，就可以遥控接在这个电源插座上的台灯、电视机、音响等家用电器的开或者关，这就是声控电源插座带给您的方便。

图 2-27 所示为声控电源插座的电路图，包括五个组成部分：① 驻极体话筒 BM 构成声电转换器，将声音转换为电信号。② 晶体管 VT_1 构成共发射极放大电路，将 BM 输出的声控信号放大到足够幅度。③ 晶体管 VT_2、VT_3 等构成单稳态触发器，对声控信号进行整形，保证电路工作的可靠性。④ 晶体管 VT_4、VT_5 等构成双稳态触发器，与双向晶闸管 VS 一起组成执行电路，实现对受控电源插座的控制。⑤ 整流二极管 $VD_5 \sim VD_8$，以及电容 $C_6 \sim C_8$ 等构成电源电路，为整机提供工作电源。图 2-28 所示为声控电源插座电路原理方框图。

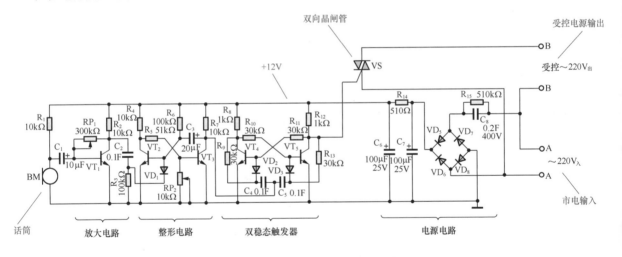

图 2-27　声控电源插座电路图

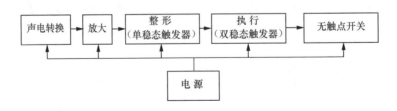

图 2-28　声控电源插座电路原理方框图

（1）电路工作过程。

当您拍手（或其他方式）发出声音信号时，驻极体话筒 BM 接收到声波并将其转换成相应的电信号，

经 C_1 耦合至晶体管 VT_1 基极进行放大。放大后的信号由 VT_1 集电极输出，经 C_2、R_3 微分后，负脉冲通过 VD_1 到达晶体管 VT_2 基极，触发单稳态电路翻转，晶体管 VT_3 集电极的单稳态触发器输出电压从 +12V 下跳为 0V。

单稳态触发器输出电压的跃变经 C_4、R_9 微分后，负脉冲通过 VD_2 加到晶体管 VT_4 基极，触发双稳态触发器翻转，晶体管 VT_5 由导通转为截止，其集电极电压加至双向晶闸管 VS 的控制极，触发 VS 导通，使接在 B-B 端的家用电器电源接通而工作。

在单稳态触发器处于暂稳态的 1.4 s 时间里，声音信号不再起作用，从而保证了双稳态触发器可靠翻转。

当您再次（1.4s 以后）发出声音信号时，单稳态触发器输出电压经 C_5、R_{13} 微分后，负脉冲通过 VD_3 加到晶体管 VT_5 基极，触发双稳态电路再次翻转，VT_5 导通后其集电极电压为 "0"，双向晶闸管失去触发电压而截止，切断了家用电器的电源使其停止工作。电路中各点工作波形如图 2-29 所示。

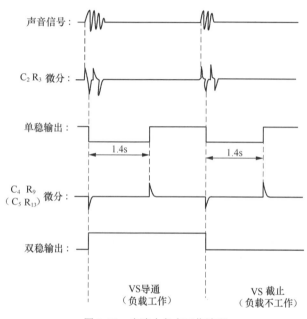

图 2-29 电路中各点工作波形

（2）电源电路。

为缩小体积、降低成本，电源电路采用电容降压整流电路。C_8 为降压电容，对于 50Hz 的交流电而言，其容抗 $X_C = \dfrac{1}{2\pi fC} \approx 16\text{k}\Omega$，远高于电路阻抗，因此 220V 交流电源中的绝大部分电压都降在 C_8 上。

经 C_8 降压后的交流电压，由整流二极管 $VD_5 \sim VD_8$ 桥式整流后，再由 C_6、C_7、R_{14} 滤除交流成分，最后输出 +12V 直流电压供电路工作。R_{15} 为泄放电阻，当切断电源后，R_{15} 为 C_8 提供放电回路。

53. 声波遥控器

通过声波遥控器可以用声音遥控电器设备的开关，相比红外或无线等其他遥控方式，最大的优点是不用手拿遥控器进行按键操作，只要吹声口哨或者击下掌即可，使遥控变得更加方便。

图 2-30 所示为声波遥控器电路图，包括以下组成部分：① 驻极体话筒 BM 和集成运放 IC_1 等构成的声音接收放大电路；② 二极管 VD_1 等构成的整流电路；③ 集成运放 IC_2 等构成的电压比较器电路；④ D 型触发器 IC_3 构成的双稳态触发器电路；⑤ 晶体管 VT 和继电器 K 构成的控制电路；⑥ 降压电容 C_6 和整流二极管 $VD_3 \sim VD_6$ 等构成的电源电路。

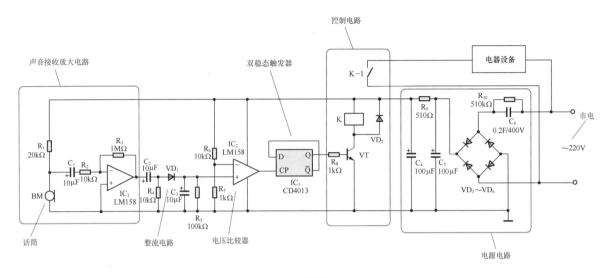

图 2-30　声波遥控器电路

声波遥控器的实质，是通过声音控制电源的通断，实现打开或关闭电器设备的功能。该声波遥控器采用"乒乓开关"式的控制方式，即一声信号为"开"，再一声信号为"关"，如此循环，只要发出声音信号，电路就在"开"与"关"之间转换。

电路工作过程如下。

当发出声音信号时，驻极体话筒 BM 接收到声波并将其转换成相应的电信号，经 C_1 耦合至集成运放 IC_1 进行放大，放大倍数取决于 R_3 与 R_2 的比值，约 100 倍。放大后的信号经 VD_1、C_3 整流滤波为直流电压，送入电压比较器 IC_2 与基准电压相比较。由于声音信号远大于基准电压，IC_2 输出高电平，触发双稳态触发器 IC_3 翻转，晶体管 VT 导通，继电器 K 吸合，触点 K-1 闭合，接通电器设备的电源使其工作。

当再次发出声音信号时，电压比较器 IC_2 再次输出高电平，触发双稳态触发器 IC_3 再次翻转，晶体管 VT 截止，继电器 K 释放，触点 K-1 断开，切断电器设备的电源使其停止工作。

二极管 VD_2 的作用，是防止在驱动晶体管 VT 截止的瞬间，继电器线圈产生的自感电动势击穿晶体管 VT。

54. 光控自动窗帘

制作一个光控自动窗帘，天黑了窗帘自动拉合，天亮了窗帘自动拉开，完全省去了人工操作，定会给您的生活带来方便和情趣。

（1）光控自动窗帘的结构。

光控自动窗帘由控制电路和机械执行结构两大部分组成，如图 2-31 所示。窗帘悬挂于导轨上，窗帘活动的一端与牵引绳某一点固定连接在一起，以便牵引绳左右移动时可带动窗帘移动。在导轨上方安装设备盒与牵引绳，牵引绳为一环形，套在两端的主动轮与从动轮上，并保持绷紧状态。设备盒中包含控制电路、直流电机和减速传动器。直流电机通过减速传动器驱动主动轮转动，带动牵引绳移动。减速传动器可利用废旧钟表中的齿轮组制作，减速比一般为 50：1 左右。直流电机的正转、反转与停止，由控制电路进行自动控制。

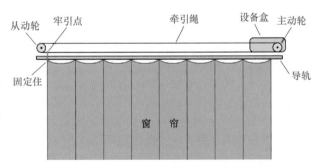

图 2-31　光控自动窗帘的结构

（2）控制电路原理。

图 2-32 所示为光控自动窗帘的控制电路图。控制电路包括光电三极管 VT_1 构成的光控电路，

晶体管 VT_2 与 VT_3 构成的施密特触发器整形电路，晶体管 VT_4 构成的反相电路，C_2、R_{10} 及 C_7、R_{13} 构成的两个微分电路，时基电路 IC_1 与 IC_2 构成的驱动电路等组成部分，图 2-33 所示为其原理方框图。

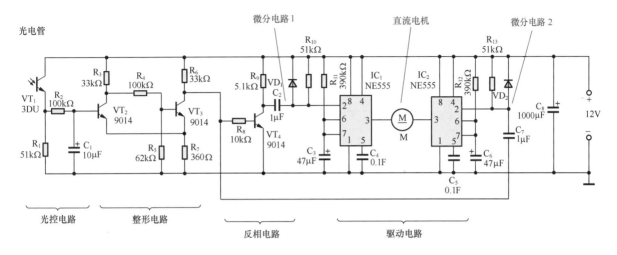

图 2-32　光控自动窗帘的控制电路

时基电路 IC_1 与 IC_2 分别构成两个单稳态触发器，对直流电机 M 进行桥式驱动。当 IC_2 输出为高电平而 IC_1 输出为低电平时电机正转；当 IC_1 输出为高电平而 IC_2 输出为低电平时电机反转；当 IC_1 与 IC_2 输出相同时（同为高电平或同为低电平）电机停止。

（3）光控自动窗帘工作过程。

设初始时刻为白天，光电三极管 VT_1 受光照而导通，其发射极输出信号为高电平，VT_2 与 VT_3 构成的施密特触发器输出端（VT_3 集电极）也为高电平。

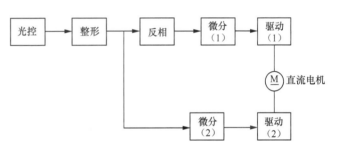

图 2-33　光控自动窗帘控制电路的原理方框图

晚上天渐黑后，光电三极管 VT_1 由导通变为截止，其发射极输出信号由高电平变为低电平，经施密特触发器整形后，VT_3 集电极输出信号为下降沿陡直的低电平，该下降沿经 C_7、R_{13} 微分形成一负脉冲，触发 IC_2 单稳态驱动电路翻转至暂态，其输出（第 3 脚）变为高电平。

施密特触发器（VT_3 集电极）的输出信号同时经 VT_4 反相电路反相和 C_2、R_{10} 微分后，形成的正脉冲对 IC_1 单稳态驱动电路不起作用，其输出（第 3 脚）保持低电平。

因为直流电机 M 接在 IC_1、IC_2 两个单稳态驱动电路输出端之间，此时 IC_2 输出为高电平、IC_1 输出为低电平，电机正转使窗帘拉合。窗帘拉合后，由于 IC_2 单稳态驱动电路暂态结束回复稳态，其输出变为低电平，电机停转。

早晨天渐亮后，光电三极管 VT_1 由截止变为导通，经施密特触发器整形后，VT_3 集电极输出信号为上升沿陡直的高电平，经 VT_4 反相电路反相后变为下降沿陡直的低电平，该下降沿经 C_2、R_{10} 微分形成一负脉冲，触发 IC_1 单稳态驱动电路翻转至暂态，其输出变为高电平。

同时，施密特触发器（VT_3 集电极）的输出信号经 C_7、R_{13} 微分后，形成的正脉冲对 IC_2 单稳态驱动电路不起作用，其输出保持低电平。

此时 IC_1 输出为高电平、IC_2 输出为低电平，电机反转使窗帘拉开。IC_1 单稳态驱动电路暂态结束后，电机停转。

在黑夜或白天稳定状态时，光电三极管 VT_1 输出信号及施密特触发器输出信号电位无变化，微分电路无负脉冲输出，两个单稳态驱动电路输出端均为低电平，电机静止不转。图 2-34 所示为控制电路各点的工作波形。

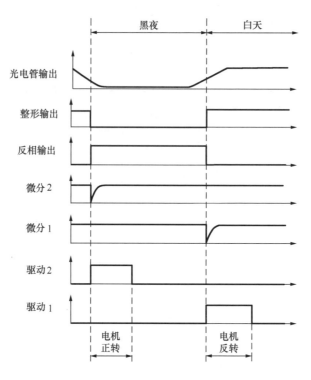

图 2-34　控制电路各点的工作波形

55.　晶闸管光控窗帘

　　晶闸管构成的光控窗帘电路由光控电路、施密特触发器、反相器、正向驱动电路和反向驱动电路等组成，如图 2-35 所示。

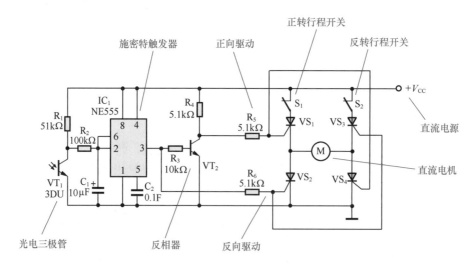

图 2-35　晶闸管光控窗帘电路

（1）电路结构特点。

　　电路采用光电三极管 VT_1 作为光控元件，相对于光敏电阻或光电二极管而言，光电三极管具有更高的灵敏度，光控效果更好。555时基电路 IC_1 构成的施密特触发器，对光电三极管输出信号进行整形，以提高光控的可靠性。

单向晶闸管 VS₁~ VS₄ 构成桥式可控驱动电路，驱动直流电机 M 转动，如图 2-36 所示。当 VS₁ 和 VS₄ 导通时（此时 VS₂ 和 VS₃ 截止），电源 +V_CC 经 VS₁、电机 M、VS₄ 到地构成回路，电机 M 上工作电压为左正右负，电机 M 正转。

当 VS₂ 和 VS₃ 导通时（此时 VS₁ 和 VS₄ 截止），电源 +V_CC 经 VS₃、电机 M、VS₂ 到地构成回路，电机 M 上工作电压为左负右正，电机 M 反转。

电路中，VS₁ 和 VS₄ 的控制极并接在一起，由晶体管 VT₂ 构成的反相器触发，R₅ 是触发电阻。VS₂ 和 VS₃ 的控制极并接在一起，由施密特触发器 IC₁ 直接触发，R₆ 是触发电阻。S₁ 是正转行程开关，S₂ 是反转行程开关，它们都是常闭型开关。

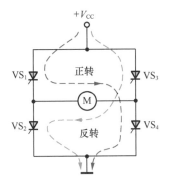

图 2-36　桥式可控驱动电路

（2）关窗帘控制原理。

设初始时刻为白天，光电三极管 VT₁ 受光照而导通，输出为低电平，施密特触发器 IC₁ 输出端（第 3 脚）为高电平。

晚上天渐黑后，光电三极管 VT₁ 由导通变为截止，输出由低电平变为高电平，经施密特触发器 IC₁ 整形后输出端（第 3 脚）变为低电平，单向晶闸管 VS₂、VS₃ 因无触发电压而截止。IC₁ 输出端的低电平同时经反相器 VT₂ 反相为高电平，经触发电阻 R₅ 触发单向晶闸管 VS₁ 和 VS₄ 导通，电机 M 正转，使窗帘拉合。

窗帘拉合到位后，正转行程开关 S₁ 断开，切断了电机 M 的正转工作电源，电机 M 停转。

（3）开窗帘控制原理。

早晨天渐亮后，光电三极管 VT₁ 由截止变为导通，输出由高电平变为低电平，经施密特触发器 IC₁ 整形后输出端（第 3 脚）变为高电平，经反相器 VT₂ 反相后为低电平，单向晶闸管 VS₁、VS₄ 因无触发电压而截止。

同时，施密特触发器 IC₁ 输出端（第 3 脚）的高电平，经触发电阻 R₆ 触发单向晶闸管 VS₂ 和 VS₃ 导通，电机 M 反转，使窗帘拉开。

窗帘拉开到位后，反转行程开关 S₂ 断开，切断了电机 M 的反转工作电源，电机 M 停转。

在黑夜或白天的稳定状态，窗帘要么关闭、要么拉开，行程开关 S₁ 或 S₂ 处于断开状态，电机 M 静止不转，窗帘不动。

56.　时基电路光控窗帘

时基电路构成的光控窗帘电路如图 2-37 所示。电路中共使用了三个 555 时基电路，分别构成施密特触发器（IC₁）和单稳态触发器（IC₂、IC₃）。555 时基电路具有电源电压范围宽（4.5～18V）、输出驱动能力强（可输出 200mA 电流）的特点，可以直接驱动直流电机。

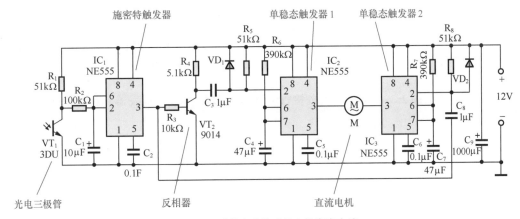

图 2-37　时基电路构成的光控窗帘电路

光电三极管 VT_1 等构成光控电路，时基电路 IC_1 构成施密特触发器作为整形电路，对光电二极管 VT_1 输出的缓慢变化的光控信号进行整形，使其成为边沿陡峭的脉冲信号。IC_1 输出的脉冲信号分为两路，一路去控制正转驱动电路 IC_3，另一路经 VT_2 反相后去控制反转驱动电路 IC_2。

IC_2、IC_3 均为时基电路构成的单稳态触发器，作为驱动电路使用。直流电机 M 接在两个单稳态触发器输出端之间，可以方便地实现正、反转控制，并且具有较强的抗干扰性能。用单稳态触发器控制电机转动的另一个好处是可以免除使用行程开关，结构简单，工作可靠。

晚上天渐黑后，光电三极管 VT_1 由导通变为截止，经施密特触发器 IC_1 整形、晶体管 VT_2 反相、C_5 与 R_5 微分后，触发单稳态触发器 IC_2 翻转至暂态，使电机 M 正转将窗帘拉合。

早晨天渐亮后，光电三极管 VT_1 由截止变为导通，经施密特触发器 IC_1 整形、C_8 与 R_8 微分后，触发单稳态触发器 IC_3 翻转至暂态，使电机 M 反转将窗帘拉开。

57. 红外遥控电源插座

红外遥控电源插座包括红外遥控器和接收控制电路两大部分。红外遥控器实际上就是一个红外光发射电路，在使用者的操作下向外发射遥控指令。接收控制电路设计为乒乓开关控制模式，接收到红外光遥控指令后，触发双向晶闸管导通，接通插座电源，使插在插座上的家用电器工作。再次接收到红外光遥控指令后，双向晶闸管截止，关断插座电源，使家用电器停止工作。

（1）红外发射电路。

红外发射电路由 555 时基电路（IC_1）和红外发光二极管（VD_1）等组成，如图 2-38 所示。IC_1 构成自激多谐振荡器，产生频率为 40kHz、占空比约为 1/3 的方波脉冲，驱动红外发光二极管 VD_1 向外发射被 40kHz 方波脉冲调制的红外光。

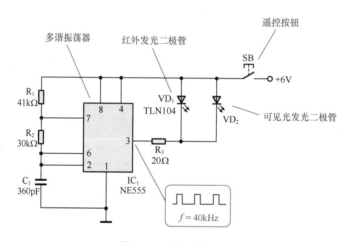

图 2-38　红外发射电路

SB 是遥控按钮，使用时按下 SB，接通 +6V 电源，红外发射电路即发射红外光遥控指令。VD_2 是可见光发光二极管，作为遥控器工作指示灯。R_3 是 VD_1 和 VD_2 的限流电阻。

（2）接收控制电路。

接收控制电路如图 2-39 所示，由红外接收电路、反相器、双稳态触发器、双向晶闸管、电源电路等部分组成。

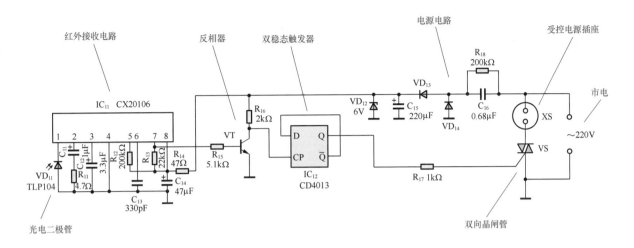

图 2-39　接收控制电路

红外接收电路采用了专用集成电路 CX20106（IC_{11}），内部包含有前置放大器、限幅放大器、带通滤波器、检波器、积分器和整形电路，接收中心频率为 40kHz，可通过改变 R_{12} 进行微调。VD_{11} 是红外光电二极管。

40kHz 方波脉冲调制的红外光信号由 VD_{11} 接收，送入专用集成电路 CX20106（IC_{11}）处理后，其输出端（第 7 脚）由高电平变为低电平。调节 R_{11} 可调整接收灵敏度。CX20106 内含自动偏置电路（ABLC），可以保证其在不同的光线背景下，都能正常工作。晶体管 VT 构成反相器，将 IC_{11} 第 7 脚输出的低电平反相为高电平，其上升沿触发双稳态触发器 IC_{12} 翻转。

（3）控制原理。

IC_{12} 是 D 触发器构成的双稳态触发器，作为乒乓开关控制模式的核心，控制着双向晶闸管 VS 的导通与否。IC_{12} 的 Q 输出端经触发电阻 R_{17} 连接至双向晶闸管 VS 的控制极。当 Q 输出端为高电平时，触发双向晶闸管 VS 导通，接通插座 XS 的电源。当 Q 输出端为"0"时，双向晶闸管 VS 截止，切断插座 XS 的电源。

因为 IC_{12} 的时钟脉冲 CP 端由红外接收电路 IC_{11} 输出信号经 VT 反相后控制，所以整个红外遥控开关的工作过程是：按一下遥控器上的按钮 SB，红外接收电路 IC_{11} 即输出一个负脉冲，经晶体管 VT 反相为正脉冲，其上升沿触发双稳态触发器 IC_{12} 翻转一次，使 IC_{12} 的输出端在高电平与"0"之间变换一次，双向晶闸管 VS 也就在"导通"与"截止"之间变换一次，实现对插在本插座 XS 上的家用电器电源的"开"与"关"。

58.　无线万用遥控器

无线万用遥控器具有控制距离远、抗干扰能力强、使用灵活方便的特点，仅用一只小巧的只有 4 个按键的遥控器，就可以随心所欲地控制多达 15 路的家用电器。15 路接收控制电路不必组装在一个机箱内，可以根据需要分散在各个家用电器附近，或直接置于家用电器外壳内。

无线万用遥控器电路如图 2-40 所示，包括发射机和接收控制电路两大部分。图 2-41 所示为其原理方框图。

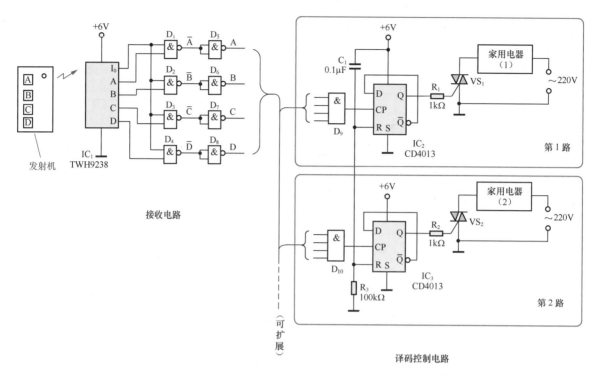

图 2-40 无线万用遥控器电路

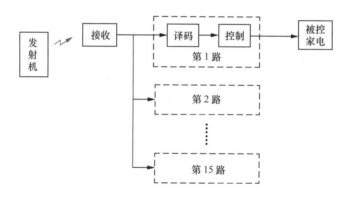

图 2-41 无线万用遥控器电路原理方框图

（1）遥控发射机。

发射机采用成品微型无线电遥控器。遥控器上有 A、B、C、D 4 个按键，分别代表"8421"码中的 1、2、4、8 数码，按键按下为"1"、不按为"0"。四个按键组成 4 位二进制控制代码，并通过无线电发射出去，遥控 15 路家用电器，详见表 2-1。

表 2-1　控制代码与被控电路的关系

控制代码 DCBA	被控电路 （第几路）	控制代码 DCBA	被控电路 （第几路）
0001	1	1001	9
0010	2	1010	10
0011	3	1011	11
0100	4	1100	12

续表

控制代码 DCBA	被控电路 （第几路）	控制代码 DCBA	被控电路 （第几路）
0101	5	1101	13
0110	6	1110	14
0111	7	1111	15
1000	8		

（2）接收控制部分。

接收控制部分包括接收电路和译码控制电路。接收电路采用了与发射机相配对的接收解码模块 TWH9238（IC_1），接收发射机发出的遥控编码信号，并解码成为与发射机完全一致的二进制代码。与非门 $D_1 \sim D_4$ 和 $D_5 \sim D_8$（其两个输入端并接作非门用）的作用，是使接收电路同时输出 4 位二进制代码的原码和反码。

译码控制电路由与门和 D 型触发器等组成，可以有相同的若干路（图 2-40 画出了其中的两路）。一个接收电路可以连接多达 15 路译码控制电路。

以第 1 路为例，D 型触发器 IC_2 构成双稳态触发器，其触发端受与门 D_9 的控制。D_9 的四个输入端，根据需要分别接至接收电路输出的二进制代码的原码或反码，当相应的遥控代码出现时，D_9 输出一正脉冲触发 IC_2 翻转，通过触发电阻 R_1 使双向晶闸管 VS_1 导通或截止，控制该路家用电器开启或关闭。本电路采用了"乒乓开关"式控制方式，同一代码，按一次为"开"，再按一次为"关"，依此类推。

（3）应用。

无线万用遥控器采用模块化结构，可以根据自己的需要灵活组合。应用时，按需连接代码引线，将每一路译码控制电路的与门的 4 个输入端，根据表 2-1 所确定的代码，用导线连接到接收电路输出端的相应接点。

例如，第 1 路的代码为"0001"，则其与门的 4 个输入端分别接 A、$\overline{B}$、$\overline{C}$、$\overline{D}$，如图 2-42 所示。其他各路译码控制电路的与门输入端，均应按其代码接至接收电路。

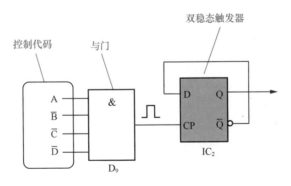

图 2-42　代码引线的连接

使用时，根据欲控制家用电器的代码，同时按下遥控器发射机上的相应按键，即可遥控该家用电器的开或关。由于按键不按下即为"0"，因此只需按下代码中为"1"的按键。例如，某家用电器的控制代码为"0110"，则只需同时按下发射机上的 C、B 按键，即可遥控该家用电器。

59.　万用继电遥控器

万用继电遥控器采用成品无线遥控器，可以方便地控制多达 15 路的家用电器。万用继电遥控器电路如图 2-43 所示，与上例电路不同的是，万用继电遥控器采用继电器作为控制执行器件，因此控制电路与家用电器的电源之间完全隔离，安全性与可靠性得到进一步提高。

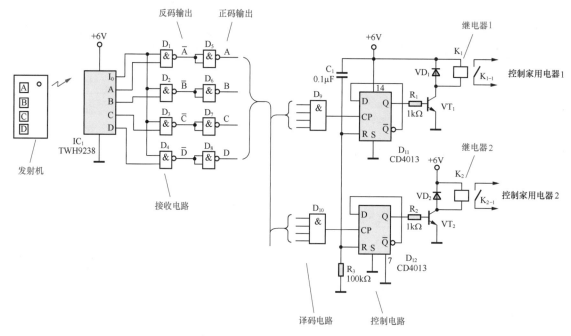

图 2-43　万用继电遥控器电路

电路工作原理：当接收电路 IC_1 接收到无线遥控器发出的遥控编码信号后，解码成为与发射端完全一致的二进制代码，送入译码控制电路。

译码控制电路具有相同的若干路（最多可达 15 路，图 2-43 画出了其中的两路），每一路都包括译码器（与门）、控制电路（双稳态触发器）和执行机构（继电器）。电路采用"乒乓开关"式控制方式，即按一次为"开"，再按一次为"关"，依次循环。

以第 1 路为例，与门 D_9 的接线状态决定了该路的代码，如果 D_9 的四个输入端接至接收电路的 A、$\overline{B}$、$\overline{C}$、D，则该路的代码为"1001"。当按下遥控器的 A、D 键时（按键按下为"1"，不按为"0"），D_9 输出端为"1"，触发双稳态触发器 D_{11} 翻转输出为"1"，驱动晶体管 VT_1 导通，使继电器 K_1 吸合，其接点 K_{1-1} 闭合，接通该路家用电器的电源使其工作。

当再次按下遥控器的 A、D 键时，D_9 输出端再次为"1"，触发双稳态触发器 D_{11} 再次翻转输出为"0"，驱动晶体管 VT_1 截止，使继电器 K_1 释放，其接点 K_{1-1} 断开，切断该路家用电器的电源使其停止工作。

60. 电话遥控器

电话遥控器能够在几百上千公里以外遥控家里的电器设备。只要将电话遥控器并接在家里的电话线上，你就可以随时随地通过电话或手机远距离遥控家用电器。电话遥控器具有适用范围广、控制距离远、安全可靠、使用方法灵活的特点。

（1）电路结构。

图 2-44 所示为电话遥控器电路。整机电路包括 8 大部分：① 晶体管 VT_1、VT_2、施密特触发器 D_{1-1} 等组成的模拟提机电路；② 施密特触发器 D_{1-2} 等组成的开机复位电路；③ 施密特触发器 D_{1-3}、D_{1-4} 等组成的提示音电路；④ 集成电路 IC_1 等组成的 DTMF 解码电路；⑤ 集成电路 IC_2 等组成的译码电路；⑥ RS 触发器 D_2、D_3 等组成的密码检测电路；⑦ 时基电路 IC_3、IC_4 和双向晶闸管 VS_1、VS_2 等组成的控制执行电路；⑧ 变压器 T、整流全桥 UR_3 和集成稳压器 IC_5 等组成的电源电路。图 2-45 所示为其电路原理方框图。

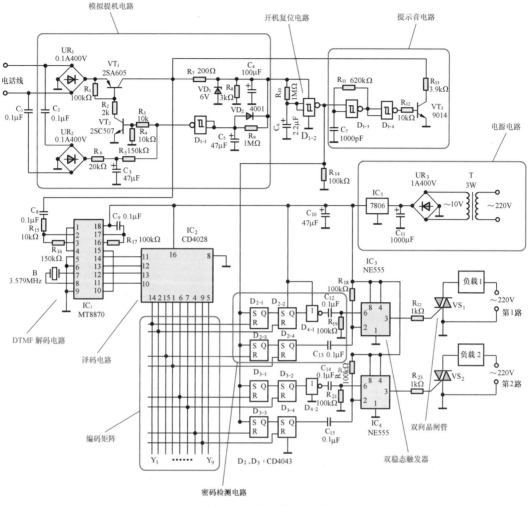

图 2-44　电话遥控器电路

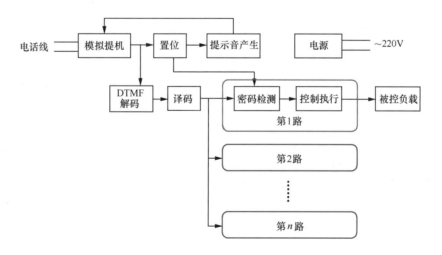

图 2-45　电话遥控器电路原理方框图

（2）模拟提机电路。

当有电话呼入时，交流振铃信号经整流全桥 UR_2 整流成为直流电压，经 R_6、C_3 延时后，使晶体管 VT_2 导通，并进而使电子开关 VT_1 导通，实现自动提机。在稳压管 VD_1 上产生 +6V 直流电压，使后续电路得电工作。施密特触发器 D_{1-1}、R_9、C_5 组成延时控制电路，输出约 60s 的高电平，维持 VT_1 导通。

（3）开机复位电路。

开机时，施密特触发器 D_{1-2} 输出 3s 高电平，作为译码电路的复位信号。该复位信号也是提示音电路的控制信号。

（4）提示音电路。

施密特触发器 D_{1-3} 与 R_{11}、C_7 构成门控多谐振荡器，振荡频率取决于 R_{11} 和 C_7。D_{1-3} 的另一个输入端为控制端，受复位信号的控制。当复位信号为 "1" 时，电路振荡，产生 1.5kHz 音频提示音信号，经 D_{1-4} 和 VT_3 送入电话线路。

（5）DTMF 解码电路。

当用户通过电话机发出双音多频编码（DTMF）控制信号时，经电话线、UR_1、VT_1、C_8、R_{15} 传输耦合至 IC_1（MT8870）输入端。MT8870 是双音多频解码专用集成电路，能够将接收到的 DTMF 信号解码为 4 位二进制码（BCD 码）。

（6）译码电路。

IC_1 解码输出的 4 位二进制码（BCD 码），由译码电路 IC_2（CD4028）进行译码。CD4028 是 BCD 码 - 十进制码译码器，将 4 线输入的 BCD 码译码后输出，译中者为 "1"。本电路中只使用其 Y_1~Y_9 输出端。

（7）密码检测与控制执行电路。

为保证电话遥控的安全性和保密性，任一执行电路的开与关，均采用两位数的密码控制。图 2-44 所示电路中，D_2 所含的 4 个 RS 触发器与 IC_3 组成第一路密码检测与控制执行电路，D_3 与 IC_4 组成第二路密码检测与控制执行电路。

以第一路为例，IC_3（555 时基电路）构成双稳态电路，其输出状态受 D_{2-1}、D_{2-2} "关" 密码检测电路和 D_{2-3}、D_{2-4} "开" 密码检测电路的控制。当检测到两位数的 "开" 密码时，使 IC_3 输出为 "1"，触发双向晶闸管 VS_1 导通使负载工作。当检测到两位数的 "关" 密码时，使 IC_3 输出为 "0"，双向晶闸管 VS_1 截止，负载停止工作。

在 IC_2（CD4028）的 9 个输出端与各密码检测电路输入端之间有一个编码矩阵。通过改变编码矩阵的连接点，即可改变各路 "开" "关" 的密码。例如，图 2-44 所示电路中，第一路的 "关" 密码是 "12"，"开" 密码是 "34"。第二路的 "关" 密码是 "56"，"开" 密码是 "78"。

设定密码时，根据自己选定的各路 "开" "关" 密码，在编码矩阵中用跳线将相应的点连接起来。密码为两位不相同的数字 "1~9"，"0" 不用。

（8）电源电路。

交流 220V 市电经变压器 T 降压、整流全桥 UR_3 整流、电容 C_{11} 滤波、集成稳压器 IC_5 稳压成为 +6V 直流电压，作为整机电路的工作电源。采用集成稳压器的优点是稳压效果好、电路简洁、体积小巧。

61. 电话继电遥控器

电话继电遥控器电路如图 2-46 所示，包括自动提机电路、开机复位电路、提示音电路、解码电路、译码电路、密码检测电路、控制执行电路等。与上例不同的是，执行电路采用继电器控制家用电器的电源。

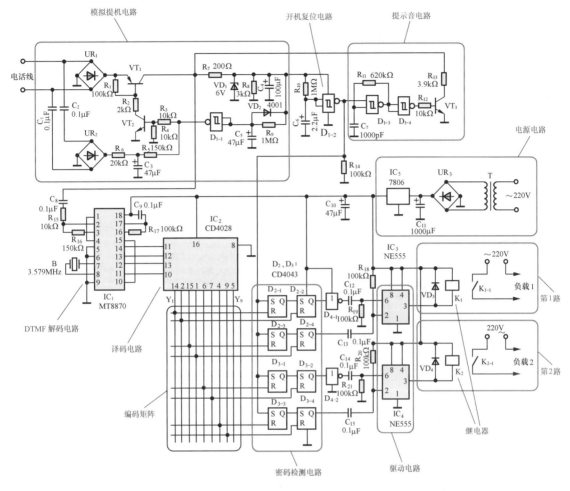

图 2-46　电话继电遥控器电路

电路工作原理是，当遥控者打入电话时，交流振铃信号经整流全桥 UR_2 整流、R_6、C_3 延时后，使晶体管 VT_2、VT_1 导通，实现自动提机。施密特触发器 D_{1-1}、R_9、C_5 组成延时控制电路，输出约 60s 的高电平，维持 VT_1 导通，等待密码。同时，施密特触发器 D_{1-3} 与 R_{11}、C_7 构成的门控多谐振荡器起振，产生 1.5 kHz 音频提示音信号，经 D_{1-4} 和 VT_3 送入电话线路，提示遥控者输入密码。

遥控者通过电话发出密码后，经电话线、UR_1、VT_1、C_8、R_{15} 传输耦合至 IC_1（MT8870）输入端。MT8870 是双音多频（DTMF）解码专用集成电路，能够将接收到的 DTMF 信号解码为 4 位二进制码（BCD 码）。再由译码电路 IC_2（CD4028）进行译码，将 4 线输入的 BCD 码译码后 1 线输出，译中者为 "1"。

为保证电话遥控的安全性和保密性，任一执行电路的开与关，均采用两位数密码控制。例如，图 2-46 中 D_2 所含的 4 个 RS 触发器与 IC_3 组成第一路密码检测与控制执行电路，时基电路 IC_3 构成双稳态电路，其输出状态受 D_{2-1}、D_{2-2} "开" 密码检测电路和 D_{2-3}、D_{2-4} "关" 密码检测电路的控制。当检测到两位数的 "开" 密码时，使 IC_3 输出为 "0"，继电器 K_1 吸合，其触点闭合使负载工作。当检测到两位数的 "关" 密码时，使 IC_3 输出为 "1"，继电器 K_1 释放，负载停止工作。

应用时，将电话遥控器接好电话线和交流 220V 电源，受控家电的电源插头插入电话遥控器的负载插座，系统便准备好了。遥控时拨通电话，当振铃响过约 3 声后，可听到 3s 的提示音。提示音结束后 60s 内，拨出两位数的"开"或"关"密码，便可实现对相应家电的远距离遥控。60s 后，电话遥控器自动挂机，如还需遥控，应重新拨通电话。

当与电话遥控器并接在一起的电话机、传真机、计算机使用时，并不影响被遥控家电的工作状态；电话遥控器也不会影响电话机、传真机、计算机的工作。

如欲遥控更多的家电，只需相应增加由 RS 触发器、555 时基电路和继电器组成的密码检测和控制执行电路的路数，并为其设置相应的密码即可。

62. 电风扇自动开关

电风扇自动开关电路如图 2-47 所示，包括热敏电阻 RT 和时基电路 IC 等构成的高温检测电路、单向晶闸管 VS 等构成的控制电路、整流二极管 $VD_1 \sim VD_5$ 和滤波电容 C_1 构成的电源电路。

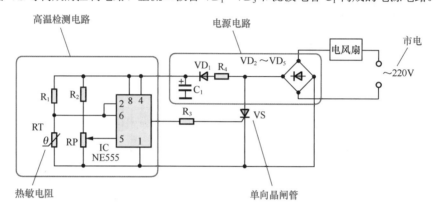

图 2-47　电风扇自动开关电路

电风扇自动开关电路能够根据环境温度自动开启或关闭电风扇。当环境温度高于设定值时启动电风扇吹风降温，当环境温度降到设定值以下时关闭电风扇。温度设定值可以根据各自需要方便地调节设置。

（1）高温检测电路。

高温检测电路的功能是对环境温度进行检测，当环境温度高于设定值时，输出高电平触发晶闸管导通，启动电风扇。电路中，555 时基电路 IC 构成电压比较器，温度传感器采用负温度系数热敏电阻 RT。

负温度系数热敏电阻器的特点是，阻值与温度成反比，即温度越高阻值越小。555 时基电路 IC 的第 2、第 6 脚并联后接在热敏电阻 RT 上。随着温度的上升 RT 阻值越来越小，IC 第 2、第 6 脚的输入电压也越来越低，当输入电压小于 555 时基电路 IC 的阈值时，其输出端（第 3 脚）变为高电平。

电位器 RP 接在 555 时基电路 IC 的控制端（第 5 脚），用以调节电路翻转的阈值，也就是调节了高温检测电路的温度设定值。

（2）控制电路。

单向晶闸管 VS 作为无触点电子开关，控制着电风扇的电源。当环境温度高于设定值时，555 时基电路 IC 输出高电平，经电阻 R_3 触发晶闸管 VS 导通，使电风扇电源构成回路，电风扇运转。

当环境温度降低到设定值以下时，555 时基电路 IC 输出变为低电平，晶闸管 VS 因无触发电压而截至，电风扇停止运转。

二极管 $VD_2 \sim VD_5$ 构成桥式整流电路，将交流电转换为直流脉动电，使得单向晶闸管 VS 即可控制电风扇的交流电源，同时也为电源电路提供直流电源。

（3）电源电路。

桥式整流电路 $VD_2 \sim VD_5$ 输出的直流脉动电压，经 R_4 降压、VD_1 隔离、C_1 滤波后，成为稳定的直流电压，作为高温检测电路的工作电源。

（4）使用。

使用时，将电风扇自动开关串接入电风扇的电源电路，或者直接取代电风扇的原电源开关，如图 2-48 所示。电风扇原有的调速、摇头等功能仍然可正常工作。

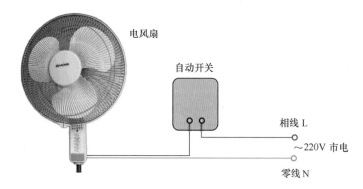

图 2-48　电风扇自动开关接线图

63. 电风扇阵风控制器

电风扇阵风控制器可以自动控制电风扇间歇性地送风，模拟自然风的状态，使人体感觉的舒适度提高。图 2-49 所示为电风扇阵风控制器电路图，IC_1 为 555 时基电路，IC_2 为光电耦合器，VS 为双向晶闸管。

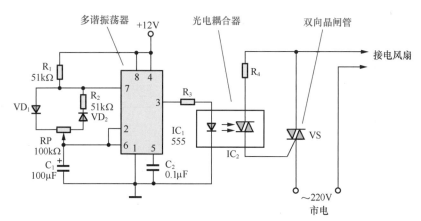

图 2-49　电风扇阵风控制器

555 时基电路 IC_1 构成占空比可调的多谐振荡器，振荡周期 $T = 14s$。在 IC_1 的第 3 脚输出高电平期间，光电耦合器 IC_2 输入部分得到正向工作电压，使内部红外发光二极管发射红外光，IC_2 输出部分的光敏双向二极管因此导通，触发双向晶闸管 VS 导通，接通电风扇电源，电风扇运转送风。

在 IC_1 的第 3 脚输出低电平期间，光电耦合器 IC_2 关断，双向晶闸管 VS 因失去触发电压而截止，电风扇停转。

RP 为占空比调节电位器，可使占空比在 25% 至 75% 的范围内变化（振荡周期 T 不变）。改变占空比，也就是改变了送风时间和停止时间。即在一个振荡周期（14s）内，调节 RP 可使送风时间在 3.5 ～ 10.5s 选择，相应的停止时间在 10.5 ～ 3.5s 变化，如图 2-50 所示。

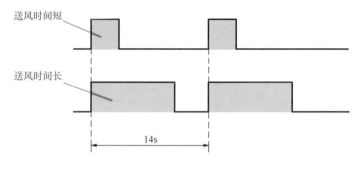

图 2-50 送风时间的变化

64. 自动恒温电路

图 2-51 所示为自动恒温电路，可以控制电热毯等电热器具自动保持恒定温度。555 时基电路 IC 构成阈值可调的施密特触发器。RT 是负温度系数热敏电阻，安装在电热毯上，用于检测电热毯温度。

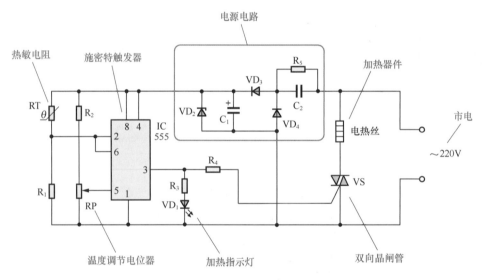

图 2-51 自动恒温电路

自动恒温电路工作原理是：接通电源后，电热毯上的电热丝开始加热。随着电热毯温度不断上升，热敏电阻 RT 阻值不断下降，555 时基电路 IC 输入端（第 2 脚与第 6 脚并联）电压不断上升。当 IC 输入端电压达到 $\frac{2}{3}V_{CC}$ 时电路翻转，IC 输出端（第 3 脚）电压为 "0"，双向晶闸管 VS 失去触发电压而截止，电热丝停止加热。

电热丝停止加热后，电热毯温度逐步下降，热敏电阻 RT 阻值逐步上升，555 时基电路 IC 输入端电压随之下降。当 IC 输入端电压下降到 $\frac{1}{3}V_{CC}$ 时电路再次翻转，IC 输出端变为高电平，触发双向晶闸管 VS 导通，电热丝再次加热。正是通过上述动作的不断反复，使电热毯保持在一个设定的温度。

RP 是设定温度调节电位器。555 时基电路 IC 的控制端（第 5 脚）接电位器 RP，调节 RP 可在 0 ~ $\frac{2}{3}V_{CC}$ 范围内改变控制端电压，也就是改变了 IC 的翻转阈值，达到改变温度设定值的目的。

发光二极管 VD$_1$ 是加热指示灯。当电热丝加热时，555 时基电路 IC 第 3 脚为高电平，VD$_1$ 发光。

当电热丝停止加热时，555 时基电路 IC 第 3 脚为 "0" 电平，VD$_1$ 熄灭。

降压电容 C$_2$、整流二极管 VD$_3$、VD$_4$、滤波电容 C$_1$、稳压二极管 VD$_2$ 等构成电源电路，为控制电路提供直流工作电压。R$_5$ 是 C$_2$ 的泄放电阻。

该自动恒温电路可以用于所有需要保持恒定温度的电加热器具，比如电热杯、电热坐垫、电热保温箱、电热手炉、电热温水器等。

第3章　门铃与报警器电路

门铃与报警器电路是与日常生活息息相关的电工电路，使用面广量大。随着科技不断进步和人们要求的不断提高，新的门铃与报警器电路也层出不穷，例如电子门铃、音乐门铃、感应门铃、声光门铃、对讲门铃等，以及震动报警器、风雨报警器、冰箱关门提醒器、光线暗提醒器、酒驾报警器、过欠压报警器、防盗报警器、高低温报警器等，它们丰富和方便了我们的生活。

65.　电子门铃

电子门铃电路如图 3-1 所示，这是一个晶体管 RC 移相音频振荡器。电路包括 RC 移相网络和晶体管放大器两部分，按钮开关 S 既是电源开关，也是门铃按钮，当来客按下按钮开关 S 时，电子门铃便发出"嘟……"的声音。

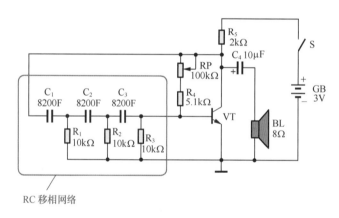

图 3-1　电子门铃电路

晶体管 VT 等构成共发射极电压放大器，并采用了并联电压负反馈，RP 和 R_4 是偏置电阻，偏置电压不是取自电源，而是取自 VT 的集电极，这种并联电压负反馈偏置电路能够较好地稳定晶体管工作点。RP 和 R_4 同时也起到交流负反馈作用，可以改善放大器的性能。

C_1 和 R_1、C_2 和 R_2、C_3 和 R_3 分别构成三节 RC 移相网络，每节移相 60°，三节共移相 180°，如图 3-2 所示。这个三节 RC 移相网络，接在晶体管 VT 的集电极与基极之间，将 VT 集电极输出电压移相 180° 后反馈至基极（正反馈），形成振荡。R_3 同时还是晶体管 VT 的基极下偏置电阻。

RC 移相网络同时具有选频功能，频率 $f \approx \dfrac{1}{2\pi\sqrt{6}RC}$，由 R 与 C 的值决定，式中，$R = R_1 = R_2 = R_3$，$C = C_1 = C_2 = C_3$。本例电子门铃电路中，振荡频率约为 800Hz，可通过改变 R 或 C 的大小来改变振荡频率。

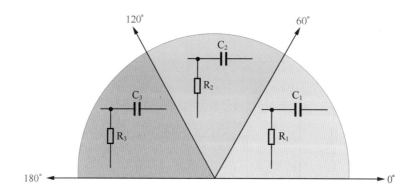

图 3-2　RC 移相网络

66.　变压器振荡电子门铃

　　图 3-3 所示为变压器振荡电子门铃电路，晶体管 VT 与变压器 T 等构成变压器反馈音频振荡器，由于变压器 T 初、次级之间的倒相作用，VT 集电极的音频信号经 T 耦合后正反馈至其基极，形成振荡。SB 是门铃按钮，当按下 SB 时，电路电源接通产生振荡，扬声器 BL 发出音频门铃声。

　　变压器反馈振荡器工作原理可用图 3-4 说明：L_2 与 C_2 组成的 LC 并联谐振回路作为晶体管 VT 的集电极负载，VT 的集电极输出电压通过变压器 T 的振荡线圈 L_2 耦合至反馈线圈 L_1，从而又反馈至 VT 基极作为输入电压。

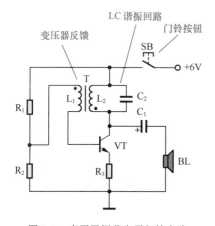

图 3-3　变压器振荡电子门铃电路

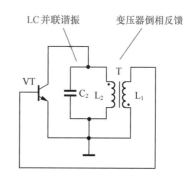

图 3-4　变压器反馈振荡器工作原理

　　由于晶体管 VT 的集电极电压与基极电压相位相反，所以变压器 T 的两个线圈 L_1 与 L_2 的同名端接法应相反，使变压器 T 同时起到倒相作用，将集电极输出电压倒相后反馈给基极，实现了形成振荡所必需的正反馈。因为并联谐振回路在谐振时阻抗最大，且为纯电阻，所以只有谐振频率 f_0 能够满足相位条件而形成振荡，这就是 LC 并联谐振回路的选频作用。电路振荡频率 $f_0 = \dfrac{1}{2\pi\sqrt{L_2 C_2}}$，适当改变 C_2 可在一定范围内改变振荡频率。

67.　单音门铃

　　单音门铃是最简单的门铃，它只能发出单一的音频声音，但是作为门铃使用还是可以胜任的。图 3-5 所示为 555 时基电路构成的单音门铃电路。

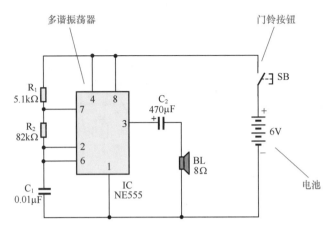

图 3-5　单音门铃电路

555 时基电路 IC 构成音频多谐振荡器，振荡频率取决于定时元件 R_1、R_2 和 C_1，即振荡频率 $f=\dfrac{1}{0.7(R_1+2R_2)C_1}$，改变 R_1、R_2 或 C_1 可以改变振荡频率。SB 是门铃按钮。

电路工作原理是：按下门铃按钮 SB 时，电源接通，$+V_{CC}$ 经 R_1、R_2 向 C_1 充电，这时 555 时基电路 IC 第 3 脚的输出电压 $U_o=1$。

当 C_1 上电压被充电到 $\dfrac{2}{3}V_{CC}$ 时，555 时基电路 IC 翻转，使输出电压 $U_o=0$，同时 IC 放电端（第 7 脚）导通到地，C_1 上电压放电。

当 C_1 上电压放电下降到 $\dfrac{1}{3}V_{CC}$ 时，555 时基电路 IC 再次翻转，又使输出电压 $U_o=1$，放电端（第 7 脚）截止，C_1 开始新一轮充电。如此周而复始形成自激振荡，产生约 800Hz 的音频信号，经 C_2 耦合至扬声器 BL 发出声音。

68. 间歇音门铃

间歇音门铃电路如图 3-6 所示，电路中使用了两个 555 时基电路。IC_1 构成超低频振荡器，输出周期为 2s 的方波信号。IC_2 构成音频振荡器，输出频率为 800Hz 的音频信号。SB 是门铃按钮。

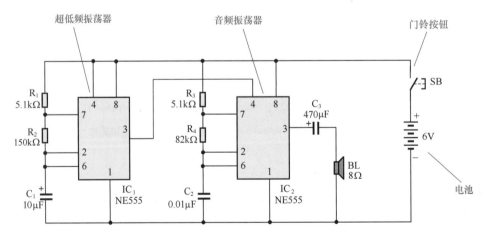

图 3-6　间歇音门铃电路

音频振荡器 IC_2 是门控多谐振荡器，555 时基电路 IC_2 的复位端（第 4 脚）受超低频振荡器 IC_1 输出信号（第 3 脚）的控制。当 IC$_1$ 输出信号为高电平"1"时，IC$_2$ 振荡并输出 800Hz 音频信号，经耦合电容 C$_3$ 驱动扬声器 BL 发声。当 IC$_1$ 输出信号为低电平"0"时，IC$_2$ 停振，扬声器 BL 无声。

两个 555 时基电路振荡器的综合工作效果是，当按下按钮 SB 时，门铃发出响 1 秒、间隔 1 秒的间歇性的声音。R$_1$、R$_2$、C$_1$ 是 IC$_1$ 的定时元件，改变它们可以调节超低频振荡器的振荡周期。R$_3$、R$_4$、C$_2$ 是 IC$_2$ 的定时元件，改变它们可以调节音频振荡器的振荡频率。

69.　电子音乐门铃

电子音乐门铃电路如图 3-7 所示，由音乐集成电路 IC、功放晶体管 VT、扬声器 BL 和门铃按钮 SB 等组成。电子音乐门铃发出的是悦耳的音乐声，令人愉悦。

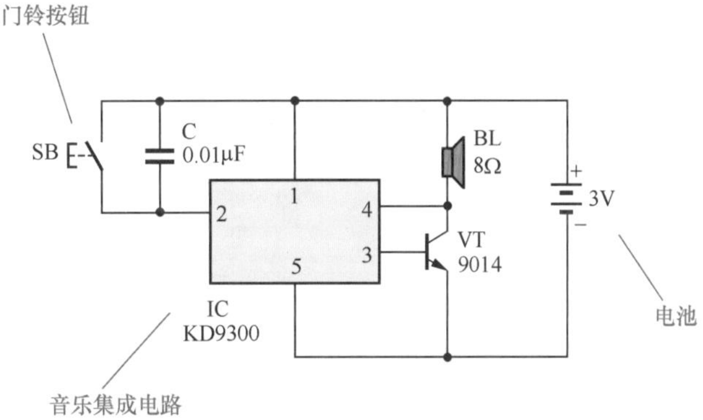

当按下门铃按钮 SB 时，音乐集成电路 IC 被触发，其产生的音乐信号经晶体管 VT 放大后，驱动扬声器 BL 发出悦耳的音乐声。选用不同的音乐集成电路，门铃即具有不同的音乐声。电容 C 的作用是防止误触发。

由于门铃的工作特点是需要长期待机，因此本电路不设电源开关。长期不用时，取出电池即可。

IC 选用 KD9300 系列音乐集成电路，内储一首乐曲，触发一次播放一遍。9300 系列音乐集成电路具有多个品种，分别储存不同的世界名曲或中国名曲，可根据自己的喜好选用。如果希望制作"叮咚"门铃，IC 可选用 KD153，内储"叮咚"门铃模拟声，触发一次可发出 3 遍"叮咚"声。

当来客在门外按动门铃按钮 SB 时，电源被接通，室内的音乐门铃便发出音乐声或"叮咚"声，通知主人开门迎客。

图 3-7　电子音乐门铃电路

70.　感应式自动门铃

感应式自动门铃无须在门外安装门铃按钮，而是依靠人体感应来触发。当门外有客人到来时，感应式自动门铃会自动发出声音，通知主人开门迎客，如图 3-8 所示。

图 3-8　感应式自动门铃

图 3-9 所示为感应式自动门铃电路图，包括以下组成部分：
① 热释电红外探测头 BH9402（IC$_1$）构成的传感器；② 555 时基电路（IC$_2$）等构成的单稳态触发器；③ 555 时基电路（IC$_3$）等构成的超低频振荡器；④ 555 时基电路（IC$_4$）等构成的音频振荡器。

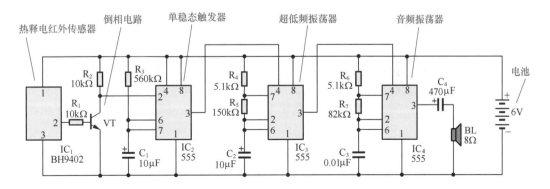

图 3-9　感应式自动门铃电路图

感应式自动门铃工作原理是，当有客人来到门前时，热释电红外传感器将检测到的人体辐射红外线转变为电信号，经 IC_1 内部放大、鉴幅等处理后，其第 2 脚输出高电平信号，由晶体管 VT 倒相后触发单稳态触发器 IC_2 翻转，超低频振荡器 IC_3 和音频振荡器 IC_4 工作，扬声器 BL 发出三声"嘟……"的声音。其工作过程如图 3-10 所示。

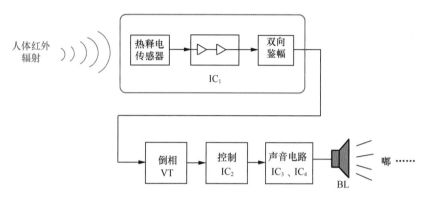

图 3-10　感应门铃的工作过程

（1）热释电式红外探测头。

热释电式红外探测头是一种被动式红外检测器件，能以非接触方式检测出人体发出的红外辐射，并将其转化为电信号输出。同时，热释电式红外探测头还能够有效地抑制人体辐射波长以外的红外光和可见光的干扰。具有可靠性高、使用简单方便、体积小、重量轻的特点。

（2）控制电路。

控制电路是由 555 时基电路 IC_2 构成的单稳态触发器。当热释电传感器检测到人体红外线辐射时，触发单稳态触发器翻转为暂态，IC_2 输出脉宽约 6 s 的高电平，使后续声音电路 IC_3、IC_4 工作。6 s 后，IC_2 回复稳态输出为"0"，声音电路停止工作。

（3）声音电路。

声音电路由两个 555 时基电路 IC_3 和 IC_4 构成间歇音频信号源。其中，IC_3 构成超低频振荡器，输出周期为 2 s 的方波信号。IC_4 构成音频振荡器，输出频率为 800Hz 的音频信号。

这两个振荡器都是门控多谐振荡器，它们振荡与否都受前一级电路输出状态的控制。从电路图中可以看到，555 时基电路 IC_4 的复位端（第 4 脚）受 IC_3 输出端（第 3 脚）的控制，而 IC_3 的复位端（第 4 脚）又受 IC_2 输出端（第 3 脚）的控制。所以，当电路被触发一次，便会在 6 s 时间内发出 3 声"嘟……"的门铃声。

71.　感应式叮咚门铃

感应式叮咚门铃电路如图 3-11 所示，当有客人到来时，它能够检测到人体发出的红外辐射，然后自动发出"叮咚"的门铃声音。电路主要由 3 部分组成：① 由热释电式红外探测头 BH9402（IC_1）构成的检测电路；② 由"叮咚"门铃声集成电路 KD-253B（IC_2）等构成的音频信号源电路；③ 由晶体管 VT_1 和 VT_2 等构成的功放电路。

热释电式红外探测头 BH9402 内部包括：热释电红外传感器、高输入阻抗运算放大器、双向鉴幅器、状态控制器、延迟时间定时器、封锁时间定时器和参考电源电路等。除热释电红外传感器外，其余主要电路均包含在一块 BISS0001 数模混合集成电路内，缩小了体积，提高了工作的可靠性。

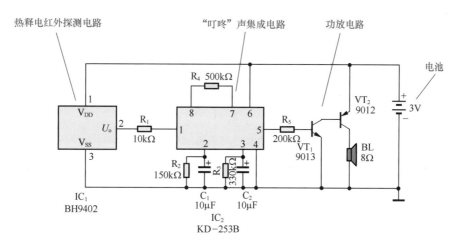

热释电红外探测电路　　　　　"叮咚"声集成电路　　　　功放电路

图 3-11　感应式叮咚门铃电路

"叮咚"门铃声集成电路 KD-253B（IC_2）是专为门铃设计的 CMOS 集成电路，内储"叮"与"咚"的模拟声音。每触发一次，KD-253B 可发出两声带余音的"叮咚"声，有类似于金属碰击声之听感。它还能有效地防止因日光灯、电钻等干扰造成的误触发。

"叮咚"声音的节奏快慢和余音长短均可调节。调节 R_4 可改变"叮咚"声音的节奏快慢。调节 R_2 和 R_3，可分别改变"叮"和"咚"声音的余音长短。

功放电路是晶体管 VT_1、VT_2 等构成的互补式放大器，将门铃集成电路 KD-253B 发出的"叮咚"声音信号放大后，驱动扬声器 BL 发声。其中，VT_1 是 NPN 型晶体管，VT_2 是 PNP 型晶体管。

72.　声光门铃

声光门铃不仅会发声，而且会发光，可以使听力有障碍的人士看到门铃"响"了。图 3-12 所示为 555 时基电路构成的声光门铃电路，SB 是门铃按钮，S_1 是静音开关，S_2 是电源开关。

（1）声音电路。

555 时基电路 IC_1 工作于多谐振荡器状态，构成音频振荡器，振荡频率为 800Hz。当门铃按钮 SB 按下时，振荡器得到工作电压而起振，振荡信号经耦合电容 C_2 驱动扬声器 BL 发出门铃声。

（2）闪光电路。

555 时基电路 IC_3 工作于多谐振荡器状态，构成闪光信号源，驱动发光二极管 VD 闪光。IC_3 的复位端（第 4 脚）受 IC_2 输出端的控制，只有在 IC_2 输出端为高电平时，IC_3 才起振。在 IC_2 输出端为"0"时，IC_3 停振，发光二极管 VD 不亮。

（3）延时控制电路。

555 时基电路 IC_2 工作于单稳态触发器状态，构成延时控制电路，控制闪光电路的工作状态。IC_2 单稳态触发器由 IC_1 输出信号触发，延时时间约 10s。

电路工作过程是，当按下门铃按钮 SB 时，音频振荡器 IC_1 工作，扬声器 BL 发出门铃声音。同时 IC_1 的输出信号经 C_3、R_3 微分后，负脉冲触发单稳态触发器 IC_2 翻转为暂态，输出高电平使闪光电路 IC_3 工作，发光二极管 VD 闪光。

当松开门铃按钮 SB 时，音频振荡器停止工作，扬声器即无声。但由于单稳态触发器 IC_2 的延时作用，闪光电路继续闪光 10s，这样有助于听障人士注意到门铃"响"了。

如果需要静音，断开静音开关 S_1 即可，这时按门铃按钮 SB，门铃就只有闪光而无声音。静音模式适用于家有部分成员正在休息或学习需要安静环境的情况。

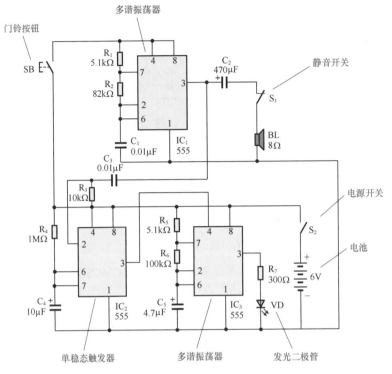

图 3-12　声光门铃电路

73. 对讲门铃

对讲门铃不仅具有一般门铃的呼叫功能，而且还具有通话功能。主人听到门铃响后，可以与来访者通话，了解来访者的身份和目的，以决定是否开门接待。

图 3-13 所示为对讲门铃电路，具有呼叫和通话两大功能，在结构上包括主机和分机，它们之间通过外线连接。

主机电路包括：晶体管 $VT_5 \sim VT_7$、蜂鸣器 HA 等组成的呼叫电路，晶体管 $VT_1 \sim VT_4$、话筒 BM、扬声器 BL_1 等组成的通话电路，由挂机开关 S_2 构成的呼叫/通话功能转换电路等。分机电路包括：呼叫按钮 S_3、兼作受话器和送话器的扬声器 BL_2 等。图 3-14 所示为对讲门铃电路原理方框图。

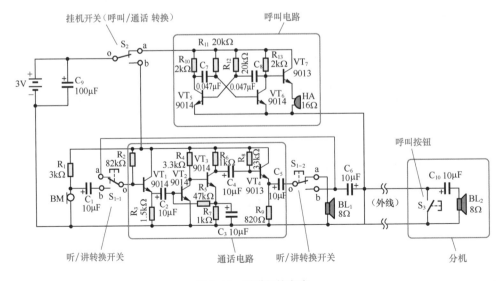

图 3-13　对讲门铃电路

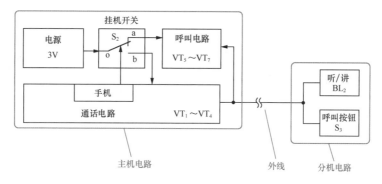

图 3-14　对讲门铃原理电路方框图

（1）电路工作原理。

待机时，手持机挂在主机上压下了挂机开关 S_2，S_2 的 o、a 接点接通使 3V 电源正极接入呼叫电路，但此时 3V 电源负极与呼叫电路并不连接，呼叫电路不发声而处于待机状态。S_2 的 o、b 接点断开而切断了 3V 电源与通话电路的连接，通话电路不工作。

当来访者按下分机（位于户外）上的呼叫按钮 S_3 时，接通了主机（位于户内）上 3V 电源负极与呼叫电路的连接，呼叫电路工作，发出门铃声。

当主人听到门铃声拿起主机上的手持机后，挂机开关 S_2 弹起，其 o、a 接点断开使呼叫电路断电而停止发声。同时 S_2 的 o、b 接点接通使通话电路得电工作，主人即可与来访者通话。

通话结束后挂上手持机，挂机开关 S_2 被压下使通话电路停止工作，同时呼叫电路恢复待机状态。

（2）呼叫电路。

呼叫电路包括主机上的由晶体管 VT_5 和 VT_6 构成的多谐振荡器、VT_7 构成的射极跟随器、蜂鸣器 HA，以及分机上的呼叫按钮 S_3，S_3 通过外线与主机相连接。

当分机上的呼叫按钮 S_3 被按下时，接通了呼叫电路的电源，多谐振荡器起振，从 VT_6 集电极输出的 760 Hz 方波信号，经 VT_7 电流放大后，驱动蜂鸣器 HA 发出"嘟……"的声音，提醒主人有客来访。

（3）通话电路。

通话电路包括驻极体话筒 BM、扬声器 BL_2 等构成的拾音电路，晶体管 $VT_1 \sim VT_4$ 构成的放大电路，转换开关 S_1 构成的听 / 讲转换电路等。

在主机中由驻极体话筒 BM 担任送话器，在分机中由扬声器 BL_2 兼任送话器，BL_2 的工作状态受转换开关 S_1 控制。

对讲门铃只有一个放大电路，兼顾完成"来访者→主人"和"主人→来访者"的通话放大任务，因此必须有一个听/讲转换电路来控制。转换开关 S_1 的作用，就是实现听/讲功能的转换。S_1 是一个按钮开关，按下时，主人讲，来访者听；松开时，来访者讲，主人听。

74.　震动报警器

震动报警器的功能是在受到各种震动时发出持续一定时间的报警声。震动报警器电路如图 3-15 所示，采用压电陶瓷蜂鸣片 B 作为震动传感器，集成运放 IC_1 为电压放大器，C_3、R_5、IC_2 等组成延时电路，时基电路 IC_3、IC_4 分别组成超低频振荡器和音频振荡器，图 3-16 所示为震动报警器电路原理方框图。

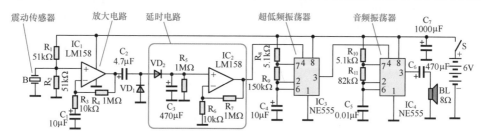

图 3-15　震动报警器电路

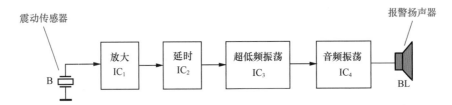

图 3-16 震动报警器电路原理方框图

电路工作原理如下：当震动等机械力作用于压电陶瓷蜂鸣片 B 时，由于压电效应，压电蜂鸣片 B 输出电压信号，从第 3 脚进入 IC_1 进行电压放大。集成运放 IC_1 为单电源运用，R_1、R_2 将其"+"输入端偏置在 $\frac{1}{2}V_{CC}$ 处，放大倍数 100 倍，可通过改变 R_4 予以调节。

C_2、VD_1、VD_2 等组成倍压整流电路，将放大后的信号电压整流为直流电压，使 C_3 迅速充满电。由于集成运放 IC_2 的输入阻抗很高，C_3 主要经 R_5 缓慢放电，可延时数分钟，在此期间，IC_2 输出端为高电平，使超低频振荡器 IC_3 起振，输出周期为 2s 的方波。

时基电路 IC_4 组成音频振荡器，振荡频率约 800 Hz，经 C_6 驱动扬声器发声。IC_4 的复位端（第 4 脚）受 IC_3 输出的方波控制，振荡 1s，间歇 1s。

综上所述，当有震动发生时，震动报警器即发出间隔 1s、响 1s 的报警声，持续 5～8 min。

震动报警器可有多种用途。将压电陶瓷蜂鸣片 B 固定在门窗上或贵重物品上，可作防盗报警器。将压电陶瓷蜂鸣片 B 固定在墙壁上，可作地震报警器。将压电陶瓷蜂鸣片 B 固定在大门上，还可作震动触发式电子门铃。

75. 风雨报警器

当天气突然刮大风或下雨时，风雨报警器会立即发出大风或下雨报警，提醒你收回晾晒在室外的衣被等。

风雨报警器电路如图 3-17 所示，电路中采用了一块音乐集成电路（IC）作为报警音源，与非门 D_1、晶体管 VT_1 等组成音调控制电路，与非门 D_2 构成触发电路，刮风或下雨的信息分别由大风探头或下雨探头检测。图 3-18 所示为风雨报警器电路工作原理方框图。

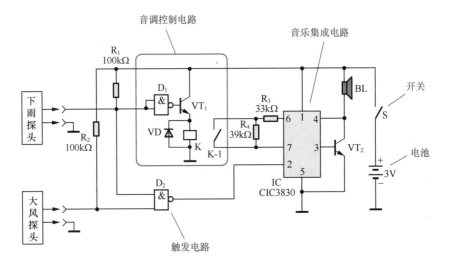

图 3-17 风雨报警器电路

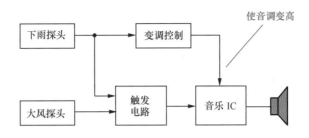

图 3-18　风雨报警器电路工作原理方框图

（1）报警原理。

当刮大风或者下雨时，大风探头或下雨探头检测到刮风或下雨的信息后，分别输出信号"0"，经触发电路 D_2 转换成"1"信号，触发音乐集成电路发出音乐报警声。当下雨时，下雨探头输出的"0"信号同时使音调控制电路工作，使音乐集成电路发出的音乐报警声节奏变快、音调变高，使你一听就知道外面是刮风了还是下雨了。

（2）探头结构。

大风探头如图 3-19 所示，风叶悬挂在裸铜丝环中间，刮风时吹动风叶带动裸铜丝杆与裸铜丝环相触碰发出触发信号。

下雨探头如图 3-20 所示，铜箔呈叉指状，下雨时，雨水使其短路形成触发信号。这两个探头结构简单，实用性强，均可自制。

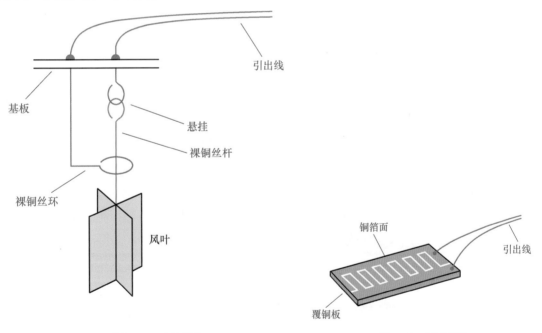

图 3-19　大风探头　　　　　　　　　　　　图 3-20　下雨探头

（3）音调控制原理。

音乐集成电路（IC）的第 6、第 7 脚之间需外接振荡电阻 R，改变 R 的阻值可改变振荡频率，即改变了音乐信号的节奏和音调。

电路中 R 由 R_3 和 R_4 组成。当继电器接点 K-1 未吸合时，$R = R_3 + R_4$，音乐节奏较慢。当继电器接点 K-1 吸合后，R_4 被短路，$R = R_3$，R 变小，音乐节奏变快。

不论是刮风时还是下雨时，探头检测到的"0"信号都能使与非门 D_2 输出"1"触发信号。所不同的是，下雨信号同时经非门 D_1 反相后，使 VT_1 导通，继电器 K 吸合。而刮风信号并不能使继电器 K 吸合，从而使下雨报警和刮风报警的音乐报警声节奏不同，音调有明显区别，一听便知。

76. 冰箱关门提醒器

如果一时疏忽忘了关冰箱门，或者冰箱门没关到位，不仅耗电剧增，还会造成冰箱内储存的食物化冻变质，后果真的很严重。冰箱关门提醒器就是为解决该问题设计的，它会在冰箱门未关好时发出"嘀、嘀、嘀"的报警声，提醒你及时关好冰箱门。图 3-21 所示为冰箱关门提醒器电路，包括开关集成电路 IC_1 和光电二极管 VD 等构成的光控开关电路，555 时基电路 IC_2、晶体管 VT 和自带音源讯响器 HA 等构成的声音电路。

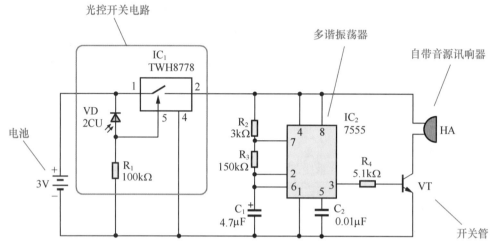

图 3-21　冰箱关门提醒器电路

电路工作原理是，在电源和声音电路之间串接有一个光控开关电路，当有光照射到光电二极管 VD 时，开关集成电路 IC_1 导通，接通声音电路电源使其工作，发出报警声。无光照时，开关集成电路 IC_1 截止，切断声音电路电源使其不工作。

IC_1 采用高速电子开关集成电路 TWH8778，其⑤脚为控制极，控制电压约为 1.6V，通过控制电压的有无即可快速控制电路的通断。当 IC_1 ⑤脚无控制电压时，电子开关关断，①、②脚之间截止。当 IC_1 ⑤脚有控制电压时，电子开关打开，①、②脚之间导通。TWH8778 内部包含有过压、过流和过热等保护电路，工作稳定可靠。

声音电路的核心是 CMOS 时基电路 7555（IC_2）构成的多谐振荡器，振荡频率为 1Hz。当 IC_2 输出端（第 3 脚）为"+3V"时，经 R_4 使开关管 VT 导通，自带音源讯响器 HA 发出声音。当 IC_2 输出端（第 3 脚）为"0"时，开关管 VT 截止，自带音源讯响器 HA 停止发声。综合效果是发出"嘀、嘀、嘀"的间歇音。

77. 冰箱关门语音提醒器

图 3-22 所示为冰箱关门语音提醒器电路，它的特点是会发出"请随手关门"的语音提醒，提醒效果更加明显。

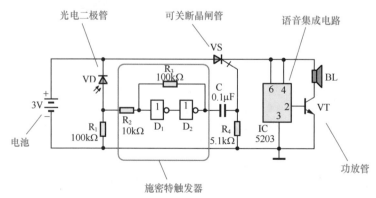

图 3-22　冰箱关门语音提醒器电路

光控开关电路的核心是可关断晶闸管 VS，正脉冲加至 VS 控制极使其触发导通，负脉冲加至 VS 控制极使其截止。触发脉冲由光电二极管 VD、施密特触发器 D_1、D_2 产生。

当冰箱门未关好，冰箱内照明灯光照射到光电二极管 VD 时，VD 导通，其负载电阻 R_1 上电压升高，经施密特触发器 D_1、D_2 整形后输出高电平。这个高电平的上升沿经 C、R_4 微分形成一正脉冲，加至 VS 的控制极触发其导通，接通语音电路 IC 的 +3V 电源。

IC 采用语音集成电路 5203，其内部储存了一句"请随手关门"的提示语，触发一次播放一遍。本电路中将其触发端直接接到电源正极，只要晶闸管 VS 导通接通电源，便反复播放"请随手关门"的提示语，直至冰箱门关好为止。

冰箱门关好后，冰箱内照明灯熄灭，光电二极管 VD 截止，其负载电阻 R_1 上电压下降为"0"，经施密特触发器 D_1、D_2 整形后输出的高电平下降为"0"，下降沿经 C、R_4 微分形成一负脉冲，加至 VS 的控制极触发其截止，切断语音电路 IC 的电源使其停止发声。

R_1 是光电二极管 VD 的负载电阻，改变 R_1 可调节光控灵敏度。

使用时，将冰箱关门提醒器放置于冰箱冷藏室内照明灯下即可，如图 3-23 所示。冰箱门打开时，冰箱内的照明灯亮，使冰箱关门提醒器发出报警语音提示。冰箱门关上后，冰箱内的照明灯熄灭，冰箱关门提醒器停止发声。

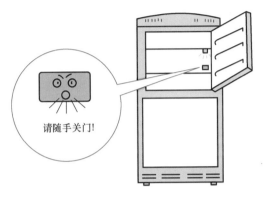

图 3-23　冰箱关门语音提醒器应用

78. 光线暗提醒器

光线暗提醒器会在光线低于阅读标准时，提醒你及时开灯或停止阅读与书写，以保护视力。光线暗提醒器电路如图 3-24 所示，包括光电二极管 VD_1 等组成的测光电路，施密特与非门 D_1、D_2 及 D_3、D_4 等分别组成的两级多谐振荡器，晶体管 VT_1、发光二极管 VD_2 等组成的闪光电路，晶体管 VT_2 和电磁讯响器 HA 等组成的声音电路。

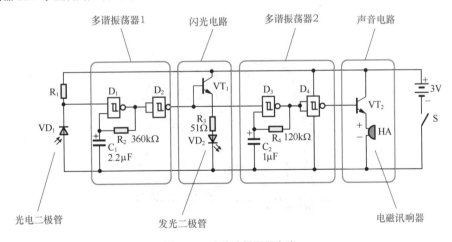

图 3-24　光线暗提醒器电路

电路工作原理是，当光线较强时，光电二极管 VD_1 趋于导通输出为低电平，使两个多谐振荡器 D_1/D_2、D_3/D_4 停振，无声无光。

当光线昏暗时，光电二极管 VD_1 趋于截止输出为高电平，多谐振荡器 D_1/D_2 起振，输出脉宽 1s、间隔 1s 的方波，经开关管 VT_1 驱动发光二极管 VD_2 闪烁发光。该方波同时控制多谐振荡器 D_3/D_4 间歇起振，振荡频率约 3Hz，振荡间隔约 1s，经开关管 VT_2 驱动电磁讯响器 HA 间歇性断续发声，声、光同时提醒你光照不足。

79. 持续式光线暗提醒器

图 3-25 所示为持续式光线暗提醒器电路,其特点是采用单向晶闸管 VS 和自带音源讯响器 HA 等组成提醒音电路。

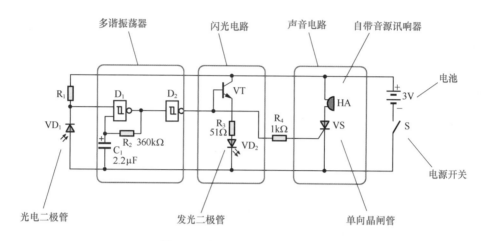

图 3-25　持续式光线暗提醒器电路

当光线足够时,光电二极管 VD_1 趋于导通,门控多谐振荡器 D_1 停振,电路处于无声无光状态。

当光线不足时,光电二极管 VD_1 趋于截止,门控多谐振荡器 D_1 起振,输出脉宽 1s、间隔 1s 的方波,经 D_2 倒相后分为两路。一路经晶体管 VT 驱动发光二极管 VD_2 闪烁发光;另一路经 R_4 触发单向晶闸管 VS 导通,使自带音源讯响器 HA 发出提醒音。

使用时,打开光线暗提醒器的电源,将其放置在书桌上,如图 3-26 所示。如果此时光照低于阅读标准,光线暗提醒器便会发出"嘀……"的提醒音和闪烁的提醒光,提醒你现在光照不足,直至你采取措施并关断电源开关为止。

图 3-26　光线暗提醒器应用

80. 酒后驾车报警器

酒后驾车报警器电路如图 3-27 所示,由酒精气敏传感器、射极跟随器、电子开关、多谐振荡器和声光报警电路等组成。酒后驾车报警器能够自动检测驾车者是否饮酒,如检测到驾车者已饮酒即发出强烈的声光报警,提醒驾车者不能开车,也提醒同车人员劝阻饮酒者开车,以保证安全。图 3-28 所示为其原理方框图。

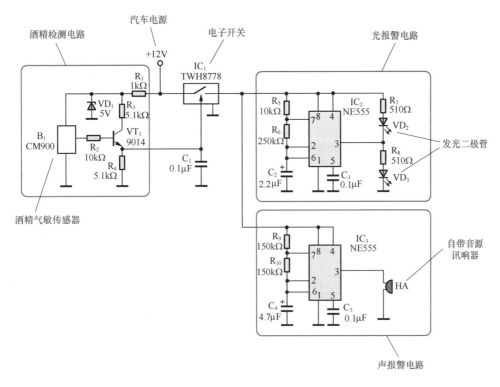

图 3-27 酒后驾车报警器电路

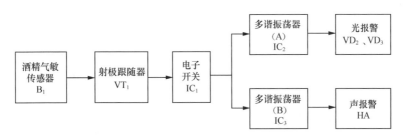

图 3-28 酒后驾车报警器电路原理方框图

（1）酒精检测电路。

B_1 为酒精气敏传感器 CM900，其输出端电压会随着环境中酒精气体浓度的增加而升高。晶体管 VT_1 构成射极跟随器，以提高 B_1 传感器的输出负载能力，缓冲后续控制电路对传感器的影响。

平时，传感器 B_1 输出端电压为"0"，VT_1 截止，射极跟随器输出也为"0"，电子开关 IC_1 关断。

当有饮酒者在其近处时，传感器 B_1 感受到周围环境中的酒精气体分子，其输出端电压随即上升，VT_1 射极输出电压也同步上升，当该电压达到电子开关 IC_1 的开启电压时，IC_1 接通声光报警电路的电源，发出声光报警信号。

由于酒精气敏传感器 B_1 的工作电压为 5V，因此将汽车 12V 电压经 R_1 降压、VD_1 稳压为 5V 后作为其工作电压。

（2）光报警电路。

IC_2 及其外围元器件组成光报警电路。IC_2 采用 555 时基电路构成多谐振荡器，输出周期约为 800ms 的方波，驱动两个发光二极管 VD_2 与 VD_3 以 0.4 s 的间隔轮流闪烁发光。

（3）声报警电路。

IC_3 及其外围元器件组成声报警电路。555 时基电路 IC_3 也构成多谐振荡器，输出不对称方波，驱动自带音源讯响器 HA 响 1s、停 0.5s、再响 1s、再停 0.5s……

81. 持续式酒后驾车报警器

图3-29所示为持续式酒后驾车报警器电路，其特点是采用晶闸管VS控制报警电路的电源。

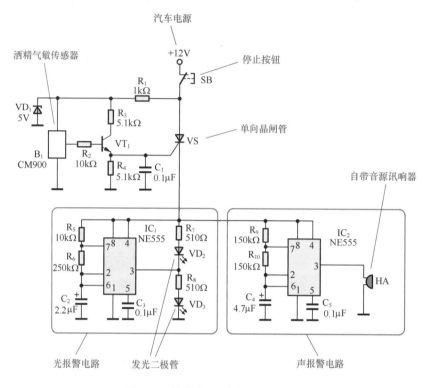

图 3-29 持续式酒后驾车报警器电路

报警器工作原理是，当酒精气敏传感器 B_1 检测到饮酒者呼吸中的酒精气体分子时，通过射极跟随器 VT_1 输出一触发信号，使单向晶闸管 VS 导通，接通声光报警电路的电源，发出持续的声光报警信号，直至你采取措施并按下停止按钮 SB 为止。

82. 市电过欠压报警器

如果某种原因造成局部市电电压过高或过低，必将影响电器设备的正常运转，甚至造成故障或事故，因此时刻监测及时报警很有必要。图3-30所示为监测220V市电的过压欠压报警器电路，当市电电压大于240V或小于180V时，电路发出声光报警。

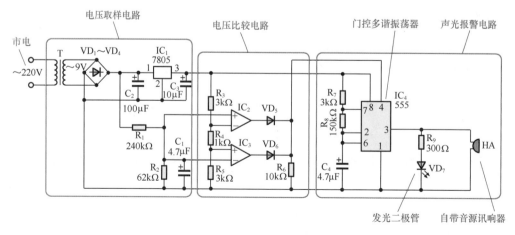

图 3-30 市电过压欠压报警器电路

（1）电压取样电路。

电压取样电路包括 220 ∶ 9 电源变压器、整流桥、分压取样电阻 R_1 和 R_2 等。220V 市电经变压器 T 降压、二极管 $VD_1 \sim VD_4$ 桥式整流、电容 C_2 滤波后，得到 $\sqrt{2} \times 9V$ 的直流电压，再经取样电阻 R_1、R_2 分压后，R_2 上所得电压即为取样电压。取样电压同时送至 IC_2 和 IC_3 进行比较。

相对应 220V 交流电，取样电压为 2.61V。如果 220V 交流电压上下波动，取样电压也随之按比例变化。如果电源变压器 T 的变压比不是 220 ∶ 9，则需重新调整 R_1 与 R_2 的比值。

（2）电压比较电路。

集成运放 IC_2 和 IC_3 等构成窗口电压比较电路，以判断电网电压是否在允许的 180 ～ 240V 范围内。如果电网电压大于 240V 或小于 180V 时，则启动后续报警电路报警。

窗口电压比较电路工作原理是，集成运放 IC_2 为上门限电压比较器，其负输入端接 2.86V 基准电压。如果取样电压大于 2.86V（相应的电网电压大于 240V），IC_2 则输出高电平控制信号。

IC_3 为下门限电压比较器，其正输入端接 2.14V 基准电压。如果取样电压小于 2.14V（相应的电网电压小于 180V），IC_3 则输出高电平控制信号。两电压比较器的输出端经由 VD_5、VD_6、R_6 构成的或门输出。

（3）声光报警电路。

555 时基电路 IC_4 等构成门控多谐振荡器，输出信号为 0.5s + 0.5s 的方波。在输出信号为高电平时，发光二极管 VD_7 发光，同时自带音源讯响器 HA 发声。在输出信号为 "0" 时，声光均停止。

IC_4 的复位端 $\overline{MR}$（第 4 脚）受电压比较电路的控制。只有当 220V 电网电压发生过压或欠压，比较电路输出高电平控制信号时，IC_4 才起振，发出声光报警。电网电压恢复正常范围后，声光报警自动停止。

83.　强音强光报警器

图 3-31 所示为可发出超响度报警声和强光的报警器电路，该电路一旦被触发，即可发出响度达 120dB 的报警声响，同时打开强光照明灯，将警戒区域照亮，因此特别适用于作防盗报警器。

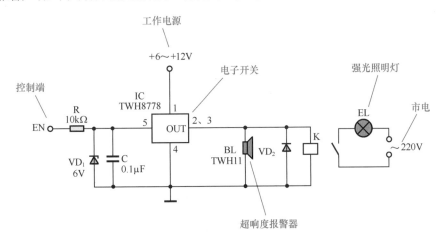

图 3-31　强音、强光报警器电路

IC 采用高速电子开关 TWH8778，控制灵敏度高、反应速度快，内部设有过压、过热、过流保护等功能。当控制端 EN 有 ≥ 1.6V 的控制电压时，TWH8778 内部电路导通，使接在输入端（第 1 脚）的电源电压从输出端（第 2 脚和第 3 脚，已在电路内部并联）输出，使超响度报警器 BL 发声，同时使继电器 K 吸合，接通照明灯 EL 的电源。因 TWH8778 第 5 脚控制电压极限为 6V，故接入 VD_1 作箝位用。BL 为 TWH11 型超响度报警器，工作电压为 6~12V，电流为 200mA，响度为 120dB。

84.　短路式报警器

图 3-32 所示为短路式报警器电路，由 555 时基电路 IC 构成单稳态触发器，输出脉宽约 5s。HA 为自带音源讯响器。电路每触发一次，报警 5s 左右。

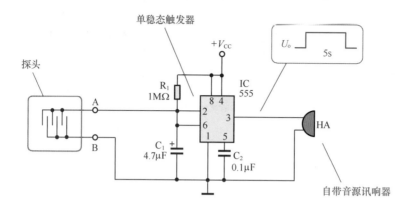

图 3-32　短路式报警器电路

平时电路 A、B 两点间处于断开状态，单稳态触发器 IC 处于稳态，输出端（第 3 脚）电压 $U_o=0$，电路不会报警。

当 A、B 两点间所接探头被短路时，单稳态触发器 IC 被触发进入暂态，输出端（第 3 脚）U_o 为高电平，自带音源讯响器 HA 发出报警声。报警持续约 5s 后，单稳态触发器 IC 自动回复稳态，报警停止。

该电路配以不同形式的探头可制作成不同用途的报警器。例如，①用小块电路板制成图 3-33（a）所示形状探头，可作下雨报警、婴儿尿湿报警等；②按图 3-33（b）所示制作带风叶的探头，可作大风报警、水平物倾斜报警、地震报警等；③用双股绝缘导线制成图 3-33（c）所示形状作为探头，可作水塔或洗衣机的水位报警等。

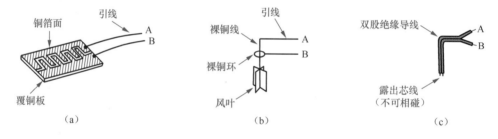

图 3-33　不同形状的探头

图 3-34 所示为另一种短路式报警器电路，其特点是采用了 CMOS 电路，具有体积小、功耗低的优点。或非门 D_1、D_2 构成单稳态触发器，输出脉宽约 3.2s。

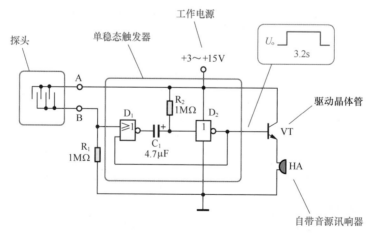

图 3-34　CMOS 短路式报警器电路

平时 A、B 两点间断路，单稳态触发器处于稳态，D_2 输出端为"0"，电路不报警。

当 A、B 两点间所接探头被短路时，触发单稳态触发器进入暂态，D_2 输出端为高电平，晶体管 VT 导通驱动自带音源讯响器发出报警声。每触发一次，报警 3.2s 左右。由于 CMOS 或非门电路输入阻抗极高，且 D_1 的第 1 脚下拉电阻 R_1 阻值很大，因此，A、B 两点间所接探头的短路电阻 ≤ 600kΩ 均能可靠触发。

85.　断线式防盗报警器

图 3-35 所示为采用 CMOS 或非门构成的断线式防盗报警器电路。或非门 D_1、D_2 构成 RS 触发器，具有置"1"输入端 S、置"0"输入端 R。防盗线实际上是一根极细的漆包线，用它将需要防盗的区域围起来，或缠绕在需要防盗的物品上。

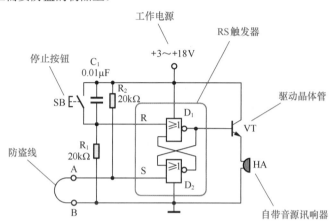

图 3-35　采用 CMOS 或非门构成的断线式防盗报警器电路

防盗线接在电路 A、B 两端间，正常状态下，防盗线将 S 端接地，R 端经 R_1 接地，RS 触发器输出端为"0"，不报警。

当有盗贼闯入偷盗物品而碰断防盗线时，电路 A、B 两端间断开，RS 触发器的 S 端在上拉电阻 R_2 的作用下变为高电平，将触发器置"1"输出变为高电平，晶体管 VT 导通驱动自带音源讯响器发出报警声。由 RS 触发器特性可知，此时即使盗贼重新接好防盗线也不可能使报警声停止，电路将持续报警，直至停止按钮 SB 被按下时，报警声才会停止。

图 3-36 所示为另一种断线式防盗报警器电路，555 时基电路 IC 构成可控多谐振荡器，其复位端 $\overline{MR}$（第 4 脚）经电阻 R_3 接电源 $+V_{CC}$，同时在第 4 脚与地之间连接有一根细漆包线，使得复位端 $\overline{MR}$ 为 0，可控多谐振荡器 IC 停振，电路不报警。

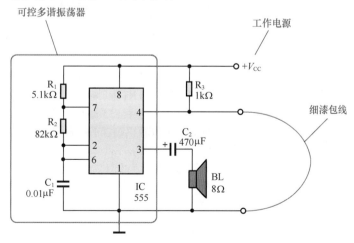

图 3-36　时基电路断线式防盗报警器电路

当某种原因使细漆包线断线后，555 时基电路 IC 复位端 $\overline{MR}$ 为 1，电路起振，IC 第 3 脚输出音频信号经耦合电容 C_2 驱动扬声器 BL 发出报警声，直至断线恢复接通或切断报警器电源为止。

该报警器的探头就是细漆包线，可以很长，越细越好，这样不易被察觉而且容易被碰断。将细漆包线布置到需要监护的地方，例如，拉在门口或窗口，有人擅自进入或破窗而入时撞断漆包线，报警器立即报警。将细漆包线缠绕在古董等重要物件上，被盗走时扯断漆包线也会立即报警。

86. 高温报警器

图 3-37 所示为采用运算放大器构成的高温报警器电路，由负温度系数热敏电阻 RT 作为温度传感器。当被测温度高于设定值时，发出报警。

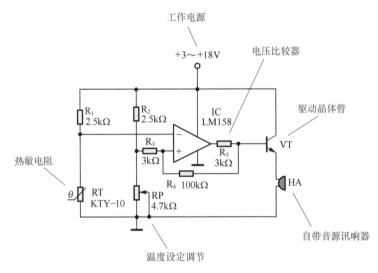

图 3-37　采用运算放大器构成的高温报警器电路

集成运放 IC 构成电压比较器，其正输入端接基准电压，基准电压由 R_2、RP 分压取得。IC 的负输入端接负温度系数热敏电阻 RT，RT 阻值与温度成反比，温度越高，阻值越小，RT 上压降也越低。随着温度的上升，RT 上压降（即 IC 负输入端电位）不断下降，当降至基准电压值以下时，电压比较器输出端由"0"变为高电平，驱动晶体管 VT 导通，自带音源讯响器 HA 发出报警声。

RP 为温度设定调节电位器，改变 RP 可改变基准电压值，亦即改变了温度设定值。R_3、R_4 的作用是使电压比较器具有一定的滞后性，工作更为稳定。驱动晶体管 VT 为射极跟随器模式，提高了电流的驱动能力。

图 3-38 所示为另一种高温报警器电路，采用 555 时基电路 IC 构成施密特触发器，作为电压比较器使用。温度传感器采用负温度系数热敏电阻 RT，其特点是阻值与温度成反比关系。

555 时基电路 IC 的第 2 脚和第 6 脚并联后接在热敏电阻 RT 上。随着温度的上升，RT 阻值越来越小，IC 第 2 脚和第 6 脚的输入电压也越来越低，当输入电压小于 555 时基电路 IC 构成的施密特触发器的阈值时，IC 输出端（第 3 脚）变为高电平，驱动自带音源讯响器 HA 发出报警声。555 时基电路具有较强的驱动能力，因此电路中无须驱动晶体管。

555 时基电路 IC 的控制端（第 5 脚）接电位器 RP，可以调节施密特触发器翻转的阈值，也就是调节高温报警的温度设定值。

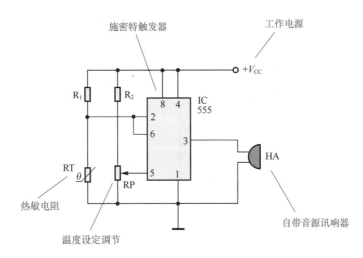

图 3-38　时基电路高温报警器电路

87.　低温报警器

图 3-39 所示为采用运算放大器构成的低温报警器电路，由负温度系数热敏电阻 RT 作为温度传感器，当被测温度低于设定值时报警。低温报警器电路与高温报警器电路相比，只是电路中的热敏电阻 RT 与电阻 R_1 的位置互换。

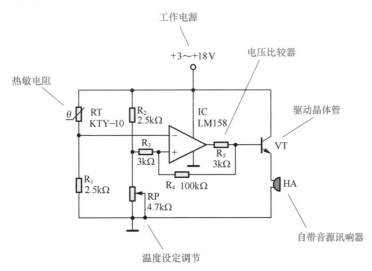

图 3-39　采用运算放大器构成的低温报警器电路

集成运放 IC 构成电压比较器，其输出端电平取决于同相、反相输入端电压的比较值。随着温度的下降，负温度系数热敏电阻 RT 上压降不断增大，导致电压比较器 IC 反相输入端电压不断下降，当降至基准电压值以下时，电压比较器 IC 输出端由 "0" 变为高电平，驱动晶体管 VT 导通，自带音源讯响器 HA 发出报警声。

电压比较器 IC 同相输入端接基准电压，基准电压由 R_2、RP 分压取得。RP 为温度设定调节电位器，改变 RP 可改变基准电压值，亦即改变报警器的温度设定值。

图 3-40 所示为采用时基电路构成的低温报警器电路，555 时基电路 IC 构成施密特触发器，作为电压比较器使用。温度传感器采用负温度系数热敏电阻 RT。因为时基电路具有较大的电流驱动能力，可以直接驱动自带音源讯响器，所以省去了驱动晶体管，简化了电路。

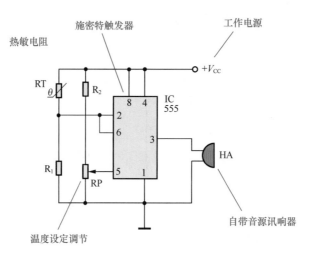

图 3-40 采用时基电路构成的低温报警器电路

随着温度的下降，热敏电阻 RT 的阻值越来越大，导致 R_1 上电压越来越低。由于 R_1 上电压就是施密特触发器 IC 的输入电压，所以 IC 输入端（第 2 脚和第 6 脚并联）的输入电压也越来越低，当输入电压小于施密特触发器 IC 的阈值时，施密特触发器翻转，其输出端（第 3 脚）变为高电平，驱动自带音源讯响器 HA 发出报警声。

电位器 RP 用来调节 555 时基电路 IC 的控制端（第 5 脚）电压，即调节施密特触发器的翻转阈值，达到调节低温报警的温度设定值的目的。

第4章 延时与定时电路

延时与定时电路在电工领域应用广泛，例如延时关灯与延时控制、定时开关与定时器、时间继电器等，在节电节能、方便应用、继电控制等方面发挥着重要作用。

88. 时间继电器延时关灯电路

自动延时关灯电路主要应用在楼梯、走道、门厅等只需要短时间照明的场合，有效地避免了"长明灯"现象，既可节约电能，又可延长灯泡使用寿命。时间继电器构成的自动延时关灯电路如图 4-1 所示，KT 是缓放、动合接点延时断开的时间继电器。

按一下控制按钮 SB，时间继电器 KT 吸合，接点 KT-1 接通照明灯 EL 电源使其点亮。当松开 SB 时，接点 KT-1 并不立即断开，而是延时一定时间后才断开。在延时时间内照明灯 EL 继续亮着，直至延时结束接点 KT-1 断开后才熄灭。该电路的延时时间可通过时间继电器上的调节装置进行调节。

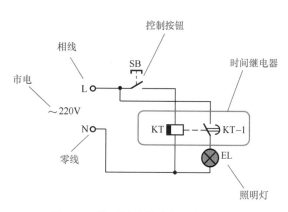

图 4-1　时间继电器构成的延时关灯电路

89. 单向晶闸管延时关灯电路

单向晶闸管构成的自动延时关灯电路如图 4-2 所示，当按下控制按钮 SB 时，二极管 $VD_1 \sim VD_4$ 整流输出的直流电压经 VD_5 向 C_1 充电，同时通过 R_1 使单向晶闸管 VS 导通，照明灯 EL 点亮。

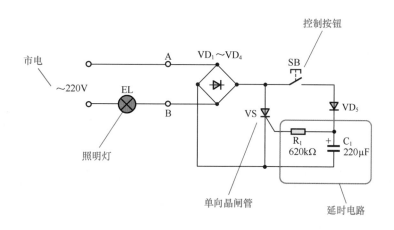

图 4-2　单向晶闸管构成的自动延时关灯电路

松开 SB 后，C_1 上电压经 R_1 加至单向晶闸管 VS 控制极，维持 VS 导通。$2 \sim 3$ min 后，C_1 上电压下降至不能维持 VS 导通时，VS 在交流电过零时截止，照明灯 EL 自动熄灭。延时时间可通过改变 C_1 或 R_1 来调节。

该延时关灯电路体积小巧，可直接放入开关盒内取代原有的电灯开关，实物接线方法如图 4-3 所示。

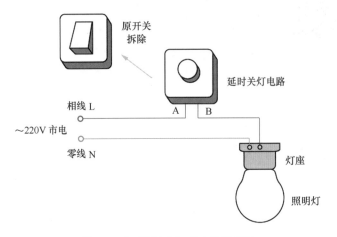

图 4-3 取代原电灯开关实物接线图

90. 双向晶闸管延时关灯电路

图 4-4 所示为双向晶闸管构成的延时关灯电路，采用 555 时基电路构成双向晶闸管的触发电路，可以提供数分钟至数十分钟的延时照明。

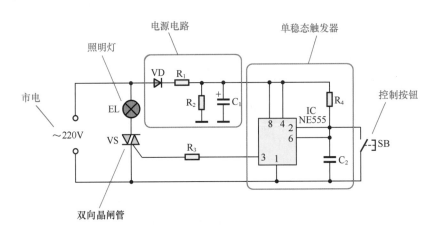

图 4-4 双向晶闸管构成的延时关灯电路

555 时基电路（IC）工作于单稳态触发器模式，C_2、R_4 为定时元件，SB 为控制按钮。需要时按一下控制按钮 SB，单稳态触发器被触发翻转至暂态，输出端（第 3 脚）输出为高电平，作为触发电压经 R_3 使双向晶闸管 VS 导通，接通了照明灯 EL 的电源，照明灯 EL 点亮。

单稳态触发器进入暂态后，电源开始经 R_4 向 C_2 充电，C_2 上电压逐步上升。当 C_2 上电压达到 555 时基电路的阈值电压时，单稳态触发器自动回复稳态，输出端（第 3 脚）输出为 "0"，双向晶闸管 VS 失去触发电压而在交流电过零时截止，切断了照明灯 EL 的电源，照明灯 EL 熄灭。

该电路延时时间由定时元件 C_2 与 R_4 决定，定时时间 $T = 1.1C_2R_4$，可根据需要调节 C_2 或 R_4 予以改变。整流二极管 VD、降压与分压电阻 R_1 和 R_2、滤波电容 C_1 组成电源电路，为单稳态触发器提供直流工作电压。

91. 时基电路延时关灯电路

时基电路构成的延时关灯电路如图 4-5 所示，555 时基电路 IC 工作于单稳态触发器模式，C_1、R_1 为定时元件，SB 为控制按钮，K 为继电器。采用继电器控制可以将延时关灯电路与交流 220V 市电完全隔离。

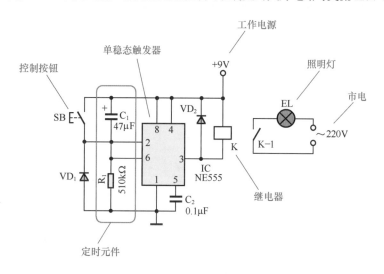

图 4-5 时基电路构成的延时关灯电路

继电器是一种常用的控制器件，包括电磁继电器、干簧继电器、固态继电器、时间继电器等。继电器接点分为常开接点（动合接点，简称 H 接点）、常闭接点（动断接点，简称 D 接点）、转换接点（简称 Z 接点）3 种。继电器可以用较小的电流来控制较大的电流，用低电压来控制高电压，用直流电来控制交流电等，并且可实现控制电路与被控电路之间的完全隔离。继电器外形与符号如图 4-6 所示。

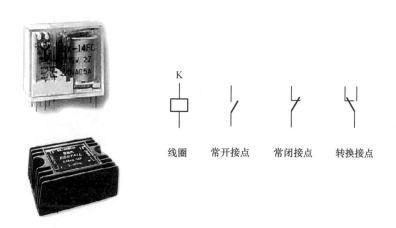

图 4-6 继电器外形与符号

电磁继电器是最常用的继电器之一，它是利用电磁吸引力推动接点动作的。电磁继电器由铁芯、线圈、衔铁、动接点、静接点等部分组成，如图 4-7 所示。

在继电器线圈未通电时，衔铁在弹簧的作用下向上翘起，动接点与静接点处于断开状态。当电源工作电流通过线圈时，铁芯被磁化将衔铁吸合，衔铁向下运动并推动动接点与静接点接通，实现了对被控电路的控制。

需要开灯时按一下控制按钮 SB，C_1 上电压被放电，单稳态触发器 IC 翻转为暂态，其输出端（第 3 脚）输出为 "0"，继电器 K 吸合接点 K-1 接通市电电源，照明灯 EL 点亮。随着 C_1 的充电，延时约 25s 后单稳态触发器 IC 再次翻转回复为稳态，其输出端（第 3 脚）变为 "+9V"，继电器 K 释放接点 K-1 断开，照明灯 EL 熄灭，实现了延时自动关灯。改变 C_1、R_1 的大小可改变延时时间。

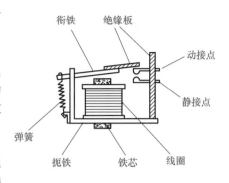

图 4-7　电磁继电器的结构原理

92. 多路控制延时关灯电路

多路控制延时关灯电路是一种具有延时关灯功能的自动开关，按一下延时开关上的按钮，照明灯立即点亮，延时数分钟后自动熄灭，并且可以多路控制，特别适合作为门灯、楼道灯等公共部位照明灯的控制开关。

图 4-8 所示为多路控制延时开关电路，由整流电路、延时控制电路、电子开关和指示电路等组成。X_1、X_2 是开关接线端，X_3、X_4 是并联控制按钮接线端。

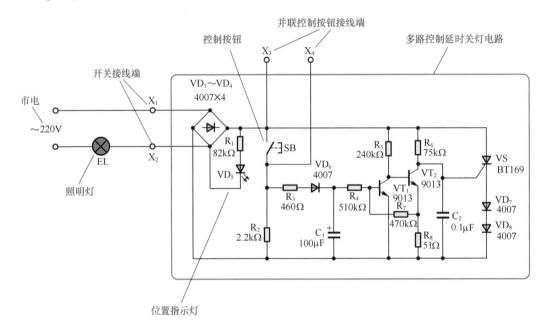

图 4-8　多路控制延时关灯电路

二极管 $VD_1 \sim VD_4$ 组成桥式整流电路，其作用是将 220V 交流电转换为脉动直流电，为延时控制电路提供工作电源。同时由于整流电路的极性转换作用，使用单向晶闸管 VS 即可控制交流回路照明灯 EL 的开与关。

晶体管 VT_1、VT_2、二极管 VD_6、电容 C_1 等组成延时控制电路，其作用是控制单向晶闸管 VS 的导通与截止，其控制特点是触发后瞬时接通、延时关断。单向晶闸管 VS 等组成电子开关，其作用是接通或关断照明灯 EL 的电源。

延时控制原理如下。

SB 为控制按钮。SB 尚未被按下时，电容 C_1 上无电压，晶体管 VT_1 截止、VT_2 导通，晶闸管 VS 截止。这时，整流电路输出峰值约为 310V 的脉动直流电压。虽然 VT_2 导通，但由于 R_6 阻值很大，导通电流仅几毫安，不足以使照明灯 EL 点亮。

当按下 SB 时，整流输出的 310V 脉动直流电压经 R_3、VD_6 使 C_1 迅速充满电，并经 R_4 使 VT_1 导通、VT_2 截止，VT_2 集电极电压加至晶闸管 VS 控制极，VS 导通使照明灯 EL 电源回路接通，EL 点亮。

松开 SB 后，由于 C_1 上已充满电，照明灯 EL 继续维持点亮。随着 C_1 的放电，数分钟后，当 C_1 上电压下降到不足以维持 VT_1 导通时，VT_1 截止、VT_2 导通，VS 在脉动直流电压过零时截止，照明灯 EL 熄灭。如需改变延时时间可调节 C_1 或 R_4，增大 C_1 或 R_4 可延长延时时间，减小 C_1 或 R_4 可缩短延时时间。

发光二极管 VD_5 等组成指示电路，其作用是指示控制按钮的位置，以便在黑暗中易于找到。照明灯 EL 点亮后，发光二极管 VD$_5$ 熄灭。

　　将本延时开关固定在标准开关板上，即可直接代替照明灯原来的开关。如图 4-9 所示，拆除楼道灯原来的电源开关，将本延时开关接入原开关位置并固定好即可。

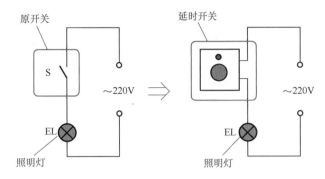

图 4-9　延时开关的安装使用接线图

　　如需在多处控制同一盏灯，可将布置在其他地方的多个控制按钮（例如楼道的每一层布置一个控制按钮），并联接入 X$_3$、X$_4$ 端子即可，如图 4-10 所示。

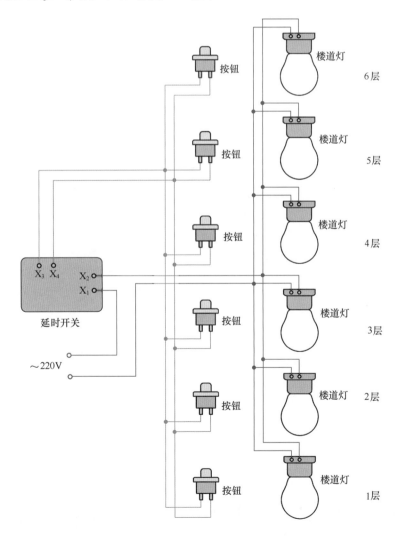

图 4-10　楼道多个控制按钮接线图

夜间上下楼时，在任一楼层按一下控制按钮，楼道灯即点亮，数分钟后自动关灯。这样，既为您提供了照明，又节约了电能。

93. 触摸式延时开关

触摸式延时开关电路如图 4-11 所示，具有触摸启动、延时自动关灯的功能，可以直接替代原有的电灯开关。R_4 为安全隔离电阻，利用其高达 $2M\Omega$ 的电阻值确保人体接触金属触摸片时的安全。

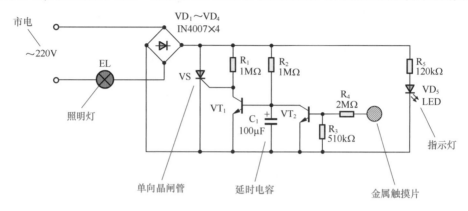

图 4-11 触摸式延时开关电路

该电路的特点是用一金属触摸片取代了按钮开关，当有人触摸时，人体感应电压使晶体管 VT_2 导通，C_1 被放电使晶体管 VT_1 截止，从而使单向晶闸管 VS 获得触发电压而导通，照明灯 EL 点亮。人体停止触摸后 VT_2 截止，电源开始通过 R_2 向 C_1 充电，这个充电过程就是延时时间，直至 C_1 上电压达到 0.7V 以上时，VT_1 导通使单向晶闸管 VS 失去触发电压在交流电过零时截止，照明灯 EL 熄灭。延时时间取决于 R_2、C_1 的大小，本电路延时时间约为 2min。

发光二极管 VD_5 作为指示灯，与金属触摸片一起固定在开关面板上，可以在黑暗中指示出触摸开关的位置，便于使用者找到。图 4-12 所示为触摸式延时开关实物接线图。

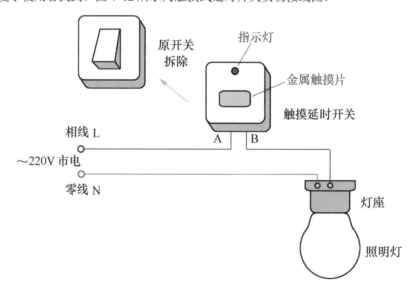

图 4-12 触摸式延时开关实物接线图

94. 触发器构成的触摸延时开关

该触摸延时开关由 RS 触发器构成，电路如图 4-13 所示。该触摸延时开关可应用于楼道、走廊等公共部位的照明灯节电控制，路人用手触摸一下开关，照明灯即点亮数十秒后自动熄灭。

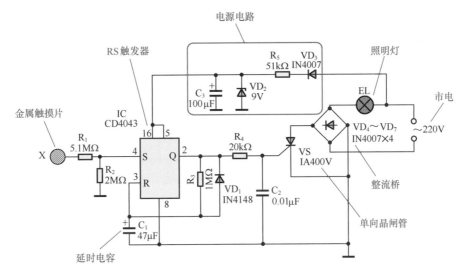

图 4-13　RS 触发器构成的触摸延时开关电路

触摸延时开关的控制核心是 RS 触发器 CD4043（IC），在这里接成单稳态工作模式。X 为金属触摸片。R_3、C_1 构成阻容延时电路。单向晶闸管 VS、整流桥 $VD_4 \sim VD_7$ 等构成执行电路，在 RS 触发器输出信号的作用下控制照明灯 EL 的亮与灭。

当人体接触到金属触摸片 X 时，人体感应电压经 R_1 加至触发器的 S 端（置"1"输入端），使触发器置"1"，触发器输出端 Q 为高电平，通过 R_4 使单向晶闸管 VS 导通，照明灯 EL 点亮。

同时，输出端 Q 的高电平经 R_3 向 C_1 充电，C_1 上电压逐步上升。当 C_1 上电压达到 R 输入端的阈值时，触发器被置"0"，输出端 Q 为低电平，单向晶闸管 VS 在交流电过零时关断，照明灯 EL 熄灭。

照明灯 EL 点亮的时间 t_w 由延时电路 R_3 与 C_1 的取值决定，$t_w = 0.69\ R_3 C_1$，本电路中延时时间约为 32s。二极管 VD_1 的作用是当延时结束时，将 C_1 上的电荷迅速放掉，为下一次触发做好准备。R_1 为隔离电阻，以保证触摸安全。

二极管整流桥 $VD_4 \sim VD_7$ 的作用是，无论交流 220V 电源的相线与零线怎样接入电路，都能保证控制电路正常工作。整流二极管 VD_3、降压电阻 R_5、滤波电容 C_3 和稳压二极管 VD_2 组成电源电路，将交流 220V 市电直接整流为 +9V 电源供控制电路工作。

95.　轻触延时节能开关

轻触延时节能开关是一种具有延时关灯功能的自动开关，按一下延时开关上的按钮，照明灯立即点亮，延时数分钟后自动熄灭，特别适合作为门灯、楼道灯等公共部位照明灯的控制开关，起到节能减排、绿色环保的功效。

图 4-14 所示为轻触延时节能开关电路，其核心控制器件采用了 7555 时基电路，具有电路简洁、工作可靠、延时时间长的特点。

时基电路 IC、晶体管 VT、二极管 VD_6、电容 C_1 等组成延时控制电路，控制单向晶闸管 VS 的导通与截止，其控制特点是触发后瞬时接通、延时关断。单向晶闸管 VS 等组成电子开关，其作用是接通或关断照明灯。IC 采用 CMOS 型时基电路 7555，具有很高的输入阻抗，特别适合用作长延时电路。

时基电路 IC 构成施密特触发器，SB 为轻触控制按钮。SB 未按下时，电容 C_1 上无电压，时基电路 IC 第 3 脚输出为高电平，并经 R_5 使晶体管 VT 导通，单向晶闸管 VS 因无控制电压而截止。

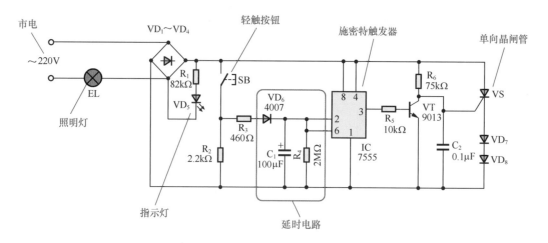

图 4-14　轻触延时节能开关电路

当按下 SB 时，整流输出的 310V 脉动直流电压经 R_3、VD_6 使 C_1 迅速充满电，时基电路 IC 第 3 脚输出变为低电平，晶体管 VT 截止，其集电极电压加至单向晶闸管 VS 控制极，VS 导通使 EL 电源回路接通，照明灯 EL 点亮。

松开 SB 后，由于 C_1 上已充满电，照明灯 EL 继续维持点亮。随着 C_1 通过 R_4 放电，数分钟后，当 C_1 上电压下降到 $\frac{1}{3}V_{CC}$ 时，时基电路 IC 再次翻转并输出高电平，晶体管 VT 导通，单向晶闸管 VS 在脉动直流电压过零时截止，照明灯 EL 熄灭。

96. 缓吸式时间继电器电路

根据动作特点不同，时间继电器分为缓吸式和缓放式两种。缓吸式时间继电器的特点是，继电器电路接通电源后需经一定延时各接点才动作，电路断电时各接点瞬时复位。

缓吸式时间继电器电路如图 4-15 所示，555 时基电路工作于施密特触发器模式，电位器 RP 与电容 C_1 组成延时电路。

接通电源后，由于电容器 C_1 上电压不能突变，555 时基电路输出端（第 3 脚）为高电平，所以继电器 K 并不立即吸合。这时电源 $+V_{CC}$ 经 RP 向 C_1 充电，C_1 上电压逐步上升。当 C_1 上电压达到 $\frac{2}{3}V_{CC}$ 时，施密特触发器翻转，555 时基电路输出端（第 3 脚）变为低电平，继电器 K 吸合。延时吸合时间取决于 RP 与 C_1 的大小，调节 RP 可改变延时时间。

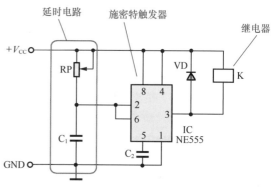

图 4-15　缓吸式时间继电器电路

切断电源后，继电器 K 因失去工作电压而立即释放。

97. 缓放式时间继电器电路

缓放式时间继电器的特点是，电路通电时各接点瞬时动作，电路断电后各接点需经一定延时才复位。

缓放式时间继电器电路如图 4-16 所示，555 时基电路工作于施密特触发器模式，电位器 RP 与电容 C_1 组成延时电路。$+V_{CC1}$ 为控制电源，$+V_{CC2}$ 为工作电源。

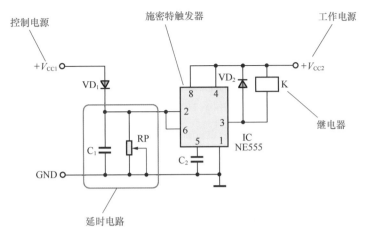

图 4-16 缓放式时间继电器电路

接通电源后，+V_{CC1} 经二极管 VD$_1$ 使 C$_1$ 迅速充满电，555 时基电路输出端（第 3 脚）为低电平，继电器 K 立即吸合。

切断控制电源 +V_{CC1} 后，由于电容器 C$_1$ 上电压不能突变，555 时基电路输出端（第 3 脚）仍维持低电平，所以继电器 K 并不立即释放。这时 C$_1$ 通过 RP 放电，C$_1$ 上电压逐步下降。当 C$_1$ 上电压降到 $\frac{1}{3}V_{CC2}$ 时，施密特触发器翻转，555 时基电路输出端（第 3 脚）变为高电平，继电器 K 释放。延时释放时间取决于 RP 与 C$_1$ 的大小，调节 RP 可改变延时时间。

98. 晶闸管定时器

图 4-17 所示为晶闸管定时器电路，以单向晶闸管 VS 为核心组成，R$_1$ 为定时电阻，C$_1$ 为定时电容，HA 为自带音源的电磁讯响器，S 为电源开关。定时时间由 R$_1$ 和 C$_1$ 确定，R$_1$ 和 C$_1$ 越大，定时时间越长。

打开电源开关 S 后，电源 +V_{CC} 开始经 R$_1$ 向 C$_1$ 充电。由于电容器两端电压不能突变，C$_1$ 上电压仍为 "0"，单向晶闸管 VS 无触发电压而截止，自带音源讯响器 HA 无声。

随着时间的推移，C$_1$ 上所充电压越来越高。当 C$_1$ 上电压达到单向晶闸管 VS 的触发电压时，VS 被触发而导通，自带音源讯响器 HA 发声，提示定时时间结束。

电磁讯响器是一种微型的电声转换器件，应用在一些特定的场合，外形和符号如图 4-18 所示。电磁讯响器分为不带音源讯响器和自带音源讯响器两大类。

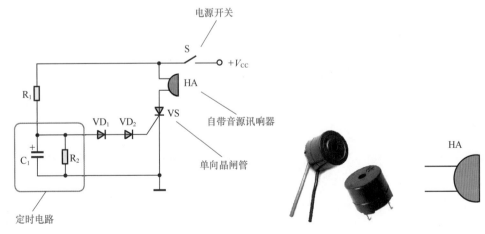

图 4-17 晶闸管定时器电路　　　　图 4-18 电磁讯响器的外形和符号

不带音源的电磁讯响器相当于一个微型扬声器，工作时需要接入音频驱动信号才能发声。电磁讯响器是运用电磁原理工作的,其内部结构如图 4-19 所示,由线圈、磁铁、振动膜片等部分组成。当给线圈通以音频电流时将产生交变磁场,振动膜片在交变磁场的吸引力作用下振动而发声。电磁讯响器的外壳形成共鸣腔,使其发声更加响亮。

自带音源讯响器结构如图 4-20 所示,内部包含有音源集成电路,可以自行产生音频驱动信号,工作时不需要外加音频信号,接上规定的直流工作电压后,音源集成电路产生音频信号并驱动电磁讯响器发声。按照所发声音的不同,自带音源讯响器又分为连续长音和断续声音两种。

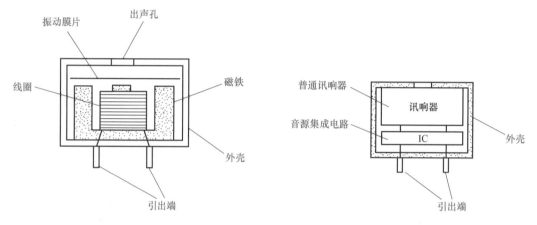

图 4-19 电磁讯响器的内部结构   图 4-20 自带音源讯响器结构

晶体二极管 VD_1、VD_2 串联后接在单向晶闸管 VS 的控制极回路中,作用是提高晶闸管控制极的触发电压。因为 C_1 上电压必须超过两个二极管的管压降才能触发晶闸管,从而在同样大小的定时电阻与电容的情况下,获得更长的定时时间。R_2 为 C_1 的泄放电阻,定时结束切断电源开关 S 后,可以迅速将 C_1 上电压放掉,以利于再次启动定时器。

99. 声光提示定时器

声光提示定时器具有定时工作指示灯,在定时结束时同时发出声、光提示。声光提示定时器电路如图 4-21 所示,由单向晶闸管 VS 和晶体管 $VT_1 \sim VT_3$ 等组成,VD_2 和 VD_3 是发光二极管,HA 是自带音源讯响器,S 是电源开关,SB 是启动按钮。

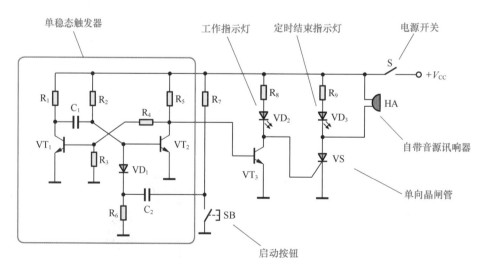

图 4-21 声光提示定时器电路

晶体管 VT_1、VT_2 交叉耦合构成单稳态触发器,单稳态触发器的特点是只有一个稳定状态,另外还有一个暂时的稳定状态（暂稳态）。在没有外加触发信号时，电路处于稳定状态。在外加触发信号的作用下，电路就从稳定状态转换为暂稳态，并且在经过一定的时间后，电路能够自动地再次转换回到稳定状态。定时时间取决于单稳态触发器的暂稳态时间（也就是输出脉宽），由 C_1 经 R_2 的放电时间决定，输出脉宽 $T_w = 0.7R_2C_1$。

晶体管 VT_3、单向晶闸管 VS 等构成指示和提示电路。绿色发光二极管 VD_2 为定时器工作指示灯，由晶体管 VT_3 控制。红色发光二极管 VD_3 为定时结束提示灯，与自带音源讯响器 HA 一起由晶闸管 VS 控制。

应用定时器时，按一下启动按钮 SB，触发单稳态触发器翻转至暂稳态，VT_2 集电极输出高电平，使晶体管 VT_3 导通，VD_2 发光（绿色）表示定时器已工作。此时晶闸管 VS 因控制极无触发电压而截止，VD_3 不发光，HA 不发声。

定时结束时，单稳态触发器自动回复稳态，VT_2 集电极输出为 "0"，使晶体管 VT_3 截止，VD_2 熄灭。同时 VT_3 的集电极电压加至晶闸管 VS 控制极，触发 VS 导通，使 VD_3 发光（红色）、讯响器 HA 发声，提示定时已结束。切断电源开关 S 后，提示声光停止。

100. 时间可调定时器

时间可调定时器的定时时间可根据需要设定，最短为 1s，最长为 1000s。在定时时间内，发光二极管点亮指示。定时时间终了，发出 6s 左右的提示音。

图 4-22 所示为时间可调定时器电路图。电路采用了两个集成单稳态触发器，第一个单稳态触发器 IC_1 构成定时器主体电路，第二个单稳态触发器 IC_2 构成提示音电路。SB 为定时启动按钮，S_2 为电源开关。电路由开机清零、定时控制、提示音控制、发光指示和发声提示等组成部分。

定时控制电路由集成单稳态触发器 IC_1 等构成，采用 TR+ 输入端触发，当按下启动按钮 SB 时，正触发脉冲加至 TR+ 端，IC_1 被触发，其输出端 Q 便输出一个宽度为 T_w 的高电平信号。

输出脉宽 T_w 由定时电阻 R 和定时电容 C 决定，$T_w = 0.7RC$，改变定时元件 R 和 C 的大小即可改变定时时间。图 4-22 所示电路中，定时电阻 R 等于 RP 与 R_2 之和，定时电容 C 等于 C_1、C_2、C_3 中被选中的一个。

S_1 为定时时间设定波段开关，S_1 指向 C_1 定时时间为 1～10s（由 RP 调节，下同），S_1 指向 C_2 时定时时间为 10～100s，S_1 指向 C_3 时定时时间为 100～1000s。RP 为定时时间调节电位器，因为定时电阻 $R = RP + R_2$，调节 RP，可使 R 最小为 330kΩ、最大为 3.33MΩ。

晶体管 VT_1 和发光二极管 VD 等构成发光指示电路。当集成单稳态触发器 IC_1 输出端 Q 为高电平时，晶体管 VT_1 导通使发光二极管 VD 发光。R_4 为 VD 的限流电阻，改变 R_4 可调节 VD 的发光亮度。

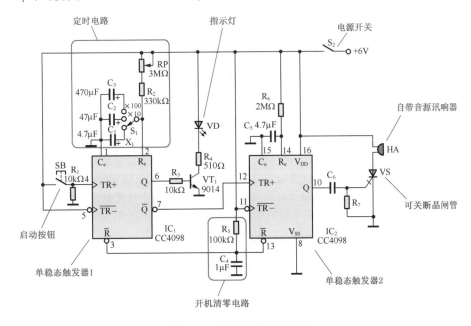

图 4-22　时间可调定时器电路

集成单稳态触发器 IC$_2$ 等构成提示音控制电路。当 IC$_1$ 定时结束时，其 $\overline{Q}$ 端由低电平变为高电平，上升沿加至 IC$_2$ 的 TR+ 端，IC$_2$ 被触发，IC$_2$ 的 Q 端便输出一个宽度为 6s 左右的高电平信号，使发声提示电路工作。

可关断晶闸管 VS 和自带音源讯响器 HA 等构成声音提示电路。当集成单稳态触发器 IC$_2$ 输出端 Q 变为高电平时，其上升沿经 C$_6$、R$_7$ 微分电路产生正脉冲触发可关断晶闸管 VS 导通，使自带音源讯响器 HA 发出提示音。当 IC$_2$ 暂稳态结束、输出端 Q 回复低电平时，其下降沿经 C$_6$、R$_7$ 微分电路产生负脉冲触发可关断晶闸管 VS 截止，使 HA 停止发声。

为了防止开机时定时器被误触发，电路中设计了开机清零电路，由 R$_5$、C$_4$ 等构成。在接通电源开关 S$_2$ 的瞬间，因 C$_4$ 上电压不能突变，$U_{C4} = 0$，加至两个单稳态触发器的 $\overline{R}$ 端使其清零。

101. 实用电子定时器

实用电子定时器由 555 时基电路构成，电路如图 4-23 所示。555 时基电路具有较强的驱动能力，可以直接驱动发光二极管和电磁讯响器，构成的定时器电路简洁可靠。定时时间分三挡连续可调，S$_1$ 为分挡开关，RP 为调时电位器。

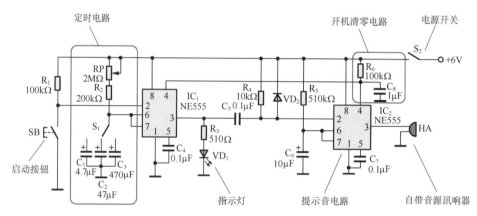

图 4-23　实用电子定时器电路

SB 为定时启动按钮，当按下启动按钮 SB 时，负触发脉冲加至时基电路 IC$_1$ 的第 2 脚，IC$_1$ 构成的单稳态触发器被触发，其输出端（第 3 脚）便输出一个宽度为 T_w 的高电平信号，这时定时指示灯 VD$_1$ 点亮发光。

输出脉宽 T_w 由定时电阻 R 和定时电容 C 决定，$T_w = 1.1RC$，改变定时元件 R 和 C 的大小即可改变定时时间。本电路中，定时电阻 R 等于 RP 与 R$_2$ 之和，定时电容 C 等于 C$_1$、C$_2$、C$_3$ 中被选中的一个。C$_1$、C$_2$、C$_3$ 容量以 10 倍递增，所以每挡定时时间也是以 10 倍递增。

调节定时时间时，首先用分挡开关 S$_1$ 进行粗调，选择 C$_1$ 的定时时间为 1～10 s，选择 C$_2$ 的定时时间为 10～100 s，选择 C$_3$ 的定时时间为 100～1000s。然后用定时电位器 RP 进行细调，选择所需的定时时间。

定时时间终了，时基电路 IC$_1$ 输出端（第 3 脚）由高电平变为低电平，下降沿经 C$_5$、R$_4$ 微分后，负脉冲加至时基电路 IC$_2$ 的第 2 脚，触发 IC$_2$ 翻转，驱动自带音源讯响器 HA 发出 6s 的提示音。

R$_6$、C$_8$ 等构成开机清零电路。两个时基电路的复位端（第 4 脚）不是直接接电源，而是接在电容 C$_8$ 上。在接通电源开关 S$_2$ 的瞬间，因 C$_8$ 上电压不能突变，$U_{C8} = 0$，加至两个时基电路的复位端（第 4 脚）使其清零。一定时间后 C$_8$ 充满电，复位端（第 4 脚）电压上升为 +6V，两个时基电路进入正常工作状态。

102. 音乐集成电路构成的定时器

图 4-24 所示为音乐集成电路构成的定时器电路，可提供数秒至数分钟的定时控制。IC 采用音乐集成电路 CW9300，作为定时单元使用。CW9300 为小印板软封装，其第 5、第 6 引出端之间应接入外接振荡电阻 R，R 的典型值为 200kΩ，在这里我们用 R$_1$ 和 RP 串联后取代 R，使 R 可在 10kΩ～2.01MΩ 范围内连续调节。

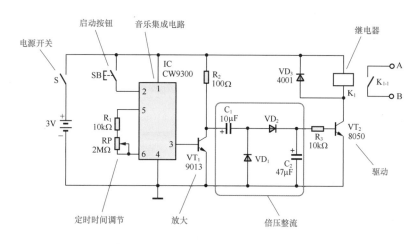

图 4-24 音乐集成电路构成的定时器电路

晶体管 VT$_1$ 构成电压放大器，对音乐集成电路输出的乐曲信号进行放大。二极管 VD$_1$、VD$_2$ 和 C$_1$、C$_2$ 等组成倍压整流滤波电路，将 VT$_1$ 输出的乐曲信号整流为直流控制电压，去控制电子开关。电子开关由晶体管 VT$_2$ 构成，用以驱动继电器 K$_1$。VD$_3$ 为保护二极管，防止 VT$_2$ 截止瞬间被继电器线包的反压击穿。S 为电源开关，SB 为启动按钮。

整机工作过程为：当按下启动按钮 SB 时，音乐集成电路被触发输出乐曲信号，经 VT$_1$ 放大和 VD$_1$、VD$_2$ 倍压整流为一直流电压，使开关管 VT$_2$ 导通，继电器 K$_1$ 吸合，负载工作。乐曲终了，VT$_2$ 因失去偏置电压而截止，K$_1$ 释放，负载停止工作。调节 RP 可改变音乐节奏，亦即调节了定时时间。

音乐集成电路是指能够输出音乐信号的集成电路，广泛应用在电子玩具、音乐贺卡、电子门铃、电子钟表、电子定时器、提示报警器、家用电器和智能仪表等场合。音乐集成电路大多采用小印板软封装形式，如图 4-25 所示。

音乐集成电路有较多种类，包括单曲音乐集成电路、多曲音乐集成电路、带功放音乐集成电路、光控音乐集成电路、声控音乐集成电路和闪光音乐集成电路等。典型的音乐集成电路结构原理如图 4-26 所示，由时钟振荡器、只读存储器（ROM）、节拍发生器、音阶发生器、音色发生器、控制器、调制器和电压放大器等电路组成。

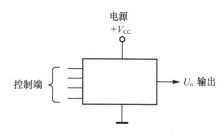

图 4-25 音乐集成电路及其符号

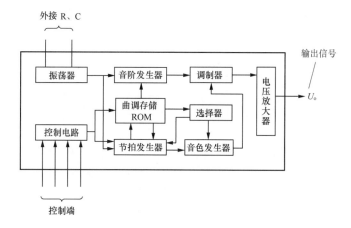

图 4-26 典型的音乐集成电路结构原理

只读存储器（ROM）中固化有代表音乐乐曲的音调、节拍等信息。节拍发生器、音阶发生器和音色发生器分别产生乐曲的节拍、基音信号和包络信号。它们在控制器控制下工作，并由调制器合成乐曲信号，经电压放大器放大后输出。

由于各种音乐集成电路内储乐曲的长短不同，因此选用不同的音乐集成电路对定时时间有影响。调试时应通过实测的方法，将定时时间标注在电位器 RP 的旋钮刻度上。

103. 数显倒计时定时器

数显倒计时定时器的用途很广泛。其可以用作定时器，控制被定时的电器定时开启，最长定时时间 99 min，在定时的过程中，随时显示剩余时间；还可以用作倒计时计数，最长倒计时时间 99 s，由两位 LED 数码管直观显示倒计时计数状态，倒计时终了时有提示音。

数显倒计时定时器电路如图 4-27 所示，包括 IC_3 和 IC_4 组成的两位可预置数减计数器，开关 S_1、S_2 等组成的两位预置数设定电路，IC_1、IC_2 以及 LED 数码管等组成的两位译码显示电路，或非门 D_1、D_2 等组成的秒信号产生电路，IC_5 以及与门 D_5 等组成的 60 分频器，晶体管 VT_1、讯响器 HA 等组成的声音提示电路，双向晶闸管 VS 等组成的执行电路。S_3 为启动按钮，S_4 为秒 / 分选择开关。图 4-28 所示为数显倒计时定时器电路原理方框图。

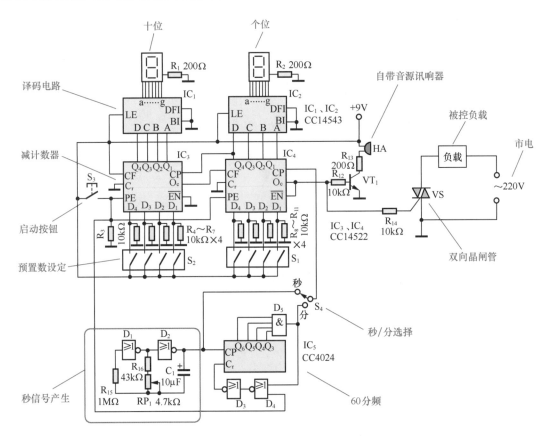

图 4-27　数显倒计时定时器电路

（1）倒计时工作原理。

倒计时定时器的核心是可预置数减计数器 IC_3、IC_4，其初始数由拨码开关 S_1、S_2 设定，其输出状态由 BCD 码 -7 段译码器 IC_1、IC_2 译码后驱动 LED 数码管显示。或非门 D_1、D_2 产生的秒信号脉冲，经 IC_5 等 60 分频后得到的分信号脉冲，由开关 S_4 选择后作为时钟脉冲送入减计数器的 CP 端。

当按下启动按钮 S_3 后，S_1 与 S_2 设定的预置数进入减计数器，LED 数码管显示出该预置数。然后减计数器就在时钟脉冲 CP 的作用下作减计数，LED 数码管亦作同步显示。

当倒计时结束，减计数器显示为"00"时，输出高电平使晶体管 VT$_1$ 导通，自带音源讯响器 HA 发出提示音。同时，输出高电平经 R$_{14}$ 触发双向晶闸管 VS 导通，接通负载的交流 220V 电源使其工作。

（2）LED 数码管。

LED 数码管是最常用的一种字符显示器件，它是将若干发光二极管按一定图形组织在一起构成的。LED 数码管具有许多种类，按显示字形分为数字管和符号管，按显示位数分为一位、两位和多位数码管，按内部连接方式分为共阴极数码管和共阳极数码管两种，按字符颜色分为红色、绿色、黄色和橙色等。7 段数码管是应用较多的一种数码管，外形和符号如图 4-29 所示。

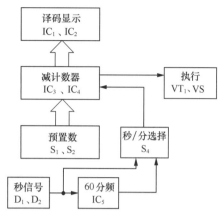

图 4-28　数显倒计时定时器电路原理方框图

图 4-29　LED 数码管的外形和符号

一位共阴极 LED 数码管共 10 个管脚，其中第 3、第 8 两管脚为公共负极（该两管脚内部已连接在一起），其余 8 个管脚分别为 7 段笔画和 1 个小数点的正极，如图 4-30 所示。

一位共阳极 LED 数码管共 10 个管脚，其中第 3、第 8 两管脚为公共正极（该两管脚内部已连接在一起），其余 8 个管脚分别为 7 段笔画和 1 个小数点的负极，如图 4-31 所示。

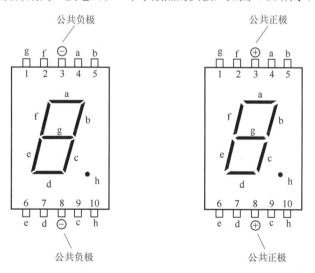

图 4-30　一位共阴极 LED 数码管　　图 4-31　一位共阳极 LED 数码管

两位共阴极 LED 数码管共 18 个管脚，其中第 6、第 5 两管脚分别为个位和十位的公共负极，其余 16 个管脚分别为个位和十位的笔画与小数点的正极，如图 4-32 所示。

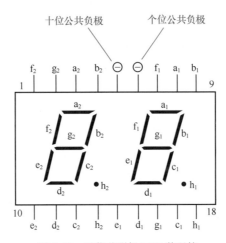

图 4-32 两位共阴极 LED 数码管

LED 数码管的显示原理是，将数码管的 7 个笔画段组成 "8" 字形，能够显示 "0~9" 十个数字和 "A~F" 六个字母，如图 4-33 所示，可以用于二进制、十进制以及十六进制数的显示。

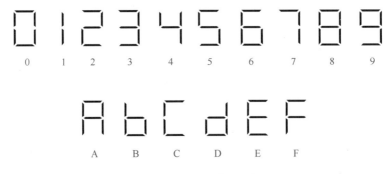

图 4-33 LED 数码管显示字形

LED 数码管的特点是发光亮度高、响应时间快、高频特性好、驱动电路简单等，而且体积小、重量轻、寿命长和耐冲击性能好，在字符显示方面应用广泛。

104. 继电器倒计时定时器

继电器倒计时定时器电路如图 4-34 所示，采用继电器作为执行控制器件，同时具有 "通" "断" 两种控制形式。

集成电路 IC_1、IC_2 采用 CC14543 组成两位数译码电路，集成电路 IC_3、IC_4 采用 CC14522 组成两位数减计数器，拨码开关 S_1、S_2 组成两位数预置数设定电路，$D_1 \sim D_5$、IC_5 等组成秒 / 分信号产生电路。

电路工作过程如下：按下启动按钮 S_3，倒计时定时器启动，LED 数码管显示出剩余时间，并不断减少。当显示剩余时间为 "00" 时，晶体管 VT_1 导通，自带音源讯响器 HA 发出提示音。同时晶体管 VT_2 也导通，继电器 K_1 吸合，其常开接点 K_{1-1} 闭合，接通被控电器；其常闭接点 K_{1-2} 断开，切断被控电器。

由继电器常开接点 K_{1-1} 控制的电器，在倒计时过程中不工作，倒计时结束后开始工作。

由继电器常闭接点 K_{1-2} 控制的电器，在倒计时过程中工作，倒计时结束后停止工作。

整机使用 +9V 单电源工作。在电路图中通常不画出数字集成电路的电源接线端，但实际上所有数字集成电路的 V_{DD} 端应接 +9V、V_{SS} 端应接地。

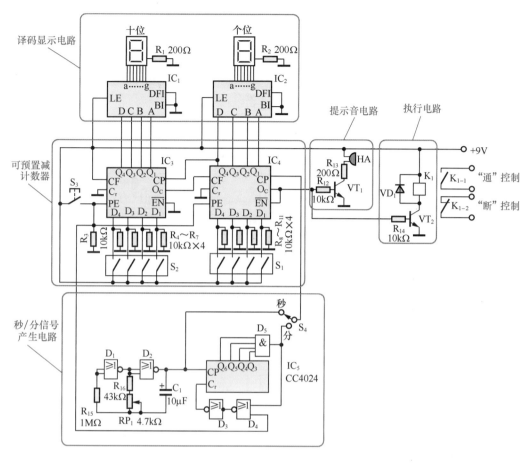

图 4-34 继电器倒计时定时器电路

105. 时基电路倒计时定时器

时基电路构成的倒计时定时器电路如图 4-35 所示，采用两位 LED 数码管显示剩余时间，时间单位分为"秒"与"分"两挡，由选择开关 S_4 控制。对负载同时具有"通""断"两种控制形式，倒计时终了时发出声音提示。

该倒计时定时器电路的特点是，555 时基电路 IC_6 等构成多谐振荡器，为减计数器 IC_3、IC_4 提供时钟脉冲。IC_3、IC_4 构成两位数减计数器，并由两位 LED 数码管显示，IC_4 的 CP 端每输入一个时钟脉冲，显示数便减"1"。

555 时基电路 IC_6 输出端（第 3 脚）输出为每秒一个的秒脉冲信号，使减计数器每秒减"1"，相应地最大倒计时时间为 99 秒。

集成电路 IC_5 等构成 60 分频器，将 555 时基电路 IC_6 输出的秒脉冲 60 分频，得到每分钟一个的分脉冲信号，使减计数器每分钟减"1"，相应地最大倒计时时间为 99 分钟。S_4 为秒 / 分选择开关，控制"秒脉冲"还是"分脉冲"接入减计数器，也就是控制倒计时定时器的计时单位是"秒"还是"分"。

倒计时定时器的起始数字最大为"99"，但不一定是"99"，可以是 1 ~ 99 的任何数，由预置数设定开关 S_1、S_2 设定。S_1、S_2 均为 4 位拨码开关，以 BCD 码形式分别预置"个位""十位"的起始数，接通为"1"，断开为"0"。

举例一：当 S_1、S_2 设定预置数为"60"、S_4 选择"秒"时，按下启动按钮 S_3，倒计时时间即为 60 秒，LED 数码管显示数从"60"开始每秒递减，直至"00"。举例二：当 S_1、S_2 设定预置数为"25"、S_4 选择"分"时，按下启动按钮 S₃，倒计时时间即为 25 分钟，LED 数码管显示数从"25"开始每分钟递减，直至"00"。

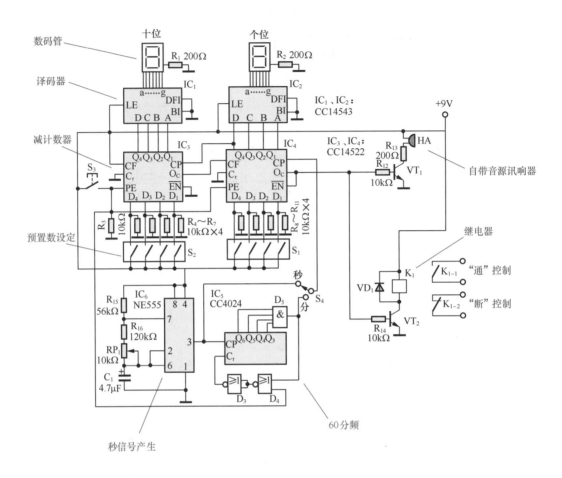

图 4-35　时基电路构成的倒计时定时器电路

第5章 彩灯与装饰灯电路

彩灯与装饰灯美化着人们的生活，小夜灯与警示灯方便着人们的生活。彩灯电路、装饰灯电路、小夜灯电路、警示灯电路等，也是电工电路的一个重要方面。

106. 晶闸管彩灯控制器

彩灯控制器能够使彩灯按照一定的形式和规律闪亮，起到烘托节日氛围、吸引公众注意力的作用。图5-1所示为彩灯控制器电路图。该彩灯控制器可以控制8路彩灯或彩灯串，既可以向左（逆时针）移动，也可以向右（顺时针）移动，还可以左右交替移动，起始状态可以预置，移动速度和左右交替速度均可调节。

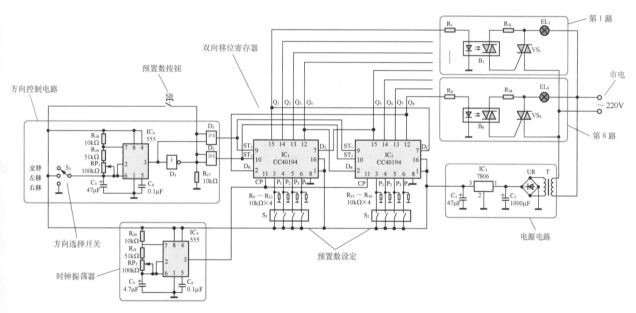

图 5-1　彩灯控制器电路

彩灯控制器包括以下单元电路：① IC_1 和 IC_2 级联组成的8位双向移位寄存器，控制8路彩灯依一定规律闪亮；② 开关 S_1、S_2、SB 等组成的预置数控制电路，控制8位移存器的初始状态，即8路彩灯的起始状态；③ 555时基电路 IC_5 等组成的时钟振荡器，为移位寄存器提供工作时钟脉冲；④ 555时基电路 IC_4、开关 S_3 等组成的移动方向控制电路，控制移位寄存器作左移、右移或左右交替移动；⑤ 光电耦合器 $B_1 \sim B_8$、双向晶闸管 $VS_1 \sim VS_8$ 等组成的8路驱动执行电路，在移位寄存器输出状态的控制下驱动8路彩灯 $EL_1 \sim EL_8$ 分别点亮或熄灭；⑥ 变压器 T、整流全桥 UR、集成稳压器 IC_3 等组成的电源电路，为控制电路提供 +6V 工作电源。图5-2所示为彩灯控制器整机原理方框图。

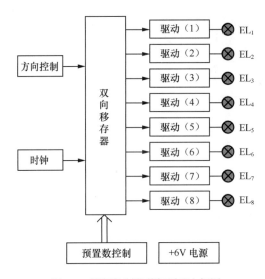

图 5-2　彩灯控制器整机原理方框图

（1）整机简要工作原理。

IC$_1$ 和 IC$_2$ 级联组成 8 位双向移位寄存器，在 IC$_5$ 产生的时钟脉冲 CP 的作用下做循环移位运动。双向移存器的 8 个输出端 Q$_1$~Q$_8$ 分别经光电耦合器 B$_1$~B$_8$ 控制 8 个双向晶闸管 VS$_1$~VS$_8$。

当某 Q 端为"1"时，与该 Q 端对应的晶闸管接通相应的彩灯 H 的 220V 市电电源，使其点亮。当某 Q 端为"0"时，对应的晶闸管切断相应彩灯 H 的电源而使其熄灭。由于 Q$_1$~Q$_8$ 的状态在 CP 作用下不停地移位，所以点亮的彩灯便在 EL$_1$~EL$_8$ 中循环流动起来。

彩灯的初始状态由 S$_1$ 和 S$_2$ 预置，预置好后按一下 SB 将预置数输入，其输出端 Q$_1$~Q$_8$ 的状态（也就是彩灯 H$_1$~H$_8$ 点亮的情况）即等于预置数，而后在 CP 的作用下移动。彩灯移动的方向由 S$_3$ 控制，可以选择"左移""右移"或"左右交替"。

（2）预置数控制电路。

预置数控制电路由两个 4 位地址开关 S$_1$、S$_2$ 和按钮开关 SB 等组成，用于设置移存器的初始状态，即彩灯的起始状态。

每个地址开关中包含 4 只开关，开关闭合时为"1"，开关断开时为"0"，可根据要求设置。

移存器的两个状态控制端 ST$_1$、ST$_2$ 分别由或门 D$_1$、D$_2$ 控制。当按下预置数按钮开关 SB 时，"1"电平（+6V）加至 D$_1$、D$_2$ 输入端，D$_1$、D$_2$ 输出均为"1"，使 ST$_1$、ST$_2$ = "11"，设置好的预置数并行进入移存器。

例如，设置 P$_1$~P$_8$ 为"11100110"，按下 SB 时，Q$_1$~Q$_8$ 便成为"11100110"，H$_1$、H$_2$、H$_3$、H$_6$、H$_7$ 亮，H$_4$、H$_5$、H$_8$ 灭。当松开 SB 时，ST$_1$、ST$_2$ ≠ "11"，移存器便在 CP 作用下使预置状态移动。

（3）移动方向控制电路。

移存器移动方向由 ST$_1$、ST$_2$ 的状态决定。为了实现左右交替移动，电路中设计了一个由 555 时基电路 IC$_4$ 等组成的超低频多谐振荡器，并由选择开关 S$_3$ 控制。

当 S$_3$ 将 IC$_4$ 输入端（第 2、第 6 脚）接地时，多谐振荡器停振，使 ST$_1$、ST$_2$ 为"10"，移存器右移。

当 S$_3$ 将 IC$_4$ 输入端（第 2、第 6 脚）接 +6V 时，多谐振荡器仍停振，但不同的是 ST$_1$、ST$_2$ 为"01"，移存器左移。

当 S$_3$ 悬空时，多谐振荡器 IC$_4$ 起振，使 ST$_1$、ST$_2$ 在"01"和"10"之间来回变化，移存器便左移与右移交替进行。电位器 RP$_1$ 用于调节振荡周期、改变左右移动的交替时间，交替时间可在 3.5s~10s 范围内选择。

（4）移动速度控制电路。

双向移存器在时钟脉冲 CP 作用下工作，时钟频率的高低决定了移存器的移动速度。时钟脉冲由 555 时基电路 IC$_5$ 等组成的多谐振荡器产生，调节 RP$_2$ 可使振荡周期变化范围为 350~1000ms。RP$_2$ 阻值越大，振荡周期越长，移存器移动速度越慢。

（5）驱动电路。

驱动电路采用 8 路双向晶闸管，分别控制 8 路彩灯或彩灯串。以第一路驱动电路为例，当 $Q_1 = 1$ 时，经 R_1 使光电耦合器 B_1 输入部分的发光二极管发光，B_1 输出部分的双向二极管受光导通，触发双向晶闸管 VS_1 导通，接通了彩灯 EL_1 的交流电源，彩灯 EL_1 亮。

当 $Q_1 = 0$ 时，光电耦合器 B_1 输入部分的发光二极管不发光，B_1 输出部分的双向二极管截止，双向晶闸管 VS_1 因无触发电压也截止，切断了彩灯 EL_1 的交流电源，彩灯 EL_1 灭。

107. 继电器彩灯控制器

继电器彩灯控制器电路如图 5-3 所示，主要元器件均采用数字电路，驱动部分采用交流固态继电器，因此具有电路简洁、工作可靠、控制形式多样、使用安全方便的特点。继电器彩灯控制器可以控制 8 路彩灯或彩灯串，既可以左移，也可以右移，还可以左右交替移动，起始状态可以预置，移动速度和左右交替速度均可调节，控制电路与负载（使用交流 220V 市电的彩灯）完全隔离。

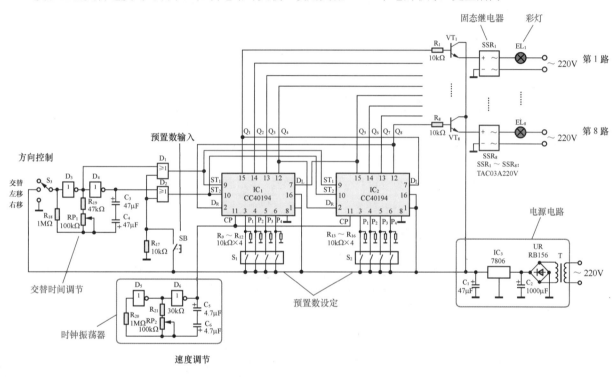

图 5-3　继电器彩灯控制器电路

整机电路的核心是 IC_1 和 IC_2 级联组成的 8 位双向移位寄存器，控制 8 路彩灯依一定规律闪亮。与上例不同的是，采用固态继电器 $SSR_1 \sim SSR_8$ 等组成驱动执行电路，在移位寄存器输出状态的控制下驱动 8 路彩灯 $EL_1 \sim EL_8$ 分别点亮或熄灭。

非门 D_5、D_6 等构成多谐振荡器，为双向移位寄存器提供时钟脉冲。时钟频率的高低决定了双向移位寄存器的移动速度，调节 RP_2 可使振荡周期在 $150 \sim 670ms$（即振荡频率为 $6.5 \sim 1.5Hz$）变化。RP_2 阻值越大，振荡周期越长，双向移位寄存器的移动速度越慢。

非门 D_3、D_4 等构成另一个多谐振荡器，其输入端受开关 S_3 控制，它们共同组成移动方向控制电路，控制双向移位寄存器作左移、右移或左右交替移动。当 S_3 将 D_3 输入端接地时，多谐振荡器停振，使 ST_1、ST_2 为 "10"，双向移位寄存器右移。当 S_3 将 D_3 输入端接 $+6V$ 时，多谐振荡器仍停振，但不同的是 ST_1、ST_2 为 "01"，双向移位寄存器左移。当 S_3 悬空时，多谐振荡器起振，使 ST_1、ST_2 在 "01" 和 "10" 之间来回变化，双向移位寄存器便左移与右移交替进行。电位器 RP_1 用于调节振荡周期、改变左右移动的交替时间，交替时间可在 $2.5 \sim 7.5s$ 范围内选择。C_3、C_4 为两电解电容器反向串联，等效为一个无极性电容器。

驱动电路采用 8 路交流固态继电器 SSR，分别控制 8 路彩灯或彩灯串。交流固态继电器内部采用光电耦合器传递控制信号、双向晶闸管作为控制元件，如图 5-4 所示。

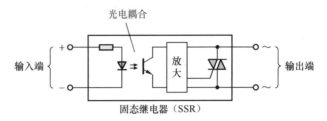

图 5-4　交流固态继电器原理

晶体管 $VT_1 \sim VT_8$ 为固态继电器 $SSR_1 \sim SSR_8$ 的驱动开关管。当双向移位寄存器的某输出端 Q 为高电平时，该路驱动开关管 VT 导通，+6V 控制电压加至固态继电器 SSR 输入端，SSR 两输出端间便导通，接通该彩灯（或彩灯串）的 220V 电源使其点亮。当 Q 为低电平时，驱动开关管 VT 截止，SSR 因无控制电压其两输出端间截止，切断该彩灯（或彩灯串）的 220V 电源使其熄灭。

采用交流固态继电器驱动彩灯，使得控制电路与交流 220V 市电完全隔离，十分安全。彩灯控制器接交流 220V 市电的两接线端不必区分相线与零线，使用方便。

108. LED 彩灯控制电路

LED 彩灯控制器能够驱动多路 LED 彩灯串，按照设定的形式和规律闪亮，在喜庆节日，亮化美化、广告宣传等场合大放光彩。其最大亮点是采用 LED 彩灯串，既绚丽多彩又节能环保。

图 5-5 所示为 LED 彩灯控制器电路图，它可以控制多达 8 路的 LED 彩灯串，闪亮方式变化多样，既可以向左移动，也可以向右移动，还可以左右交替移动。彩灯起始状态可以预置，移动速度和左右交替速度均可调节。

电路工作原理是，IC_1 和 IC_2 级联组成 8 位双向移位寄存器，在 D_5、D_6 产生的时钟脉冲 CP 的作用下作循环移位运动。双向移存器的 8 个输出端 $Q_1 \sim Q_8$ 分别控制驱动晶体管 $VT_1 \sim VT_8$。

当移位寄存器的某 Q 端为"1"时，与该 Q 端对应的驱动晶体管导通，该组 LED 彩灯串点亮。当某 Q 端为"0"时，对应的驱动晶体管截止，该组 LED 彩灯串熄灭。由于 $Q_1 \sim Q_8$ 的状态在 CP 作用下不停地移位，所以点亮的 LED 彩灯串便循环流动起来。

彩灯的初始状态由 S_1 和 S_2 预置，预置好后按一下 SB 将预置数输入，其输出端 $Q_1 \sim Q_8$ 的状态（也就是 8 组 LED 彩灯串点亮的情况）即等于预置数，而后在 CP 的作用下移动。彩灯移动的方向由 S_3 控制，可以选择"左移""右移"或"左右交替"。

8 位双向移位寄存器由两个 4 位双向移位寄存器 CC40194（IC_1 和 IC_2）级联组成，右移时，数据按 $Q_1 \to Q_2 \to Q_3 \to Q_4 \to Q_5 \to Q_6 \to Q_7 \to Q_8$ 的方向移动，Q_8 的信号又经右移串行数据输入端 D_R 输入到 Q_1，形成循环。左移时，数据按 $Q_8 \to Q_7 \to Q_6 \to Q_5 \to Q_4 \to Q_3 \to Q_2 \to Q_1$ 的方向移动，Q_1 的信号又经左移串行数据输入端 D_L 输入到 Q_8，形成循环。

移存器移动方向由 ST_1、ST_2 的状态决定，并由选择开关 S_3 控制。当 S_3 接地时，ST_1、ST_2 为"10"，移存器右移。当 S_3 接 +6V 时，ST_1、ST_2 为"01"，移存器左移。当 S_3 悬空时，ST_1、ST_2 在"01"和"10"之间来回变化，移存器便左移与右移交替进行。调节电位器 RP_1 可改变左、右移动的交替时间，可在 $2.5 \sim 7.5s$ 选择。调节电位器 RP_2 可改变移动速度。

8 个驱动晶体管 $VT_1 \sim VT_8$ 均为射极跟随器模式，以提高驱动能力。每一组彩灯串由若干 LED 组成，颜色可以按需选用和搭配。每组内的若干 LED 并联连接，其好处是如果某只 LED 损坏（多为开路），其余 LED 照常工作，不影响整体效果。$R_1 \sim R_8$ 分别是各组 LED 的限流电阻。

电源电路为典型的整流稳压电源。交流 220V 市电经变压器 T 降压、全桥 UR 桥式整流、集成稳压器 IC_3 稳压后，为整机电路提供 +6V 工作电源。

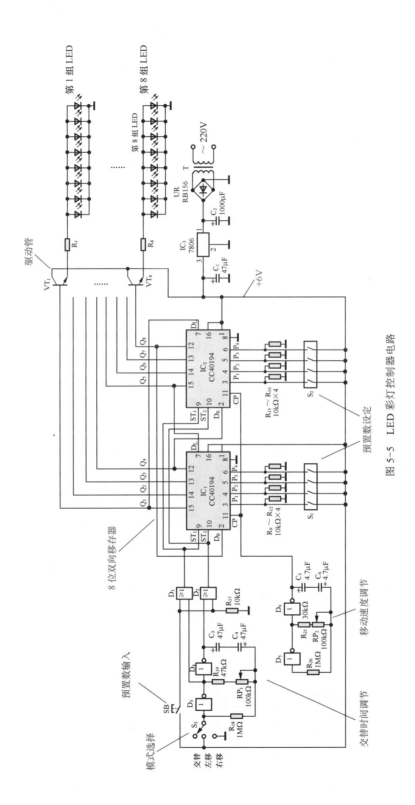

图 5-5　LED 彩灯控制器电路

109. 简易小夜灯

小夜灯是一种特定场合使用的照明灯具，它对亮度的要求不高，但需要通宵点亮。利用发光二极管作为电光源的小夜灯，具有亮度适当、功耗很低、使用寿命长的特点，而且可以制成红、绿、黄、橙、蓝等多种颜色，还可以变色。

图 5-6 所示为发光二极管构成的简易小夜灯电路图，采用电容降压整流，有利于简化电路、缩小体积、提高可靠性。小夜灯工作电流仅为 10mA，十分节能，若以每晚点亮 8 小时计，连续使用两个月仅耗电 1 度。

电路中，VD_3 为发光二极管，作为小夜灯的电光源，可以按照各自喜好选用不同颜色的发光二极管。C_1 为降压电容，VD_2 为整流二极管，VD_1 为续流二极管。我们知道，电容器可以通过交流电，并存在一定的容抗，正是这个容抗限制了通过电容器的交流电流的大小。

在交流 220V 市电正半周时，电流经 C_1 降压限流、VD_2 整流后通过发光二极管 VD_3 使其发光。在交流 220V 市电负半周时，电流经续流二极管 VD_1 和 C_1 构成回路。C_2 为滤波电容，使通过发光二极管的电流为稳定的直流电流。R 是降压电容 C_1 的泄放电阻。

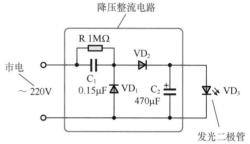

图 5-6　发光二极管构成的简易小夜灯电路

110. 变色小夜灯

自动变色小夜灯不仅能够提供夜间微光照明，而且会自动改变颜色，别有一番趣味。自动变色小夜灯采用双色发光二极管作为电光源，由 555 时基电路进行驱动，电路如图 5-7 所示。

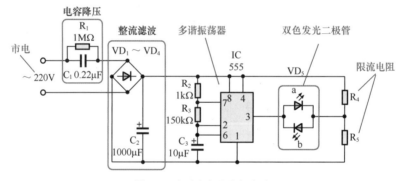

图 5-7　自动变色小夜灯电路

555 时基电路(IC)与定时电阻 R_2 和 R_3、定时电容 C_3 等构成多谐振荡器。555 时基电路的置"1"输入端（第 2 脚）和置"0"输入端（第 6 脚）一起并接在定时电容 C_3 上，放电端（第 7 脚）接在 R_2 与 R_3 之间。

刚接通电源时，因 C_3 上电压 $U_C = 0$，555 时基电路第 3 脚输出电压 $U_o = 1$，放电端（第 7 脚）截止，电源 $+V_{CC}$ 经 R_2、R_3 向 C_3 充电，充电时间 $T_1 = 0.7（R_2 + R_3）C_3$，如图 5-8 所示。

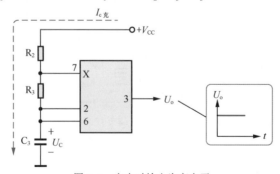

图 5-8　充电时输出为高电平

当 C_3 上电压 U_C 被充电到 $\frac{2}{3}V_{CC}$ 时，555 时基电路翻转，使输出电压 $U_o = 0$，放电端（第 7 脚）导通到地，C_3 上电压 U_C 经 R_3 和放电端放电，放电时间 $T_2 = 0.7R_3C_3$，如图 5-9 所示。

当 C_3 上电压 U_C 由于放电下降到 $\frac{1}{3}V_{CC}$ 时，555 时基电路再次翻转，又使输出电压 $U_o = 1$，放电端（第 7 脚）截止，C_3 开始新一轮充电。如此周而复始即形成自激振荡，振荡周期 $T = T_1 + T_2 = 0.7(R_2 + 2R_3)C_3$，555 时基电路第 3 脚输出信号 U_o 为连续方波，工作波形如图 5-10 所示。

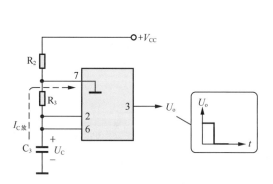

图 5-9　放电时输出为"0"

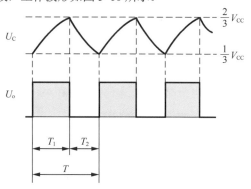

图 5-10　多谐振荡器的工作波形

双色发光二极管的特点是可以发出两种颜色的光，它是将两种发光颜色（常见的为红色和绿色）的管芯反向并联后封装在一起，如图 5-11 所示。当工作电压为左正右负时，电流 I_a 通过管芯 VD_a 使其发红光。当工作电压为左负右正时，电流 I_b 通过管芯 VD_b 使其发绿光。

双色发光二极管 VD_5 接在 555 时基电路的输出端（第 3 脚），当输出电压 $U_o = 1$（高电平）时，电流通过管芯 VD_a 使其发红光。当输出电压 $U_o = 0$（低电平）时，电流通过管芯 VD_b 使其发绿光。R_4、R_5 是 VD_5 的限流电阻。由于 555 时基电路多谐振荡器的振荡周期约为"1s + 1s"，因此小夜灯的实际效果是"红 1 秒""绿 1 秒"地自动变色。

降压电容 C_1、整流二极管 $VD_1 \sim VD_4$、滤波电容 C_2 等组成电容降压整流滤波电源电路，提供电路所需的直流电源。R_1 是降压电容 C_1 的泄放电阻。

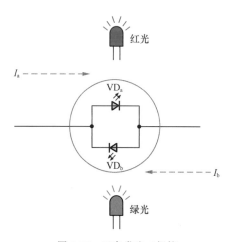

图 5-11　双色发光二极管

111.　闪光小夜灯

闪光小夜灯发出的是间歇性闪亮的微光，既可以提供小夜灯式的照明，又具有醒目的提示作用，如将它设置在照明灯开关旁，需要时可以使人迅速找到开关开启照明灯。图 5-12 所示为闪光小夜灯电路图，电路包括振荡器、LED 电光源和整流电路等组成部分。

单结晶体管 V 等构成弛张振荡器，电阻 R_2 和电容 C_3 是定时元件，决定着电路的振荡周期，振荡周期 $T \approx R_2C_3\ln\left(\dfrac{1}{1-\eta}\right)$，式中，ln 为自然对数，即以 e（2.718）为底的对数；

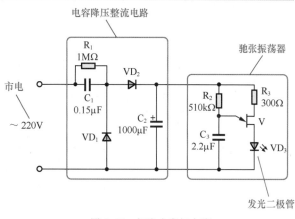

图 5-12　闪光小夜灯电路

η 为单结晶体管的分压比。改变 R_2 或 C_3 即可改变振荡周期。

电路是利用单结晶体管的负阻特性工作的。刚接通电源后，C_3 上电压为"0"，单结晶体管 V 因无发射极电压而截止，串接在 V 第一基极的发光二极管 VD_3 不亮。随着电源经 R_2 向 C_3 充电，C_3 上电压不断上升。当 C_3 上电压大于单结晶体管的峰点电压时，单结晶体管 V 迅速导通，发光二极管 VD_3 点亮发光。

由于单结晶体管 V 的负阻特性，导通后其发射极与第一基极间电压急剧减小，接在发射极的 C_3 被快速放电。当 C_3 上电压小于单结晶体管的谷点电压时，单结晶体管 V 退出导通状态而截止，发光二极管 VD_3 熄灭，电源重又开始经 R_2 向 C_3 充电。如此周而复始形成振荡，发光二极管 VD_3 也就周期性地闪光，闪光周期约为 0.8s。R_3 是限流电阻。

降压电容 C_1、泄放电阻 R_1、续流二极管 VD_1、整流二极管 VD_2、滤波电容 C_2 等组成电容降压整流电路，将 220V 市电直接转换为直流电压供振荡闪光电路工作。比起变压器整流电路来说，电容降压整流具有电路简单、成本低廉、体积小、重量轻的优点。

112. 声光圣诞树电路

这棵声光圣诞树会发出悦耳的"圣诞歌"乐曲声，同时伴有红、绿、黄等颜色的彩灯闪亮。制作一棵声光圣诞树，必将为您的圣诞之夜增添欢快的节日气氛。

（1）电路结构原理。

图 5-13 所示为声光圣诞树电路图。电路中采用了两块集成电路 IC_1（圣诞歌音乐集成电路）和 IC_2（非门集成电路），分别构成乐曲电路和闪光电路。图 5-14 所示为声光圣诞树电路原理方框图。

（2）乐曲电路。

音乐集成电路 IC_1 和压电蜂鸣器 B 等构成乐曲电路。IC_1 为 KD9300 音乐集成电路，内储"圣诞歌"，既可单次触发，也可连续触发。KD9300 音乐集成电路为小印板软封装，外围电路极简单，可直接驱动压电蜂鸣器。

（3）闪光电路。

非门集成电路 IC_2 和晶体管 $VT_1 \sim VT_3$、发光二极管 $VD_1 \sim VD_{15}$ 等构成闪光电路。每两个非门构成一个多谐振荡器，分别产生 $3 \sim 4$ Hz 的脉冲方波，并通过晶体管 VT 驱动一组（5个）发光二极管发出频率为 $3 \sim 4$Hz 的闪光。由于各个多谐振荡器的定时电阻 R_t 取值不同，所以 3 个多谐振荡器的振荡频率不同，3 组发光二极管（每组 5 个，各组颜色不同）的闪光频率亦不同，形成群星闪烁的视觉效果。

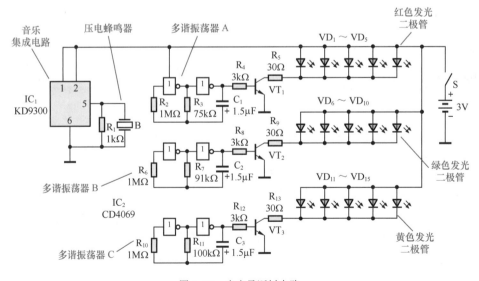

图 5-13　声光圣诞树电路

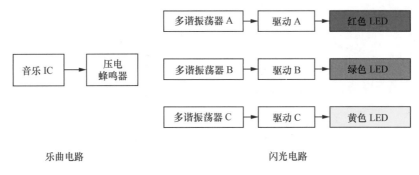

图 5-14　声光圣诞树电路原理方框图

（4）圣诞树结构。

将音乐和闪光电路与圣诞树结合，便组成了声光圣诞树。圣诞树可以是盆栽小松树，也可以是仿真小松树，还可以用硬纸板画好剪成小松树。

用盆栽小松树来做声光圣诞树时，将装入外壳中的声光电路机芯挂到小松树的树干上，再将三串发光二极管张挂在小松树上即可，如图 5-15 所示，应注意要将机芯隐藏在树叶中。

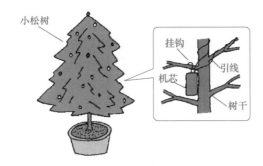

图 5-15　盆栽小松树做声光圣诞树

用塑料仿真小松树来做声光圣诞树时，如图 5-16 所示，将声光电路机芯放置于小松树下面的花盆中，将 3 组（3 种颜色的）的发光二极管交叉错落地粘挂在小松树上，其引线隐蔽地绕树干而下进入花盆与机芯连接。

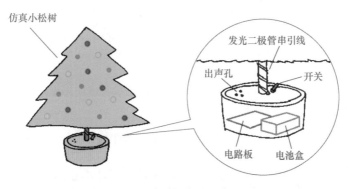

图 5-16　塑料仿真小松树做声光圣诞树

也可在硬纸板上画一棵小松树并剪下来，如图 5-17 所示，在纸板松树上开 15 个小圆孔，将发光二极管从小圆孔中由背面向前穿出，并用玻璃胶将发光二极管与纸板松树背面粘牢。声光电路机芯安放在纸板花盆背后，纸板声光圣诞树便完成了。

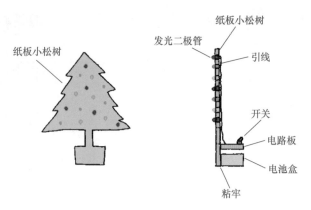

图 5-17　纸板小松树做声光圣诞树

113.　太阳能警示灯

现代都市中电视塔、观光塔、摩天大楼等超高层建筑越来越多，为了防止夜间发生航空意外，超高层建筑都要安装警示灯。太阳能警示灯能够自动在夜间发出闪光警示，而且无须连接电源线，既节能环保，又便于安装。

图 5-18 所示为太阳能警示灯电路图，包括太阳能电池、蓄电池、闪光信号源、光控电路、电子开关等组成部分，图 5-19 所示为太阳能警示灯电路原理方框图。

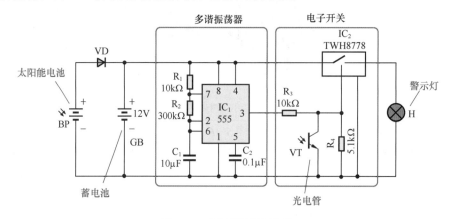

图 5-18　太阳能警示灯电路

（1）太阳能电池与蓄电池。

白天，太阳能电池 BP 在太阳光照下产生电能，经二极管 VD 向蓄电池 GB 充电。夜间，蓄电池储存的电能供整个电路工作。由于蓄电池的存在，即使遇上若干天阴雨，电路也能维持正常工作。

（2）闪光信号源。

555 时基电路 IC_1 构成多谐振荡器，提供 2s + 2s 的闪光信号源，去控制电子开关 IC_2 的通断，使警示灯按照"亮 2 秒、灭 2 秒、亮 2 秒、灭 2 秒……"的模式闪烁发光。

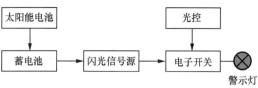

图 5-19　太阳能警示灯电路原理方框图

（3）电子开关。

电子开关 IC_2 采用了高速开关集成电路 TWH8778，具有触发灵敏度高、开关速度快、驱动能力强的特点，而且内部设有过压、过流和过热保护电路，工作稳定可靠。TWH8778 第 1 脚为输入端，第 2 与第 3 脚（已在内部并联）为输出端，第 4 脚为接地端，第 5 脚为控制端。

（4）工作原理。

我们来看太阳能警示灯的工作原理。白天，光电三极管 VT 受光照导通，将电子开关 IC_2 的控制极（第 5 脚）短路到地，IC_2 因无触发信号而关断，警示灯 H 不亮。

夜间，光电三极管 VT 截止，555 时基电路 IC_1 产生的闪光信号加至电子开关 IC_2 的控制极，触发 IC_2 周期性地开通与关断，警示灯闪烁发光。

该警示灯电路还可用作航标灯，使航标灯实现无须电源、无人管理的完全自动化。

如需警示灯一天 24 小时都闪光，例如道路上的警示黄灯，将图 5-18 所示电路图中的光电三极管 VT 取消即可。

114. 单 LED 闪光电路

单 LED 闪光电路如图 5-20 所示，555 时基电路 IC 工作于多谐振荡器模式，其第 3 脚输出信号 U_o 为连续方波。当 $U_o = 1$ 时，电源 $+V_{CC}$ 加至发光二极管 VD 使其发光。当 $U_o = 0$ 时，发光二极管 VD 因无工作电压而不发光。

R_3 是发光二极管 VD 的限流电阻，$R_3 = \dfrac{V_{CC} - U_{VD}}{I_{VD}}$，式中，$U_{VD}$ 是 VD 的管压降，I_{VD} 是 VD 的工作电流。改变定时元件 R_1、R_2、C_1 的值可改变闪光频率。

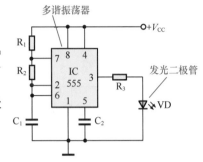

图 5-20　单 LED 闪光电路

115. 双 LED 轮流闪光电路

轮流闪光电路能够驱动两个发光二极管轮流闪光，电路如图 5-21 所示，555 时基电路 IC 构成多谐振荡器，其输出端（第 3 脚）连接有两个发光二极管 VD_1 和 VD_2，它们的另一端分别接电源或接地。

当输出信号 $U_o = 1$ 时，输出端高电平使发光二极管 VD_2 发光，VD_1 因无工作电压而不发光。当输出信号 $U_o = 0$ 时，输出端将发光二极管 VD_1 接地使其发光，VD_2 因无工作电压而不发光。R_3、R_4 分别是 VD_1、VD_2 的限流电阻。

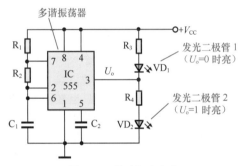

图 5-21　轮流闪光电路

116. 间歇闪光驱动电路

间歇闪光驱动电路能够驱动发光二极管间歇性地闪烁发光，电路如图 5-22 所示，555 时基电路 IC_1、IC_2 分别构成两个多谐振荡器，IC_1 的振荡周期较长，IC_2 的振荡周期较短（仅为 IC_1 振荡周期的数分之一），并且 IC_2 的复位端 $\overline{MR}$（第 4 脚）受 IC_1 输出信号 U_{O1} 的控制。

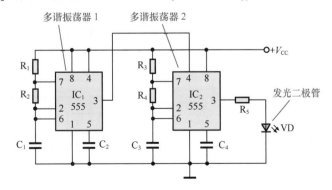

图 5-22　间歇闪光驱动电路

当 IC_1 输出信号 $U_{O1} = 1$ 时，IC_2 正常振荡，在 IC_2 输出信号 $U_{O2} = 1$ 时发光二极管 VD 点亮，在 IC_2 输出信号 $U_{O2} = 0$ 时发光二极管 VD 熄灭。当 IC_1 输出信号 $U_{O1} = 0$ 时，IC_2 被强制复位，停止振荡，其输出信号 $U_{O2} = 0$，发光二极管 VD 不亮。两个多谐振荡器 IC_1、IC_2 共同作用的结果就是，发光二极管 VD 闪光几下、停一会、再闪光几下……，达到间歇性闪光的效果。

117. 警灯闪光控制电路

警车、救护车或抢险车等特种车辆上，都有红蓝两色左右交替闪烁的警灯。图 5-23 所示为一种警灯闪光控制电路，核心元器件是两块 555 时基电路，闪光效果是左灯闪烁三下、右灯闪烁三下、左灯闪烁三下……，如此不断循环闪光。

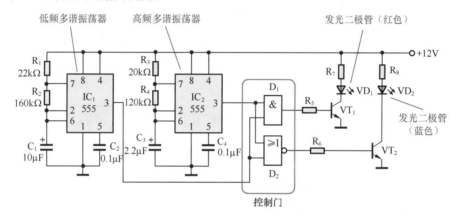

图 5-23　警灯闪光控制电路

555 时基电路 IC_1 构成低频多谐振荡器，振荡周期约 2.4s，控制左灯闪光与右灯闪光的交替时间。555 时基电路 IC_2 构成高频多谐振荡器，振荡周期约 0.4s，控制左右灯的闪光频率。

与门 D_1 控制 VD_1 的闪光。当 IC_1 输出信号 $U_{O1} = 1$ 时，与门 D_1 打开，IC_2 输出信号 U_{O2} 通过 D_1 经晶体管 VT_1 驱动 VD_1 闪光。当 IC_1 输出信号 $U_{O1} = 0$ 时，与门 D_1 关闭，D_1 输出端恒为"0"，晶体管 VT_1 截止，VD_1 不亮。

或非门 D_2 控制 VD_2 的闪光。当 IC_1 输出信号 $U_{O1} = 1$ 时，或非门 D_2 关闭，D_2 输出端恒为"0"，晶体管 VT_2 截止，VD_2 不亮。当 IC_1 输出信号 $U_{O1} = 0$ 时，或非门 D_2 打开，IC_2 输出信号 U_{O2} 通过 D_2 经晶体管 VT_2 驱动 VD_2 闪光。

可见，当 IC_1 输出信号 $U_{O1} = 1$ 时 VD_1 闪光，当 IC_1 输出信号 $U_{O1} = 0$ 时 VD_2 闪光。闪光频率由 IC_2 输出信号决定。VD_1、VD_2 均为若干发光二极管并联组成的 LED 灯，分别为红、蓝两色（也可根据需要选用其他颜色）。

118. 双色 LED 控制电路

双色发光二极管的特点是可以发出两种颜色的光，它是将两种发光颜色（常见的为红色和绿色）的管芯反向并联后封装在一起构成的，改变电流方向即可改变发光颜色。

图 5-24 所示为双色 LED 控制电路，555 时基电路 IC 构成双稳态触发器，它的第 2 脚为置"1"端，第 6 脚为置"0"端，分别接 C_1 和 R_1、C_2 和 R_2 构成触发微分电路。双色发光二极管（$VD_1 + VD_2$）接在 IC 的输出端（第 3 脚），R_3、R_4 是双色发光二极管的限流电阻。

当有负触发脉冲 U_2（$\leq \frac{1}{3} V_{CC}$）加至

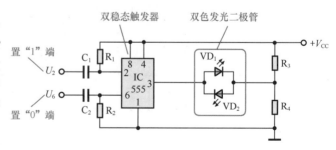

图 5-24　双色 LED 控制电路

555 时基电路的第 2 脚时，电路被置 "1"，输出端（第 3 脚）$U_o = 1$，电源 $+V_{CC}$ 经第 3 脚、管芯 VD$_1$、限流电阻 R$_4$ 到地，双色发光二极管发红光。

当有正触发脉冲 U_6（$\geqslant \dfrac{2}{3}V_{CC}$）加至 555 时基电路的第 6 脚时，电路被置 "0"，输出端 $U_o = 0$，电源 $+V_{CC}$ 经限流电阻 R$_3$、管芯 VD$_2$、IC 第 3 脚到地，双色发光二极管发绿光。

119.　双色 LED 变色电路

可以用脉冲驱动的方式使双色 LED 发出其他颜色的光。如图 5-25 所示，在双色 LED 左右两端分别接入互为反相的脉冲电压 CP$_1$ 和 CP$_2$。只要 CP 频率足够高，当 CP$_1$ 和 CP$_2$ 占空比相同时，双色 LED 发橙色光；当 CP$_1$ 占空比大于 CP$_2$ 占空比时，双色 LED 发偏红光；当 CP$_1$ 占空比小于 CP$_2$ 占空比时，双色 LED 发偏绿光。

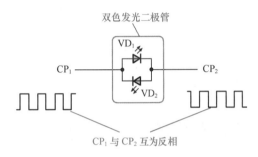

图 5-25　双色 LED 变色原理

图 5-26 所示为 555 时基电路构成的双色 LED 变色控制电路，D$_1$ 为倒相用的非门，双色发光二极管（VD$_1$ + VD$_2$）接在 IC 输出端与 D$_1$ 输出端之间。

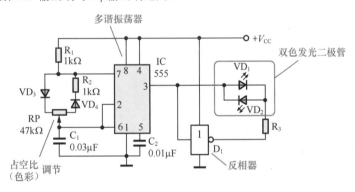

图 5-26　555 时基电路构成的双色 LED 变色电路

555 时基电路 IC 构成占空比可调的多谐振荡器，振荡频率为 1kHz，占空比可调范围为 2%～98%。RP 是占空比调节电位器。

当 RP 动臂位于中间时，占空比为 50%，流过两个管芯的平均电流相等，红、绿管芯等量发光，视觉效果是橙色光。RP 动臂越向右移，占空比越大，流过管芯 VD$_1$ 的平均电流越大于 VD$_2$，发光颜色越红。RP 动臂越向左移，占空比越小，流过管芯 VD$_1$ 的平均电流越小于 VD$_2$，发光颜色越绿。

120.　共阴极变色 LED 控制电路

图 5-27 所示为 555 时基电路构成的共阴极变色 LED 控制电路，用控制占空比的方法控制两个管芯的平均电流 I_a 与 I_b，达到控制变色的效果。

共阴极三管脚变色 LED 内部结构如图 5-28 所示，两种发光颜色（通常为红、绿色）的管芯负极连接在一起。三管脚中，左右两边的管脚分别为红、绿色 LED 的正极，中间的管脚为公共负极。

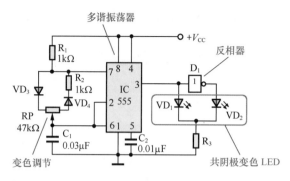

图 5-27 555 时基电路构成的共阴极变色 LED 控制电路

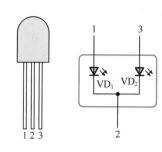

图 5-28 共阴极三管脚变色 LED 内部结构

使用时，公共负极（第 2 脚）接地。当第 1 脚接入工作电压时，电流 I_a 通过管芯 VD_1 使其发红光。当第 3 脚接入工作电压时，电流 I_b 通过管芯 VD_2 使其发绿光。当第 1 脚和第 3 脚同时接入工作电压时，LED 发橙色光。当 I_a 与 I_b 的大小不同时，LED 发光颜色按比例在红—橙—绿之间变化，如图 5-29 所示。

121. 共阳极变色 LED 控制电路

图 5-30 所示为 555 时基电路构成的共阳极变色 LED 控制电路，也是用控制占空比的方法控制两个管芯的平均电流 I_a 与 I_b，达到控制变色的效果。

共阳极三管脚变色 LED 内部结构如图 5-31 所示，与共阴极管不同的是，两种发光颜色的管芯正极连接在一起。三管脚中，左右两边的管脚分别为两种颜色 LED 的负极，中间的管脚为公共正极。使用时，公共正极第 2 脚接工作电压，其余两管脚按需要接地即可。

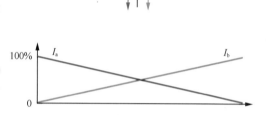

图 5-29 共阴极三管脚变色 LED 变色原理

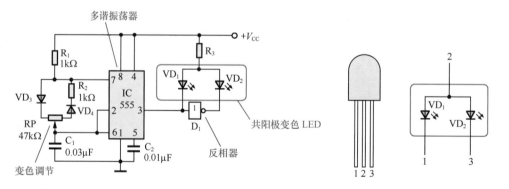

图 5-30 555 时基电路构成的共阳极变色 LED 控制电路   图 5-31 共阳极三管脚变色 LED 内部结构

122. LED 阵列扫描驱动电路

需要点亮多个发光二极管时，可以采用扫描驱动的方式，以简化电路和节约电能。如图 5-32 所示，电子开关将电源电压依次快速轮流接入四个发光二极管，只要轮流的速度足够快，看起来这四个发光二极管都一直在亮着。

图 5-33 所示为 LED 阵列显示屏的行扫描驱动电路，由 555 时基电路 IC_1 和十进制计数分配器 IC_2 等组成，$VT_1 \sim VT_{10}$ 为开关晶体管，$R_1 \sim R_{10}$ 是开关晶体管的基极电阻。

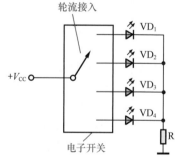

图 5-32 多路扫描驱动电路

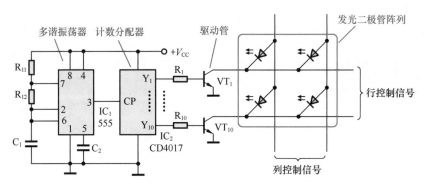

图 5-33　LED 阵列显示屏的行扫描驱动电路

　　该电路将 LED 阵列显示屏分成 10 行进行扫描驱动。555 时基电路 IC_1 构成多谐振荡器，产生 500 ～ 1000Hz 的时钟脉冲。十进制计数分配器 IC_2 在时钟脉冲作用下，10 个输出端 $Y_1 \sim Y_{10}$ 依次轮流为高电平，使对应的开关管导通，驱动该行的发光二极管。至于该行中哪些发光二极管点亮，则取决于列控制信号。由于扫描速度很快，人们会觉得显示屏显示的字符或图形就是完整的。

第6章 室内供配电电路

室内供配电电路是电工电路中的重要组成部分，包括电能表连接电路、住宅或写字楼内配电电路、户内配电箱电路、漏电保护器电路、电网电压监测电路等。这些电工电路关系到正确、合理和安全用电，其中电能表连接电路应由有资质和授权的电工技术人员进行操作。

123. 单相电能表连接电路

电能表安装使用时必须正确连接电源线和负载线，方能正常工作和准确计量。电能表接线的连接原则是：电压线圈与电路并联，电流线圈串联在相线回路中。电能表的接线方式有：直接接入式和经电流互感器接入式。

单相电能表是最常用的电能表。DD 系列单相电能表如图 6-1 所示，接线盒盖子已打开，可见接线盒内的 4 个连接外电路的接线端，从左到右依次为：①相线电源端，②相线负载端，③零线电源端，④零线负载端。

图 6-2 所示为单相电能表电气图，4 个内部引出线中，接线端①、②为电流线圈，其中①端应接相线。接线端①、③或④为电压线圈，电压联片已将电压线圈首端与接线端①连接，表内已将接线端③、④短接。

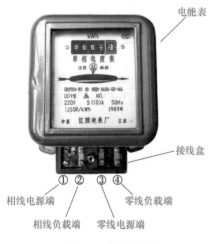

图 6-1 单相电能表

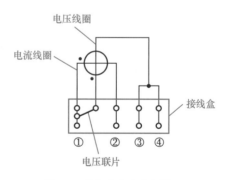

图 6-2 单相电能表电气图

图 6-3 所示为单相电能表直接接入式连接的接线原理图，常见的单相电能表均为直接接入式连接。

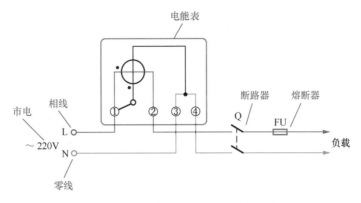

图 6-3 单相电能表连接的接线原理图

124. 单相电能表经互感器连接

图 6-4 所示为单相电能表经电流互感器接入的接线原理图，当负载电流较大时，可采用电流互感器接入式连接，这时实际用电量应是电能表读数值与电流互感器变流比的乘积。例如，当配用变流比为 100A / 5A 的电流互感器时，电能表读数为 80 kW•h（度），则实际用电量为 $80 \times \dfrac{100}{5} = 1600[\text{kW•h（度）}]$。

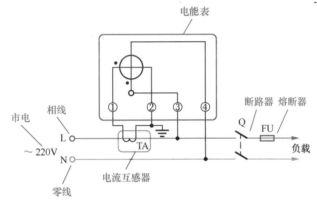

图 6-4 单相电能表经电流互感器接入的接线原理图

125. 三相三线电能表连接电路

三相三线电能表具有两个电磁测量机构，共同驱动一个积算显示机构。三相三线电能表的电压线圈的额定电压为线电压（380V），主要应用于三相三线制供电电路或三相四线制供电系统中的三相平衡负载的电能计量。图 6-5 所示为 DS 系列三相三线电能表直接接入式连接的接线原理图。

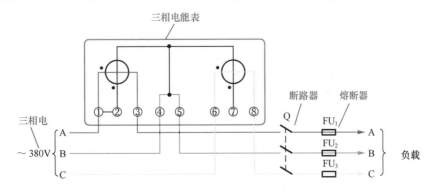

图 6-5 三相三线电能表直接接入式连接的接线原理图

126. 三相三线电能表经互感器连接

图 6-6 所示为 DS 系列三相三线电能表经电流互感器接入的接线原理图。

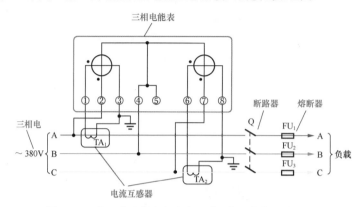

图 6-6　三相三线电能表经电流互感器接入的接线原理图

127. 三相四线电能表连接电路

三相四线电能表具有 3 个电磁测量机构，共同驱动一个积算显示机构。三相四线电能表的电压线圈的额定电压为相电压（220V），主要应用于三相四线制供电电路的电能计量。图 6-7 所示为 DT 系列三相四线电能表直接接入式连接的接线原理图。

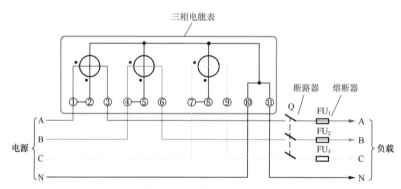

图 6-7　三相四线电能表直接接入式连接的接线原理图

128. 三相四线电能表经互感器连接

图 6-8 所示为 DT 系列三相四线电能表经电流互感器接入的接线原理图。

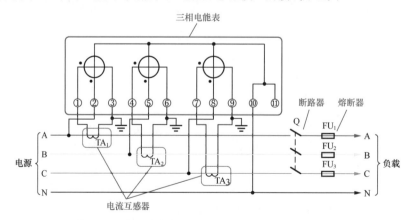

图 6-8　三相四线电能表经电流互感器接入的接线原理图

129. 电能表校验电路

电能表每度（kW·h）电所对应的转盘的转数是固定的，称之为电能表常数，并标注在电能表上，单位为 R/kW·h。例如，某电能表上标注有"1250 R/kW·h"字符，表示该电能表常数为 1250，即每用度（1kW·h）电其转盘转动 1250 圈。因此，可以通过计算已知负载情况下单位时间内转盘转动的圈数，来校验电能表的准确性。方法如下。

（1）按图 6-9 所示将电能表接入电路，并接上一已知功率的负载，例如 40W 白炽灯。对于正在使用的在线电能表，例如某一家庭的电能表，可以将所有用电电器全部关掉，只开一盏白炽灯。

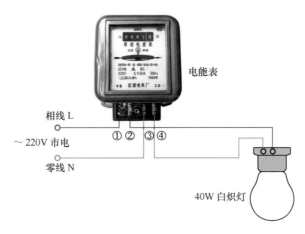

图 6-9　电能表校验电路

（2）观察并计算转盘转动若干圈（例如 5 圈）所用的时间。电能表转盘上有一个颜色标记，便于观察。

（3）将转盘转动的圈数、所用时间、电能表常数等代入下式，计算出测量所得负载功率。

$$P = \frac{3600 \times r}{t \times R}$$

式中　P——功率（kW）；

　　　r——转盘转动的圈数；

　　　t——转盘转动 r 圈所用时间（s）；

　　　R——电能表常数。

（4）将测量所得功率与已知负载功率进行对比，即可知道该电能表是否准确。例如，负载为 40W 的白炽灯，电能表常数为 1250 R/kW·h，观察转盘转动 5 圈用时 360s，代入公式得：

$$P = \frac{3600 \times 5}{360 \times 1250} = 0.04 \, \text{kW}（40\text{W}）$$

测量所得功率与实际负载功率相符，说明该电能表是准确的。如果测量所得功率大于实际负载功率，说明该电能表计量偏大（正误差）。如果测量所得功率小于实际负载功率，说明该电能表计量偏小（负误差）。

130. 小户型住宅户内配电电路

对于一室一厅的小户型住宅，可以采用图 6-10 所示的配电电路。图中 QS 为户内总断路器，FU 为户内总熔断器。$QF_1 \sim QF_3$ 为各支路断路器，$FU_1 \sim FU_3$ 为各支路熔断器。

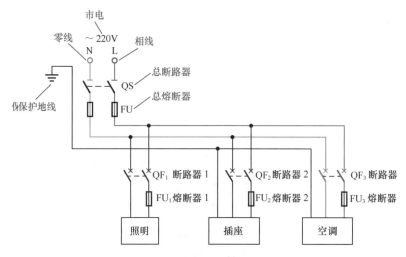

图 6-10　小户型住宅的配电电路

该方案的特点是，照明电路和动力电路（插座）分为两个支路，各自相对独立供电，各个卧室、客厅、厨房、卫生间的灯具或电器插座，分别归类连接到照明或动力支路上。考虑到空调器的电功率较大，也单设一条供电支路。每个支路都单独设置断路器和熔断器，一旦某一支路发生故障，其断路器和熔断器保护动作切断该支路电源，并不会影响其他支路的供电。特别是晚间插座电路发生故障时，照明电路仍可正常工作提供照明，给检修带来很大方便。

131. 中户型住宅户内配电电路

图 6-11 所示为某两室一厅中户型住宅的户内配电电路。方案是将入户电源分为照明、插座、空调 3 路，每一路都有各自的断路器和熔断器，再分别连通到卧室、客厅、厨房、卫生间等处。

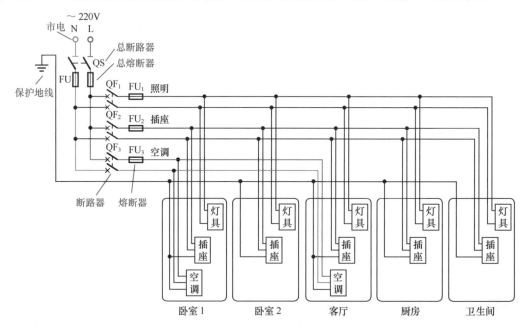

图 6-11　中户型住宅的户内配电电路

132. 大户型住宅户内配电电路

对于三室一厅以上较大面积的住宅，由于厅室数量和面积的增加，照明灯具和家用电器所需要的电源插座必然增加，可考虑将照明、插座、空调等支路分别再各自拆分为两路或三路。

图 6-12 所示为某三室两厅住宅的户内配电电路，共分为 8 路供电。①照明电路分为两路，如果一路发生故障，另一路可以继续提供照明，以便检修。②插座电路分为三路，分别通往卧室、客厅和餐厅、厨房和卫生间等，分散了线路中的电流，以防电线过负荷。当某一路故障时，其他插座电路仍可正常提供电源，便于检修时电动工具和仪表的使用。③空调电路分为三路，分别为卧室和客厅等处的空调器供电。考虑到日后增加空调器的可能，最好每一厅室都预留设置一路空调电路。

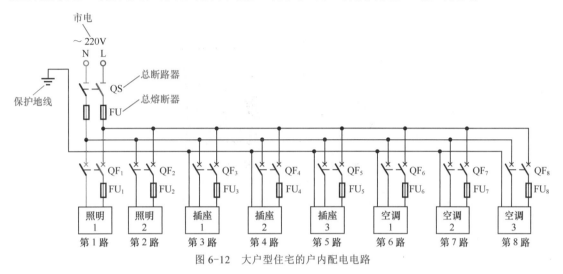

图 6-12 大户型住宅的户内配电电路

133. 写字楼室内配电电路

写字楼中的办公室配电与住宅户内配电类似，一般也分为照明电路、动力（插座）电路、空调电路三个支路。可以按楼层设计，每个楼层作为一个单元供电。如果一个楼层中办公室的数量较多，还可以将照明电路、插座电路、空调电路都分别设计为 2~3 路，每一路为部分办公室供电。

例如，某写字楼一个楼层共有 10 个办公室，我们可以为该楼层设计 6 个供电支路。其中，两路照明电路、两路插座电路、两路空调电路，将 10 个办公室分为两组分别供电。该配电电路如图 6-13 所示。

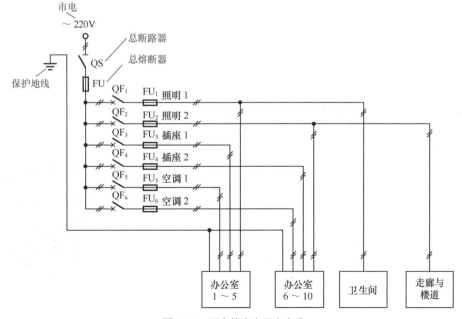

图 6-13 写字楼室内配电电路

134. 户内配电箱电路

户内配电箱担负着住宅内部的供电与配电任务，并具有过载保护和漏电保护功能。住宅内的电路或某一电器如果出现问题，户内配电箱将会自动切断供电电路，以防止出现严重后果。

户内配电箱如图 6-14 所示。在电气上，总断路器、漏电保护器、断路器 3 个功能单元是顺序连接的，即交流 220V 电源首先接入总断路器，通过总断路器后进入漏电保护器，通过漏电保护器后分两路分别经过断路器输出。户内配电箱电路如图 6-15 所示。

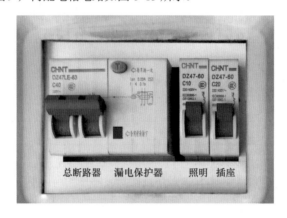

图 6-14　户内配电箱

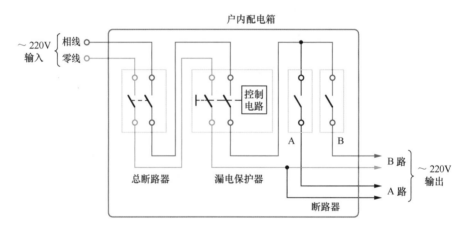

图 6-15　户内配电箱电路

135. 集成漏电保护器电路

漏电保护器如图 6-16 所示，左侧可见一开关扳手，平时朝上处于"合"位置；右侧有一试验按钮（一般为黄色或橙色），供检验漏电保护器用。当户内电线或电器发生漏电，以及万一有人触电时，漏电保护器会迅速动作切断电源（这时可见左侧的开关扳手已朝下处于"分"位置）。

图 6-17 所示为集成电路构成的漏电保护器电路，包括 4 个组成部分：①电流互感器 TA 构成的漏电电流检测电路，②集成电路 IC_1、晶体闸流管 VS 等构成的控制处理电路，③电磁断路器 Q_1 构成的执行保护电路，④按钮开关 SB 和电阻 R_1 构成的试验检测电路。

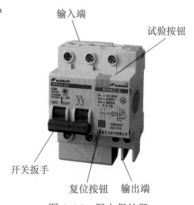

图 6-16　漏电保护器

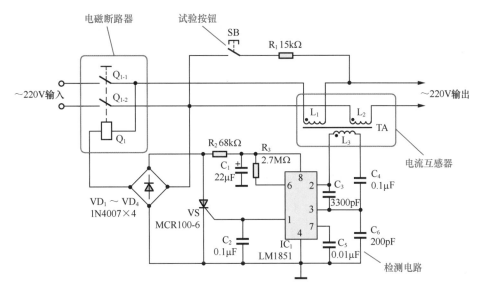

图 6-17　集成电路构成的漏电保护器电路

（1）漏电保护器工作原理。

漏电保护器工作原理是：交流 220V 电源经过电磁断路器 Q_1 接点和电流互感器 TA 后输出至负载。正常情况下，电源相线和零线的瞬时电流大小相等、方向相反，它们在电流互感器 TA 铁芯中所产生的磁通互相抵消，TA 的感应线圈 L_3 上没有感应电压。

当漏电或触电发生时，相线和零线的瞬时电流大小不再相等，它们在电流互感器 TA 铁芯中所产生的磁通不能完全抵消，L_3 上便产生感应电压，输入到集成电路 IC_1 进行放大处理后，IC_1 的第 1 脚输出触发信号使晶闸管 VS 导通，电磁断路器 Q_1 得电动作，其接点瞬间断开而切断了 220V 电源，保证了线路和人身安全。

电磁断路器 Q_1 的结构为手动接通、电磁驱动切断的脱扣开关，一旦动作便处于"断"状态，故障排除后需要手动合上。

（2）电流互感器。

电流互感器的结构如图 6-18 所示，交流 220V 市电的相线和零线穿过高导磁率的环形铁芯形成初级线圈 L_1、L_2，次级感应线圈 L_3 有 1500～2000 圈，因此可以检测出 mA 级的漏电电流。

（3）试验按钮。

SB 为试验按钮，用于检测漏电保护器的保护功能是否正常可靠。

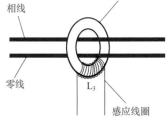

图 6-18　电流互感器结构

按下 SB 后，相线与零线之间有电流通过限流电阻 R，该电流回路的相线部分穿过了电流互感器 TA 的环形铁芯，而零线部分没有穿过电流互感器 TA 的环形铁芯，这就人为地造成了环形铁芯中相线与零线电流的不平衡，模拟了漏电或触电的情况，使得电磁断路器 Q_1 动作。试验过后，需要先将弹出的复位按钮按下，再将开关扳手合上。

二极管 VD_1 ～ VD_4 构成桥式整流电路，并通过 R_2、C_1 降压滤波后，为集成电路 IC_1 和电磁断路器 Q_1 的驱动线圈提供工作电源。

需要特别说明的是，漏电保护器是基于漏电或触电时相线与零线电流不平衡的原理工作的，所以对于以下情况：①相线与零线之间漏电；②触电发生在相线与零线之间。此类漏电保护器不起保护作用。

136.　时基电路漏电保护器电路

图 6-19 所示为 555 时基电路构成的漏电保护器电路，包括 4 个组成部分：① 电流互感器 TA 构成的漏电检测电路，② 555 时基电路 IC、晶体闸流管 VS 等构成的比较控制电路，③ 电磁断路器 Q_1 构

成的执行保护电路，④ 按钮开关 SB 和电阻 R_1 构成的试验检测电路。

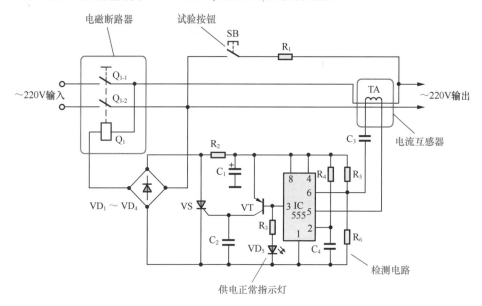

图 6-19　555 时基电路构成的漏电保护器电路

电路工作原理与上例相似，也是利用漏电或触电发生时相线和零线的瞬时电流不相等原理工作的。所不同的是比较处理电路采用了 555 时基电路，发光二极管 VD_5 是电路供电正常指示灯。

137. 电网过欠压指示电路

电网过欠压指示电路如图 6-20 所示，由电压取样、电压比较、驱动指示等电路组成。当电网电压过压（大于 240V）或欠压（小于 180V）时，分别由不同颜色的 LED 发光示警。

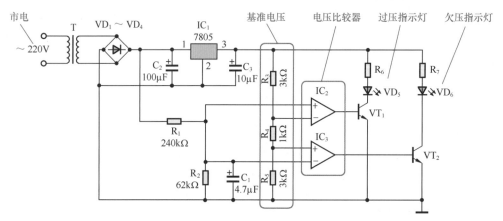

图 6-20　电网过电欠压指示电路

电路工作原理是，集成运放 IC_2 和 IC_3 等构成的窗口电压比较电路，判断电网电压是否在允许的 180～240V 范围内。如果电网电压正常，则警示 LED 不发光。集成稳压器 IC_1 和分压电阻 R_3、R_4、R_5 构成基准电压，分别为两个电压比较器提供高、低基准电压。

集成运放 IC_2 为高电压比较器，负责鉴别电网电压是否过压。当电网电压大于 240V 时，即认定为过压，输出端变为高电平使晶体管 VT_1 导通，驱动发光二极管 VD_5 发出红光，指示电网电压已超过 240V。

集成运放 IC_3 为低电压比较器，负责鉴别电网电压是否欠压。当电网电压小于 180V 时，即认定为欠压，输出端变为高电平使晶体管 VT_2 导通，驱动发光二极管 VD_6 发出绿光，指示电网电压已低于 180V。R_6 和 R_7 分别是 VD_5 和 VD_6 的限流电阻。

138. 双色 LED 过欠压指示电路

图 6-21 所示为采用双色 LED 的过压与欠压指示电路，VD_5 为双色发光二极管。当电网电压超过 240V 时，电压比较器 IC_2 输出高电平，驱动晶体管 VT_1 导通，电流通过双色发光二极管 VD_5 的上侧管芯，VD_5 发出红光示警。当电网电压低于 180V 时，电压比较器 IC_3 输出高电平，驱动晶体管 VT_2 导通，电流通过 VD_5 的下侧管芯，VD_5 发出绿光示警。

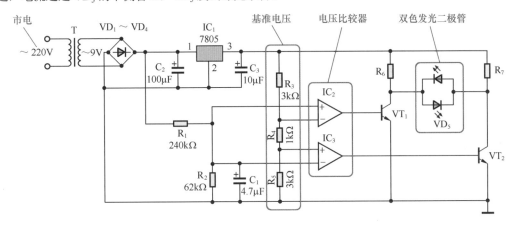

图 6-21　双色 LED 的过压与欠压指示电路

双色发光二极管是将两种发光颜色的 LED 管芯反向并联后封装在一起构成的，可以起到两个不同颜色发光二极管的作用，有利于简化电路结构。

139. 电源电压状态指示电路

图 6-22 所示为电源电压状态指示电路，包括电压取样、电压比较、驱动指示等组成部分。当电网电压大于 240V（过压）、在 240V 至 180V 之间（正常区间）、小于 180V（欠压）时，由发光二极管发出不同颜色的光予以指示。VD_5 为三色发光二极管，R_6 是它的限流电阻，VD_a、VD_b、VD_c 分别是 3 个不同颜色管芯的驱动晶体管。

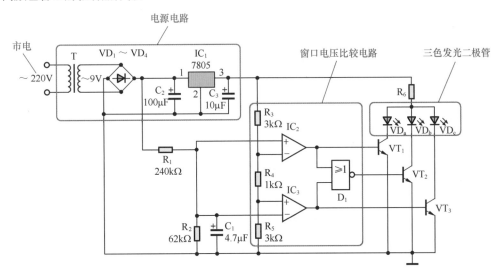

图 6-22　电源电压状态指示电路

（1）电路工作原理。

电源变压器 T、整流桥 $VD_1 \sim VD_4$、分压电阻 R_1 和 R_2 等构成取样电路。集成稳压器 IC_1、分压电阻 R_3、R_4 和 R_5 等构成阶梯式基准电压电路。集成运放 IC_2 和 IC_3 等构成窗口电压比较电路，以判断电网电压是否在允许的 180 ~ 240V 内。

当电网电压超过 240V 时，电压比较器 IC_2 输出高电平使驱动晶体管 VT_1 导通，三色 LED 中的 VD_a 管芯（红色）发光，指示电源过压。

当电网电压低于 180V 时，电压比较器 IC_3 输出高电平使驱动晶体管 VT_3 导通，三色 LED 中的 VD_c 管芯（蓝色）发光，指示电源欠压。

当电网电压在 180 ~ 240V 之间时，两个电压比较器 IC_2、IC_3 输出均为低电平，经或非门 D_1 输出高电平，使驱动晶体管 VT_2 导通，三色 LED 中的 VD_b 管芯（绿色）发光，指示电源电压正常。

（2）三色发光二极管。

三色发光二极管是将 3 种不同颜色的管芯封装在一起，分为共阳极三色 LED 和共阴极三色 LED 两种。

共阳极 4 管脚三色发光二极管如图 6-23 所示，3 种发光颜色（例如红、蓝、绿三色）的管芯正极连接在一起。4 个管脚中，1 脚为绿色 LED 的负极，2 脚为蓝色 LED 的负极，3 脚为公共正极，4 脚为红色 LED 的负极。使用时，公共正极 3 脚接工作电压，其余管脚按需接地即可。

共阴极 4 管脚三色发光二极管如图 6-24 所示，3 种发光颜色的管芯负极连接在一起。4 个管脚中，1 脚为绿色 LED 的正极，2 脚为蓝色 LED 的正极，3 脚为公共负极，4 脚为红色 LED 的正极。使用时，公共负极 3 脚接地，其余管脚按需接入工作电压即可。

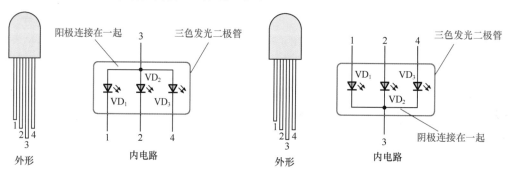

图 6-23　共阳极 4 管脚三色发光二极管　　　　图 6-24　共阴极 4 管脚三色发光二极管

第7章　电源与充电电路

电源电路与充电电路应用面广量大、几乎涉及所有用电领域，是电工电路中最基础和最重要的组成部分。电源与充电电路包括整流电路、滤波电路、稳压电路、调压电路、开关电源电路、直流变换电路、逆变电路以及各种充电电路等。

140. 半波整流电路

半波整流电路是最简单、最基本的整流电路。图 7-1 所示为半波整流电源电路，由变压器、整流器、滤波器等部分组成。对于半波整流电路来说，整流器就是一个整流二极管 VD。

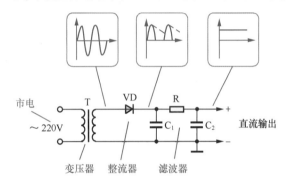

图 7-1　半波整流电源电路

整流二极管具有单向导电特性，即电流只能从正极流向负极，而不能从负极流向正极。整流电路正是利用整流二极管的这种特性，将交流电"整流"为直流电。

半波整流电路工作原理如下。

在交流电正半周时，电压极性为上正下负，整流二极管 VD 导通，电流 I 经由整流二极管 VD、负载电阻 R_L 形成电流回路，并在 R_L 上产生电压降（即为输出电压 U_o），其极性为上正下负，如图 7-2 所示。

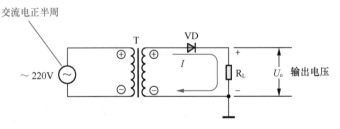

图 7-2　正半周 VD 导通

在交流电负半周时，电压极性为上负下正，对整流二极管 VD 来说是反向电压，因此 VD 截止，电流 $I = 0$，负载电阻 R_L 上无电压降，输出电压 $U_o = 0$，如图 7-3 所示。

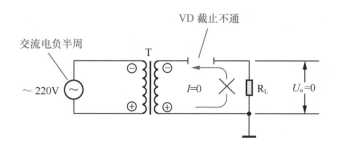

图 7-3　负半周 VD 截止

半波整流电路虽然简单，但是由于只利用了交流电正弦波的一半，所以整流效率较低，输出的直流电压中含有较多的交流分量，仅应用于要求不高、电流不大的场合。

141.　全波整流电路

为了提高整流效率、减少输出电压中的交流分量，往往采用全波整流电路。全波整流电路实际上是两个半波整流电路的组合，电路如图 7-4 所示。

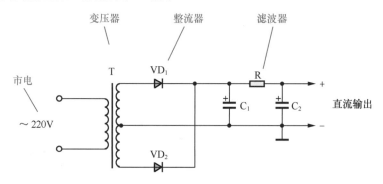

图 7-4　全波整流电路

全波整流电路中，电源变压器 T 的次级绕组圈数为半波整流时的两倍，且中心抽头，分为上、下两个部分。电路中采用了两个整流二极管 VD_1 和 VD_2。当电源变压器 T 初级线圈接入交流电源时，在次级线圈上、下两部分产生两个大小相等、相位相反的交流电压。

全波整流电路工作过程如下。

在交流电正半周时，次级线圈上、下两部分电压为上正下负，对于整流二极管 VD_1 而言是正向电压，因此 VD_1 导通，电流 I 经 VD_1 流过负载电阻 R_L 回到次级线圈中点，R_L 上电压 U_o 为上正下负，如图 7-5 所示。而该电压对于整流二极管 VD_2 而言是反向电压，因此 VD_2 截止。

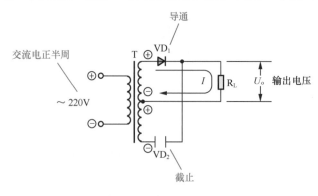

图 7-5　正半周 VD_1 导通

在交流电负半周时，次级线圈上、下两部分电压为上负下正，对于 VD_1 而言是反向电压，因此 VD_1 截止。而该电压对于 VD_2 而言是正向电压，因此 VD_2 导通，电流 I 经 VD_2 流过负载电阻 R_L 回到次级线圈中点，R_L 上电压 U_o 仍为上正下负，如图 7-6 所示。

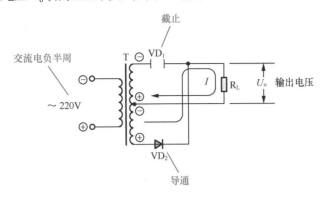

图 7-6　负半周 VD_2 导通

综上所述，在交流电正半周时，整流二极管 VD_1 导通向负载电阻 R_L 供电。在交流电压负半周时，整流二极管 VD_2 导通向负载电阻 R_L 供电。全波整流电路利用了交流电的正、负两个半周，整流效率大大提高。

142.　桥式整流电路

桥式整流电路是全波整流的另一种电路形式，电路如图 7-7 所示。桥式整流电路虽然需要使用 4 只整流二极管，但是电源变压器次级绕组不必绕两倍圈数，也不必有中心抽头，制作更为方便，因此得到了非常广泛的应用。

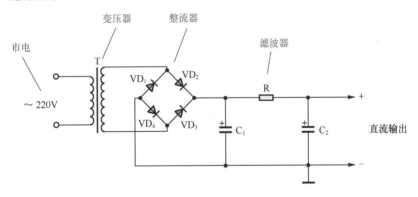

图 7-7　桥式整流电路

桥式整流电路工作过程如下。

在交流电正半周时，电源变压器次级电压极性为上正下负，4 只整流二极管中，VD_1、VD_3 因所加电压为反向电压而截止。VD_2、VD_4 因所加电压为正向电压而导通，电流 I 经 VD_2、R_L、VD_4 形成回路，在负载电阻 R_L 上产生电压降（即为输出电压 U_o），电压极性为上正下负，如图 7-8 所示。

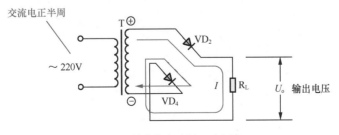

图 7-8　桥式整流过程（正半周）

在交流电负半周时，电源变压器次级电压极性为上负下正，4只整流二极管中，VD_2、VD_4 因所加电压为反向电压而截止。VD_1、VD_3 因所加电压为正向电压而导通，电流 I 经 VD_3、R_L、VD_1 形成回路，在负载电阻 R_L 上产生电压降（即为输出电压 U_o），电压极性仍为上正下负，如图7-9所示。

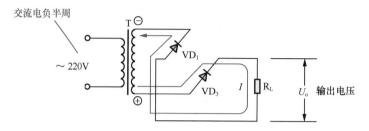

图 7-9　桥式整流过程（负半周）

由于4只整流二极管巧妙地轮流工作，使得交流电压的正、负半周均在负载电阻 R_L 上得到了利用，从而实现了全波整流。

143.　电容降压整流电路

由于电容器存在容抗，交流电流通过时必然产生压降，因此电容器可以用作交流降压。图7-10所示为电容降压整流电源电路，C_1 为降压电容器，将220V市电降压后经 $VD_1 \sim VD_4$ 桥式整流、C_2 滤波为直流电压 U_o 输出至负载 R_L。

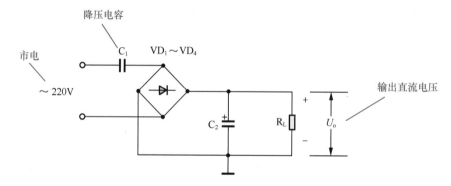

图 7-10　电容降压整流电路

电容降压整流电路的特点是电路简单、成本低廉、体积小巧，但输出电流较小、电源阻抗较大，适用于小电流供电电路的电源。

144.　电容滤波电路

电容滤波电路是指采用大容量电容器作为滤波元件的滤波电路。电容滤波电路如图7-11所示，T为电源变压器，$VD_1 \sim VD_4$ 为整流二极管，C为滤波电容器，R_L 为负载电阻。

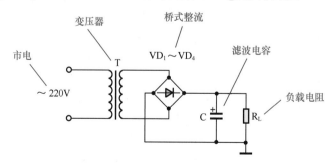

图 7-11　电容滤波电路

电容滤波电路是利用电容器的充放电原理工作的，其工作过程可用图 7-12 示意图进行说明。U_o 为整流电路输出的脉动电压，U_C 为滤波电路输出电压（即滤波电容 C 上电压）。

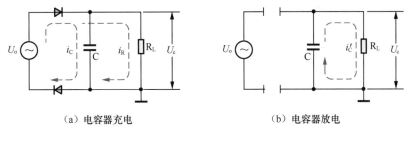

（a）电容器充电　　　　　　　　　（b）电容器放电

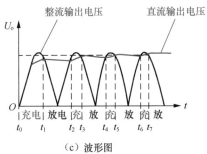

（c）波形图

图 7-12　电容滤波电路的工作过程

在 t_0 时刻，$U_c = 0$。

在 $t_0 \sim t_1$ 时刻，随着整流输出脉动电压 U_o 的上升，$U_o > U_c$，整流二极管导通，U_o 向滤波电容 C 充电，使 C 上电压 U_c 迅速上升，充电电流为 i_C。同时，U_o 向负载电阻 R_L 供电，供电电流为 i_R，如图 7-12（a）所示。到 t_1 时刻时，C 上电压 $U_c = U_o$，充电停止。

在 $t_1 \sim t_2$ 时刻，U_o 处于下降和下一周期的上升阶段，但因为 $U_o < U_c$，整流二极管截止，无充电电流，C 向负载电阻 R_L 放电，放电电流为 i_C'，如图 7-12（b）所示。

在 $t_2 \sim t_3$ 时刻，U_o 上升再次达到 $U_o > U_c$，整流二极管导通，U_o 又开始向 C 充电，补充 C 上已放掉的电荷。

在 $t_3 \sim t_4$ 时刻，U_o 又处于 $U_o < U_c$ 阶段，整流二极管截止，停止充电，C 又向负载电阻 R_L 放电。如此周而复始，其工作波形如图 7-12（c）所示。

从波形图可见，在起始的若干周期内，虽然滤波电容 C 时而充电、时而放电，但其电压 U_c 的总趋势是上升的。经过若干周期以后，电路达到稳定状态，每个周期 C 的充放电情况都相同，即 C 上充电得到的电荷刚好补充了上一次放电放掉的电荷。

正是通过电容器 C 的充放电，使得输出电压 U_c 保持基本恒定，成为波动较小的直流电。滤波电容 C 的容量越大，滤波效果相对就越好。

145. LC 滤波电路

图 7-13 所示为电感器 L 与电容器 C_1、C_2 组成的 π 型 LC 滤波器电路。由于电感器具有通直流阻交流的功能，对直流电阻抗几乎为 0，而对于交流电则具有较大的阻抗，电感量越大阻抗越大。因此，整流二极管 $VD_1 \sim VD_4$ 桥式整流输出的脉动直流电压 U_i 中的直流成分可以通过电感器 L，而交流成分绝大部分不能通过 L，被电容器 C_1、C_2 旁路到地，输出电压 U_o 便是较纯净的直流电压了。

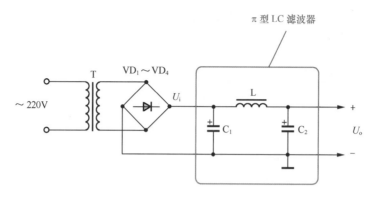

图 7-13　LC 滤波器电路

146. RC 滤波电路

RC 滤波电路是指采用电阻和电容构成的滤波电路。RC 滤波电路中采用了两个滤波电容 C_1、C_2 和一个滤波电阻 R_1，组成 π 形状，如图 7-14 所示。

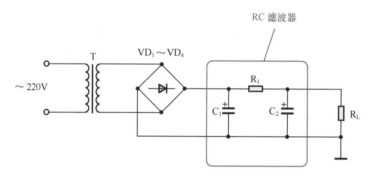

图 7-14　RC 滤波器电路

RC 滤波电路可看作是在 C_1 电容滤波电路的基础上，再经过 R_1 和 C_2 的滤波，整个滤波电路的最终输出电压即为 C_2 上的电压 U_{C2}。R_1 和 C_2 可看作是一个分压器，输出电压 U_{C2} 等于 C_1 上电压 U_{C1} 经 R_1 与 C_2 分压后在 C_2 上所得到的电压，如图 7-15 所示。

整流电路经过 C_1 初步滤波后的输出电压 U_{C1} 中，既有直流分量，也有交流分量。对于 U_{C1} 中的直流分量来说，C_2 的容抗极大，几乎没有影响，输出端直流电压的大小取决于滤波电阻 R_1 与负载电阻 R_L 的比值，只要 R_1 不是太大，就可以保证 R_L 得到绝大部分的直流输出电压。

而对于 U_{C1} 中的交流分量来说，C_2 的容抗很小，交流分量基本上都被 C_2 旁路到地。因此，经过 RC

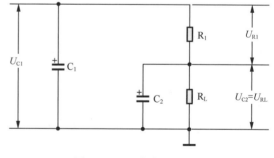

图 7-15　RC 滤波电路原理

滤波电路所输出的直流电压中，交流纹波已经很小。RC 滤波电路可以满足大多数电路对电源的要求。

147. 有源滤波电路

有源滤波电路是指采用晶体管等有源元器件构成的滤波电路。图 7-16 所示为晶体管有源滤波电路，VT_1 为有源滤波晶体管。R_1 是偏置电阻，为 VT_1 提供合适的偏置电流。C_2 是基极旁路电容，使 VT_1 基极可靠地交流接地，确保基极电流中无交流成分。C_3 为输出端滤波电容。

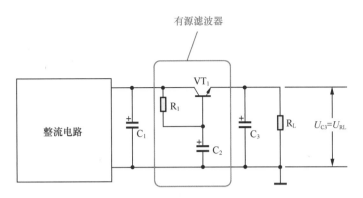

图 7-16　晶体管有源滤波电路

有源滤波电路是利用晶体管的直流放大作用而工作的。虽然整流电路输出并加在 VT_1 集电极的是脉动直流电压，其中既有直流分量也有交流分量，但晶体管的集电极 - 发射极电流主要受基极电流的控制，而受集电极电压变动的影响极微。由于 C_2 的旁路滤波作用，VT_1 的基极电流中几乎没有交流分量，从而使 VT_1 对交流呈现极高的阻抗，在其输出端（VT_1 发射极）得到的就是较纯净的直流电压（U_{C3}）。

因为晶体管的发射极电流是基极电流的（$1+\beta$）倍，所以 C_2 的作用相当于在输出端接入了一个容量为（$1+\beta$）倍 C_2 容量的大滤波电容。有源滤波电路具有直流压降小、滤波效果好的特点，主要应用在滤波要求高的场合。

148.　LED 电源指示电路

发光二极管（LED）的主要特点是会发光。发光二极管与普通二极管一样具有单向导电性，当有足够的正向电流通过 PN 结时，便会发出不同颜色的光。用发光二极管作为电源指示灯，具有体积小、耗能少、寿命长、色彩艳丽的特点。

图 7-17 所示为发光二极管用作交流电源指示灯的电路，VD_1 为整流二极管，VD_2 为发光二极管，R 为限流电阻，T 为电源变压器。

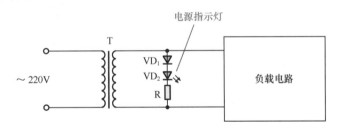

图 7-17　LED 用作交流电源指示灯的电路

因为发光二极管 VD_2 的反向耐压较低，为确保在交流电路中的应用安全，所以串接了一个整流二极管 VD_1。在交流电正半周时，VD_1、VD_2 均正向导通，发光二极管 VD_2 发光。通过发光二极管 VD_2 的电流由限流电阻 R 限定。在交流电负半周时，整流二极管 VD_1 截止，承受了较高的反向电压，保护了发光二极管 VD_2 不被击穿。

149.　可控整流电路

可控整流电路是指输出直流电压可以控制的整流电路。晶闸管具有独特的可控单向导电特性，可以方便地构成可控整流电路。

（1）全波可控整流电路。

图 7-18 所示为全波可控整流电路，采用两只单向晶闸管 VS_1、VS_2 完成全波整流。

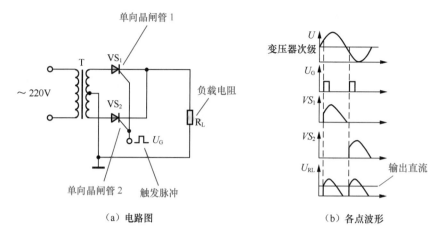

（a）电路图　　　　　　　　　　（b）各点波形

图 7-18　全波可控整流电路

与二极管全波整流电路不同的是，晶闸管并不会自行导通。只有当控制极有正触发脉冲时，晶闸管 VS_1、VS_2 才导通进行整流，而每当交流电压过零时晶闸管关断。改变触发脉冲在交流电每半周内出现的时间，即可改变晶闸管的导通角，从而改变了输出到负载的直流电压的大小。

（2）桥式可控整流电路。

图 7-19 所示为桥式可控整流电路，包括晶闸管 VS_1、VS_2 与整流二极管 VD_1、VD_2 构成的可控桥式整流器，单结晶体管 V 等构成的同步触发电路，电容 C_3、C_4 和电阻 R_5 构成的 RC 滤波器，RP 为输出电压调节电位器。R_1C_1 构成阻容吸收网络，与保险丝 FU 一起，为晶闸管提供过压、过流保护。

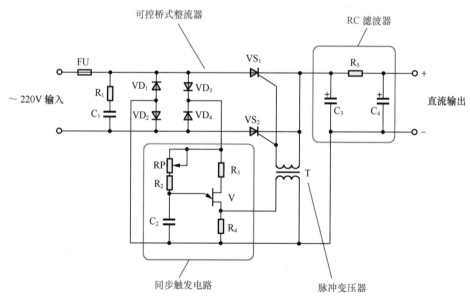

图 7-19　桥式可控整流电路

单向晶闸管 VS_1、VS_2 与整流二极管 VD_1、VD_2 构成可控桥式整流器，VS_1 和 VS_2 的控制极并接在一起，通过脉冲变压器 T 接触发电路，如图 7-20 所示。

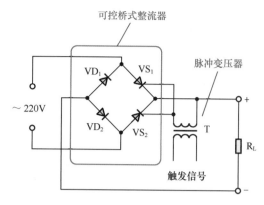

图 7-20　可控桥式整流器电路

在交流电的每个半周，晶闸管由触发电路触发导通。正半周时，电流经 VS$_1$、负载 R$_L$、VD$_2$ 构成回路；负半周时，电流经 VS$_2$、负载 R$_L$、VD$_1$ 构成回路；负载 R$_L$ 得到的电压始终是上正下负，实现了桥式整流。触发脉冲在每个半周中出现的时间，决定了晶闸管的导通角，也就决定了输出直流电压的大小。

整流二极管 VD$_1$、VD$_2$ 同时与二极管 VD$_3$、VD$_4$ 构成另一个桥式整流器，为触发电路提供工作电源，保证了触发电路与主控电路的同步。单结晶体管 V 等构成触发电路，RP、R$_2$、C$_2$ 构成定时网络，如图 7-21 所示。

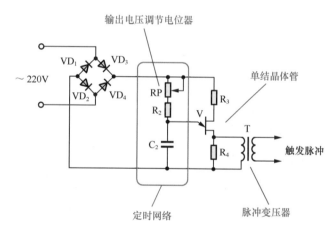

图 7-21　同步触发电路

交流电每个半周开始时，电流经 RP、R$_2$ 向 C$_2$ 充电。当 C$_2$ 上电压达到单结晶体管 V 的峰点电压时，单结晶体管 V 导通，在 R$_4$ 上形成一正脉冲，并由脉冲变压器 T 耦合至两个晶闸管的控制极，触发晶闸管导通。

C$_2$ 的充电时间决定了触发脉冲出现的时间（迟早）。增大 RP 的阻值，C$_2$ 的充电电流减小、充电时间延长，触发脉冲推迟出现，晶闸管的导通角变小，输出电压降低。减小 RP 的阻值，C$_2$ 的充电电流增大、充电时间缩短，触发脉冲较早出现，晶闸管的导通角变大，输出电压提高。RP 即为输出直流电压调节电位器。

150.　并联稳压电路

图 7-22 所示为简单的并联稳压电路，稳压二极管 VD 并联在输出端，VD 上的电压即为输出电压。R 为限流电阻。这种简单并联稳压电路的特点是电路简单，但输出电压不可调、输出电流受稳压二极管的限制，主要应用在输入电压变化不大、负载电流较小的场合。

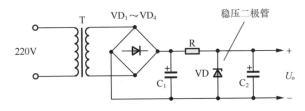

图 7-22　并联稳压电路

　　并联稳压电路的关键是稳压二极管 VD。稳压二极管是利用 PN 结反向击穿后，其端电压在一定范围内基本保持不变的原理工作的。当加上正向电压或反向电压较小时，稳压二极管与一般二极管一样具有单向导电性。当反向电压大到一定程度时，反向电流剧增，二极管进入了反向击穿区，这时即使反向电流在很大范围内变化，二极管端电压仍保持基本不变，这个端电压即为稳定电压 U_Z。只要使反向电流不超过最大工作电流 I_{ZM}，稳压二极管是不会损坏的。

　　简单并联稳压电路的稳压过程如下。

　　当因为输入电压升高或负载电流减小等原因，造成输出电压 U_o 上升时，流过稳压二极管 VD 的电流增大，使得限流电阻 R 上电压降增大，迫使输出电压 U_o 回落，最终使输出电压 U_o 保持基本不变。

　　当因为输入电压降低或负载电流增大等原因，造成输出电压 U_o 下降时，流过稳压二极管 VD 的电流减小，使得限流电阻 R 上电压降减小，迫使输出电压 U_o 回升，最终也使输出电压 U_o 保持基本不变。

151.　简单 LED 稳压电路

　　大多数发光二极管的正向管压降为 2V，因此可将发光二极管作为 2V 的稳压二极管或基准电压源使用，发光二极管既是稳压管，又是电源指示灯，可谓一举两得。

　　图 7-23 所示为采用发光二极管作为稳压管的简单并联稳压电路，利用发光二极管 VD_1 的管压降，可提供 +2V 的直流稳压输出。VD_1 同时具有电源指示灯功能。

　　发光二极管 VD_1 与负载 R_L 直接并联在一起，VD_1 的管压降即为稳压电路输出电压 U_o，R_1 为限流电阻。当输入电压 U_i 在一定范围内变化时，由于 VD_1 的管压降 U_{VD1} 基本恒定不变，所以输出电压 U_o = 2V 不变，达到了稳压的目的。

　　如果需要提高输出电压，可以如图 7-24 所示，在发光二极管 VD_1 回路中再串接一个晶体二极管 VD_2，这时稳压电路的输出电压 U_o 等于 VD_1 和 VD_2 两个二极管正向管压降之和，即 $U_o = U_{VD1} + U_{VD2}$ = 2V + U_{VD2}。

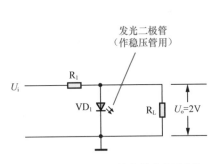

图 7-23　LED 作为稳压管的并联稳压电路

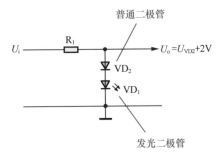

图 7-24　提高输出电压电路

　　VD_2 可以是硅二极管（U_o = 2V + 0.7V），或者是锗二极管（U_o = 2V + 0.3V），也可以是发光二极管（U_o = 2V + 2V），还可以是若干个二极管的串联体（U_o = 所有二极管管压降之和）。

　　如果 VD_2 采用稳压二极管，如图 7-25 所示，则输出电压 U_o = U_{VD2} + 2V（式中，U_{VD2} 为稳压二极管的稳压值）。在没有合适的稳压二极管时，可以用此方法提高稳压二极管的电压。

152. 串联型稳压电路

串联型稳压电路如图 7-26 所示，晶体管 VT 为自动调整元件，由于调整元件串联在负载回路中，因此称为串联型稳压电路。VD 为稳压二极管，为调整管 VT 提供稳定的基极电压，R 为稳压二极管的限流电阻。

串联型稳压电路工作原理如图 7-27 所示，在供电回路中串接一个可变电阻 R，R 上的电压降 U_R 与输出电压 U_o 之和等于输入电压 U_i。如果输入电压 U_i 变大，我们就将可变电阻 R 的阻值适当调大，使其电压降 U_R 增大，从而保持输出电压 U_o 不变。如果输入电压 U_i 变小，我们就将 R 的阻值适当调小，使其电压降 U_R 减小，从而也保持输出电压 U_o 不变。

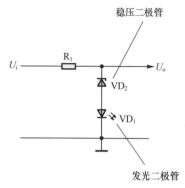

图 7-25　提高稳压二极管电压电路

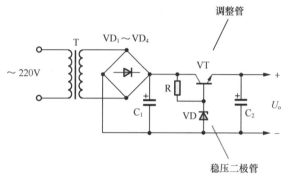

图 7-26　串联型稳压电路　　　　图 7-27　串联型稳压电路工作原理

当然，在实际电路中，我们不可能人工调节可变电阻 R，而是利用晶体管 VT 的集电极－发射极之间的管压降作为可变电阻 R 来进行自动调节，该晶体管 VT 称为调整管，其工作原理如图 7-28 所示。

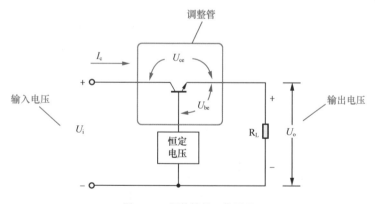

图 7-28　调整管的工作原理

由于调整管 VT 的基极电压是由稳压二极管 VD 提供的恒定电压，因此输出电压 U_o 的任何变化都将引起调整管 VT 的基极－发射极之间电压 U_{be} 的反向变化，从而改变了调整管 VT 的管压降 U_{ce}，达到自动稳压的目的。

串联型稳压电路稳压精度较高，可以输出较大的直流电流，还可以做到输出直流电压连续可调，得到了广泛的应用。

153. 串联型 LED 稳压电路

发光二极管构成的串联型稳压电路如图 7-29 所示，发光二极管 VD 将调整管 VT 的基极电压稳定在 2V，因此输出电压 U_o 也是稳定的。由于调整管 VT 基极－发射极之间管压降 U_{be} 的存在（NPN 型晶体管的 U_{be} 约为 0.7V），该稳压电路的输出电压 $U_o = 2V - 0.7V$。

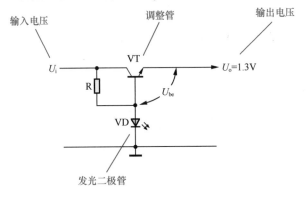

图 7-29　LED 构成的串联型稳压电路

154. 带放大环节的串联型稳压电路

带放大环节的串联型稳压电路如图 7-30 所示，这是一个应用广泛的典型的稳压电路，其特点是在调整管 VT_1 基极与稳压二极管 VD 之间，增加了一个由比较管 VT_2 构成的直流放大器，起比较放大作用。由于增加了比较放大器，所以该稳压电路的调节灵敏度更高，输出电压的稳定性更好。图 7-31 所示为其电路原理方框图。

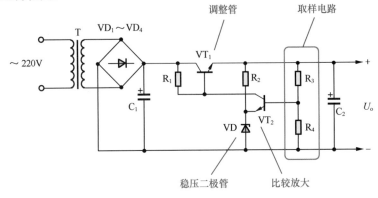

图 7-30　带放大环节的串联型稳压电路

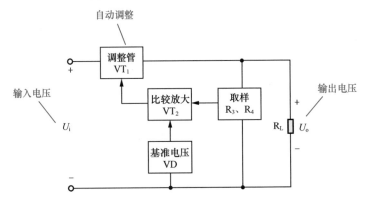

图 7-31　带放大环节的串联型稳压电路原理方框图

电路中，调整管 VT_1 的基极控制信号来自比较管 VT_2 集电极。VT_2 等构成比较放大器，R_1 为其集电极负载电阻。稳压二极管 VD 和 R_2 构成稳定的基准电压，接入比较管 VT_2 发射极。R_3、R_4 组成取样电路，将输出电压 U_o 按比例取出一部分送入比较管 VT_2 基极，取样比取决于 R_3 与 R_4 的比值，改变取样比即可改变输出电压的大小。

带放大环节的串联型稳压电路基本的工作原理是，当输出电压 U_o 发生变化时，比较管 VT_2 将取样的输出电压与稳压二极管 VD 提供的基准电压进行比较，并将差值放大后，去控制调整管 VT_1 的管压降作相反方向的变化，以抵消输出电压的变化，从而保持输出电压 U_o 稳定。

155. 带放大环节的串联型 LED 稳压电路

带放大环节的串联型 LED 稳压电路如图 7-32 所示，由于增加了比较放大晶体管 VT_2，将误差信号放大后去控制调整管 VT_1，因此它具有更好的稳压效果，而且输出电压不再局限于 LED 的管压降。

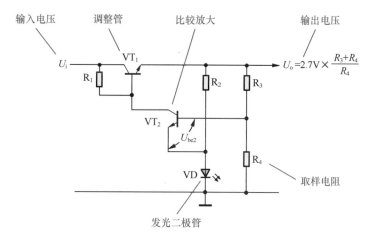

图 7-32　带放大环节的串联型 LED 稳压电路

发光二极管 VD 构成 2V 基准电压，将比较放大管 VT_2 的发射极电压稳定在 2V，VT_2 的基极接取样电路。R_3 与 R_4 组成取样电路，取样比为 $\dfrac{R_4}{R_3+R_4}$。输出电压 U_o 的 $\dfrac{R_4}{R_3+R_4}$ 进入 VT_2 基极与 2V 基准电压相比较，并将差值放大后作为调整管 VT_1 的基极控制信号，使调整管 VT_1 作反向变化来抵消输出电压的变化，达到稳压的目的。

带放大环节的串联型 LED 稳压电路的输出电压 $U_o=(U_{VD1}+U_{be2})\times\dfrac{R_3+R_4}{R_4}=2.7\text{V}\times\dfrac{R_3+R_4}{R_4}$，可通过改变 R_3 与 R_4 的比值进行调节。

156. 输出电压连续可调的串联型稳压电路

带放大环节的串联型稳压电路中，改变取样电路的分压比，即可改变稳压电路输出电压的大小，因此可以方便地构成输出电压连续可调的串联型稳压电路。

输出电压连续可调的串联型稳压电路如图 7-33 所示，取样电路由电阻 R_3、R_4 和电位器 RP 组成。RP 是输出电压调节电位器，当调节 RP 的动臂向下移动时，取样比减小，输出电压 U_o 增大。当调节 RP 的动臂向上移动时，取样比增大，输出电压 U_o 减小。

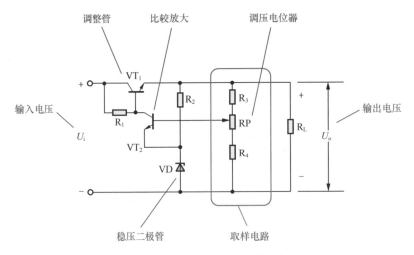

图 7-33　输出电压连续可调的串联型稳压电路

157.　交流调压电路

双向晶闸管可以用作交流调压器。图 7-34 所示为交流调压电路，RP、R 和 C 组成充放电回路，C 上电压作为双向晶闸管 VS 的触发电压。调节 RP 可改变 C 的充电时间，也就改变了 VS 的导通角，达到交流调压的目的。

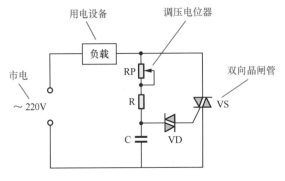

图 7-34　交流调压电路

158.　+9V 稳压电源

图 7-35 所示为输出 +9V 直流电压的稳压电源电路。IC 采用集成稳压器 7809，C_1、C_2 分别为输入端和输出端滤波电容，R_L 为负载电阻。当输出电流较大时，7809 应配上散热板。

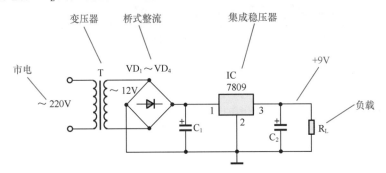

图 7-35　输出 +9V 直流电压的稳压电源电路

7809 是 7800 系列三端集成稳压器中的一种。7800 系列是常用的固定正输出电压的集成稳压器，只有 3 个引脚，1 脚为非稳压电压 U_i 输入端，2 脚为接地端，3 脚为稳压电压 U_o 输出端，使用十分方便，如图 7-36 所示。

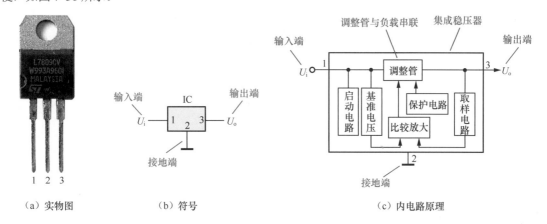

（a）实物图　　　　　　　（b）符号　　　　　　　　　　　（c）内电路原理

图 7-36　7809 集成稳压器

7800 系列集成稳压器具有 1.5A 的输出能力，内部含有限流保护、过热保护和过压保护电路，采用了噪声低、温度漂移小的基准电压源，工作稳定可靠，其主要参数见表 7-1。

表 7-1　7800 系列集成稳压器主要参数

输出电压（V）	5，6，9，12，15，18，24
输出电流（A）	1.5
最小输入、输出压差（V）	2.5
最大输入电压（V）	35（$U_o = 5 \sim 18V$） 40（$U_o = 24V$）
最大功耗（W）	15（加散热板）

159.　+12V 稳压电源

图 7-37 所示为输出 +12V 直流电压的稳压电源电路。IC 采用集成稳压器 7812，C_1、C_2 分别为输入端和输出端滤波电容。当输出电流较大时，7812 应配上散热板。

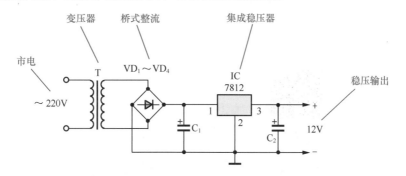

图 7-37　输出 +12V 直流电压的稳压电源电路

160.　7800 稳压器扩流应用电路

7800 系列集成稳压器可以采用外接扩流功率管的办法扩大稳压电路的输出电流，电路如图 7-38 所示，VT_1 为扩流功率管。电路输出电压取决于集成稳压器，输出电流为 VT_1 输出电流和集成稳压器输出电流之和。VT_2 与 R_1 等组成过流保护电路。

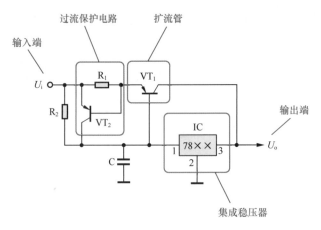

图 7-38　7800 稳压器扩流应用电路

161.　-9V 稳压电源

图 7-39 所示为输出 -9V 直流电压的稳压电源电路，IC 采用集成稳压器 7909，C_1、C_2 分别为输入端和输出端滤波电容，R_L 为负载电阻。输出电流较大时应配上散热板。

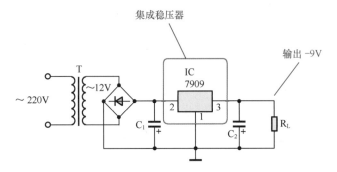

图 7-39　输出 -9V 直流电压的稳压电源电路

7909 是 7900 系列三端集成稳压器中的一种。7900 系列是常用的固定负输出电压的集成稳压器，只有 3 个引脚，1 脚为接地端，2 脚为非稳压电压 $-U_i$ 输入端，3 脚为稳压电压 $-U_o$ 输出端，使用十分方便，如图 7-40 所示。

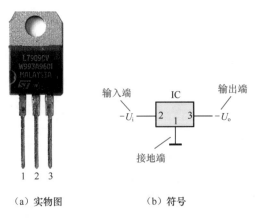

（a）实物图　　　　（b）符号

图 7-40　7909 集成稳压器

7900 系列集成稳压器与 7800 系列完全对应，所不同的是 7900 系列输出为负电压，最大输出电流也是 1.5A，其主要参数见表 7-2。

表 7-2　7900 系列集成稳压器主要参数

输出电压（V）	−5，−6，−9，−12，−15，−18，−24
输出电流（A）	1.5
最小输入、输出压差（V）	1.1
最大输入电压（V）	-35（$U_o = -5 \sim -18V$） -40（$U_o = -24V$）
最大功耗（W）	15（加散热板）

162.　−12V 稳压电源

图 7-41 所示为输出 −12V 直流电压的稳压电源电路，IC 采用集成稳压器 7912，C_1、C_2 分别为输入端和输出端滤波电容。当输出电流较大时，7912 应配上散热板。

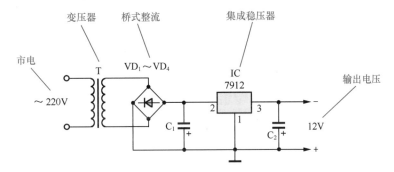

图 7-41　输出 −12V 直流电压的稳压电源电路

163.　7900 稳压器扩流应用电路

7900 系列集成稳压器也可以采用外接扩流功率管的办法扩大稳压电路的输出电流，电路如图 7-42 所示，VT_1 为扩流功率管，VT_2 与 R_1 等组成过流保护电路。电路输出电压取决于集成稳压器，输出电流为 VT_1 输出电流和集成稳压器输出电流之和。

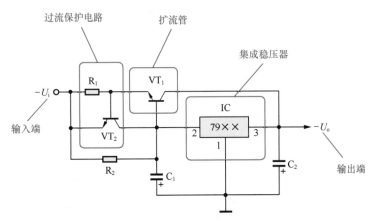

图 7-42　7900 稳压器扩流应用电路

164.　± 15V 稳压电源

图 7-43 所示为 ±15V 稳压电源电路，可以提供对称的 +15V 和 −15V 稳压输出。IC_1 采用固定正输出集成稳压器 7815，IC_2 采用固定负输出集成稳压器 7915。VD_1、VD_2 为保护二极管，用以防止正或负输入电压有一路未接入时损坏集成稳压器。

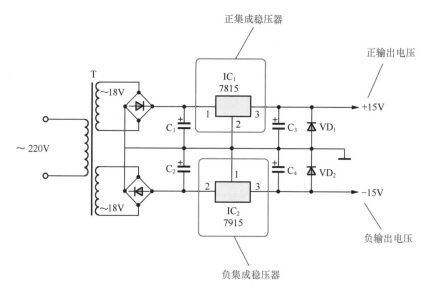

图 7-43　±15V 稳压电源电路

165.　单稳压器 ±15V 稳压电源

图 7-44 所示为仅用一个集成稳压器构成的 ±15V 稳压电源，集成稳压器 IC 常用 CW1468，C_1、C_2 为补偿电容。R_1、R_2 分别为正、负输出限流电阻，其取值可按经验公式 R_1（R_2）= 0.5I（Ω）计算，式中，I 为输出电流。图 7-45 所示为 CW1468 集成稳压器各引脚功能。

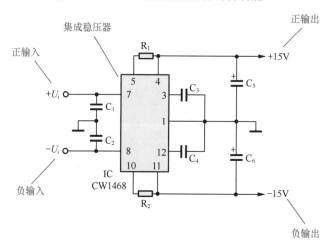

图 7-44　集成稳压器构成的 ±15V 稳压电源电路

CW1468 为跟踪式正、负对称固定输出集成稳压器，由两个差分比较器和两个调整器组成，电路结构属于串联式稳压器。输出电压为 ±15V，负输出电压的绝对值自动跟踪正输出电压值，保证输出正、负电压的完全对称。CW1468 输出电流为 ±100mA，并具有正、负过流保护功能，其主要参数见表 7-3。

图 7-45　CW1468 集成稳压器各引脚功能

表 7-3　CW1468 集成稳压器主要参数

输出电压（V）	±15
输出电流（A）	0.1
最小输入、输出压差（V）	2
最大输入电压（V）	±30
最大功耗（W）	1

166.　正电压可调稳压电源

图 7-46 所示为采用 CW117 构成的输出电压可连续调节的稳压电源电路，输出电压可调范围为 1.2 ～ 37V。R_1 与 RP 组成调压电阻网络，调节电位器 RP 即可改变输出电压。RP 动臂向上移动时，输出电压增大；RP 动臂向下移动时，输出电压减小。

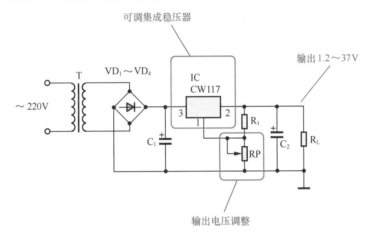

图 7-46　CW117 构成的输出电压可连续调节的稳压电源电路

CW117 为常用的三端可调正输出集成稳压器，输出电压可调范围为 1.2 ～ 37V，输出电流可达 1.5A。其①脚为调整端，②脚为稳压电压 U_o 输出端，③脚为非稳压电压 U_i 输入端。CW117 集成稳压器主要参数见表 7-4。CW217、CW317 的主要参数与 CW117 相同，只是工作温度范围不一样。

表 7-4　CW117 集成稳压器主要参数

输出电压（V）	1.2 ～ 37
输出电流（A）	1.5
最大允许输入、输出压差（V）	40
最大功耗（W）	20（加散热板）

167.　CW117 固定低压应用电路

CW117 固定低压应用电路如图 7-47 所示，将 CW117 的调整端直接接地，即可获得 +1.25V 的稳定的固定低压输出。

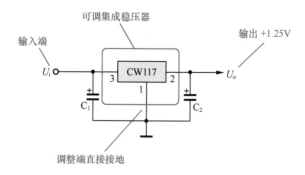

图 7-47 CW117 固定低压应用电路

168. 负电压可调稳压电源

图 7-48 所示为采用 CW137 组成的输出电压可连续调节的稳压电源电路，输出电压可调范围为 $-37 \sim -1.2V$。RP 为输出电压调节电位器，RP 动臂向上移动时，输出负电压的绝对值增大；RP 动臂向下移动时，输出负电压的绝对值减小。

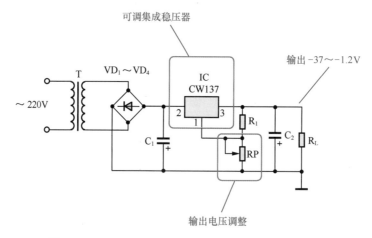

图 7-48 CW137 组成的输出电压可连续调节的稳压电源电路

CW137 为常用的三端可调负输出集成稳压器，输出电压可调范围为 $-37 \sim -1.2V$，输出电流可达 1.5A，其①脚为调整端，②脚为输入端，③脚为输出端。

CW137 集成稳压器主要参数见表 7-5。CW237、CW337 的主要参数与 CW137 相同，只是工作温度范围不一样。

表 7-5 CW137 集成稳压器主要参数

输出电压（V）	$-37 \sim -1.2$
输出电流（A）	1.5
最大允许输入、输出压差（V）	40
最大功耗（W）	20（加散热板）

169. 软启动稳压电源

图 7-49 所示为应用 CW117 构成的软启动稳压电源电路，打开电源后它的输出电压不是立即到位，

而是从很低的电压开始慢慢上升到额定电压。

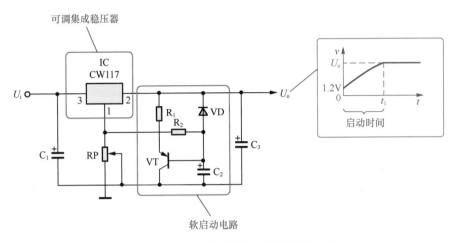

图 7-49　CW117 构成的软启动稳压电源电路

电路软启动原理是，刚接通输入电源时，C_2 上无电压，VT 导通将 RP 短路，稳压电源输出电压 $U_o = 1.2V$。随着 C_2 的充电，VT 逐步退出导通状态，U_o 逐步上升，直至 C_2 充电结束，VT 截止，U_o 达最大值。启动时间的长短由 R_1、R_2 和 C_2 决定。VD 为 C_2 提供放电通路。

170.　提高集成稳压器输出电压

将发光二极管 VD_1 串入集成稳压器 IC_1 接地端（第 2 脚）与地之间，如图 7-50 所示，即可使输出稳压值提高 2V，即稳压电路的输出电压 $U_o = U_{IC1} + 2V$，式中，U_{IC1} 为集成稳压器 IC_1 的固有稳压值。VD_2 为保护二极管，防止输出端短路时损坏集成稳压器。发光二极管 VD_1 还可同时兼做电源指示灯。

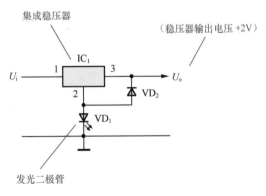

图 7-50　提高集成稳压器输出电压

171.　+5V 开关电源

开关电源具有效率高的显著特点。脉宽调制型开关电源简称 PWM，它是通过调节输出脉冲电压的宽度（占空比）来稳定输出电压的。采用 CW3524 构成的 +5V 开关电源如图 7-51 所示，最大可输出 1A 电流。

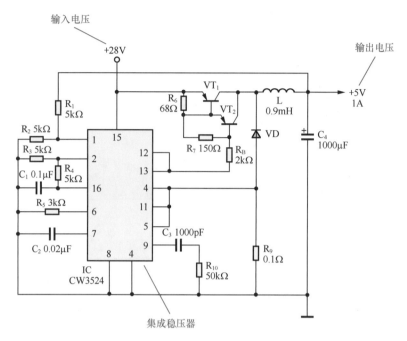

图 7-51　CW3524 构成的 +5V 开关电源电路

CW3524 是一种脉宽调制型开关电源集成电路，内部电路由基准电压源、振荡器、误差放大器、比较器、脉宽调制器、触发器、输出电路等模拟和数字单元组成，脉宽占空比可调范围为 0～45%，并具有过载保护功能，其主要参数见表 7-6。

表 7-6　CW3524 开关电源集成电路主要参数

最大输入电压（V）	40
最大输出电压（V）	40
输出电流（A）	0.1（每一输出端）
脉宽调节范围（%）	0～45
最大输出频率（kHz）	300
最小输出频率（kHz）	0.14
最大允许功耗（W）	0.1

172.　±15V 开关电源

开关电源集成电路 CW3524 具有两路输出，能够很方便地构成正、负对称输出的开关电源电路。图 7-52 所示为采用 CW3524 构成的 ±15V 开关电源，每路输出电流 20mA。

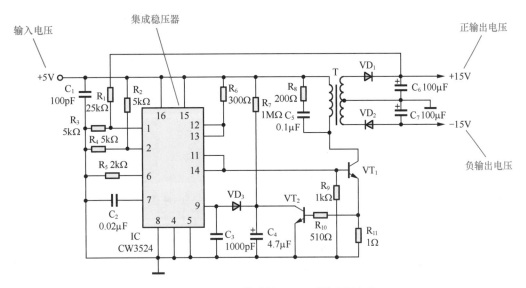

图 7-52　CW3524 构成的 ±15V 开关电源电路

173.　直流升压开关电源

　　直流升压开关电源的功能是将较低的直流电压转换为较高的直流电压。频率调制型开关电源简称 PFM，它是通过调节输出脉冲电压的频率来稳定输出电压的。图 7-53 所示为采用开关电源集成电路 TL497 构成的直流升压开关电源，输出电压高于输入电压。TL497 各引脚功能如图 7-54 所示。

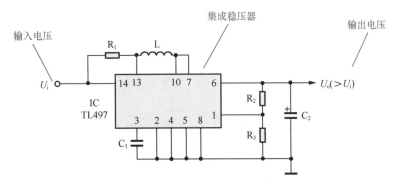

图 7-53　TL497 构成的直流升压开关电源

　　TL497 是一种频率调制型开关电源集成电路，内部电路由基准电压源、电压比较器、振荡器、限流器、开关管和输出电路等组成。TL497 输出脉冲导通时间固定，而通过调节输出脉冲的频率来实现稳压，具有限流保护和缓启动功能，其主要参数见表 7-7。

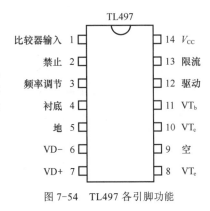

图 7-54　TL497 各引脚功能

表 7-7　TL497 开关电源集成电路主要参数

最大输入电压（V）	15
最大输出电压（V）	35
输出电流（A）	0.5
最大允许功耗（W）	1

图 7-55 所示为采用开关电源集成电路 CW78S40 构成的直流升压开关电源，输出电压高于输入电压。CW78S40 各引脚功能如图 7-56 所示。

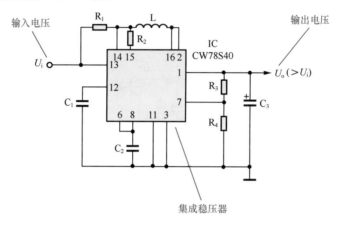

图 7-55　CW78S40 构成的直流升压开关电源

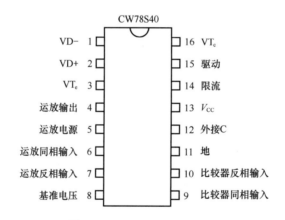

图 7-56　CW78S40 各引脚功能

CW78S40 是一种脉宽和频率同时调制的通用型开关电源集成电路，内部电路由基准电压源、比较放大器、运算放大器、占空比和周期可控振荡器、输出电路和保护电路等组成。CW78S40 通过同时调节输出脉冲的宽度和频率来实现稳压，其主要参数见表 7-8。

表 7-8　CW78S40 开关电源集成电路主要参数

输入电压范围（V）	2.5 ~ 40
输出电压可调范围（V）	1.3 ~ 40
输出电流（A）	1.5
允许功耗（W）	1.5

174.　时基 IC 直流升压电路

采用时基电路也可以构成直流升压电路，可以将直流电源电压按照需要任意升压后输出。时基 IC 直流升压电路如图 7-57 所示，电路中使用了两个 555 时基电路，分别构成多谐振荡器和反相器。

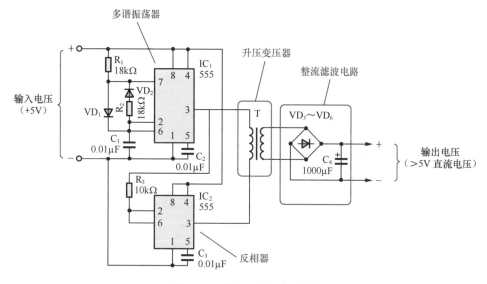

图 7-57　时基 IC 直流升压电路

直流升压原理是，555 时基电路 IC_1 构成对称式多谐振荡器，将 +5V 直流工作电压转换为 "1" 与 "0" 完全对称的、幅值为 5V 的振荡脉冲，振荡频率约为 4kHz。555 时基电路 IC_2 构成施密特触发器，起到反相器作用，将 IC_1 第 3 脚输出的振荡脉冲反相后输出。这样，两个 555 时基电路 IC_1 与 IC_2 便组成了桥式推挽振荡电路。

T 为升压变压器，T 的初级线圈接在两个 555 时基电路 IC_1 与 IC_2 输出端（第 3 脚）之间，由桥式推挽振荡电路驱动。T 的次级电压经 $VD_3 \sim VD_6$ 桥式整流、C_4 滤波后输出，输出电压的大小取决于变压器 T 的变压比，即取决于初级线圈与次级线圈之间的匝数比。

175.　音乐 IC 直流升压电路

音乐集成电路也能构成直流升压电路，典型电路如图 7-58 所示，3V 直流电源电压由音乐 IC、晶体管 VT 等逆变为交流电压，再经变压器 T 升压、二极管 VD 整流、电容器 C 滤波后，输出端即可得到高于原电源电压的直流电压 U_o，输出电压的大小主要由升压变压器的变压比决定。

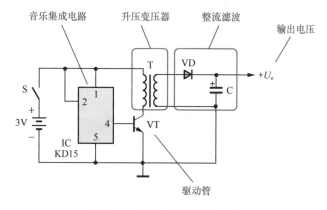

图 7-58　音乐 IC 直流升压电路

图 7-59 所示为采用桥式整流、RC 滤波的音乐 IC 直流升压电路，可以输出较大电流。图 7-60 所示为采用倍压整流电路的音乐 IC 直流升压电路，优点是省去了升压变压器，缺点是输出电流较小。

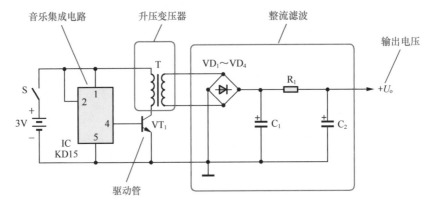

图 7-59 桥式整流、RC 滤波的音乐 IC 直流升压电路

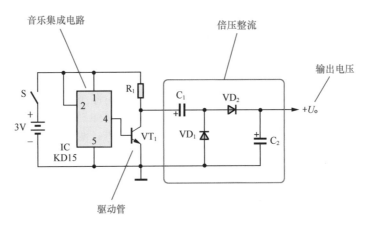

图 7-60 倍压整流音乐 IC 直流升压电路

176. 直流倍压电路

倍压电路可以将输入的直流电压倍压后输出，输出电压是输入电压的两倍。图 7-61 所示为 555 时基电路构成的直流倍压电路，输入电压 5V，输出电压 10V。

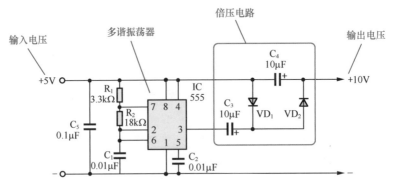

图 7-61 555 时基电路构成的直流倍压电路

电路工作原理是，555 时基电路 IC 构成多谐振荡器，振荡频率约 3.6kHz，将 +5V 电源电压转变为方波脉冲，从 IC 第 3 脚输出。

当 IC 第 3 脚输出为 "0" 时，+5V 电源电压经二极管 VD_1 使 C_3 充满电，C_3 上电压为 5V，左负右正。当 IC 第 3 脚输出为 "+5V" 时，C_3 左端电压由 "0" 上升为 "+5V"。由于电容器两端电压不能突变，C_3 右端电压由 "+5V" 上升为 "+10V"，并经二极管 VD_2 向 C_4 充电，C_4 上电压左端为 +5V、右端为 +10V，实现了倍压输出。

177.　直流降压开关电源

直流降压开关电源的功能是将较高的直流电压转换为较低的直流电压。图 7-62 所示为 TL497 直流降压开关电源电路，输出电压低于输入电压。IC 采用频率调制型开关电源集成电路 TL497，它是通过调节输出脉冲电压的频率来稳定输出电压的。

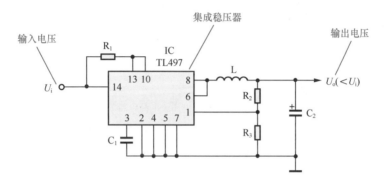

图 7-62　TL497 直流降压开关电源电路

图 7-63 所示为采用 CW78S40 构成的直流降压开关电源电路，输出电压低于输入电压。CW78S40 是一种脉宽和频率同时调制的通用型开关电源集成电路，通过同时调节输出脉冲的宽度和频率来实现稳压。

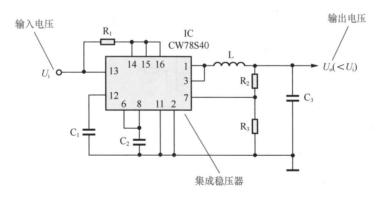

图 7-63　CW78S40 构成的直流降压开关电源电路

178.　多路输出开关电源

图 7-64 所示为采用频率调制型开关电源集成电路 TL497 构成的多路输出开关电源电路，在 6V 电源电压下，可输出 +12V 和 +30V 两种直流电压。

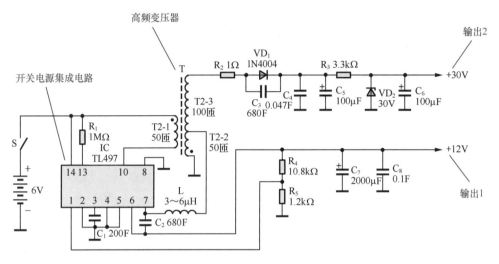

图 7-64　多路输出开关电源电路

179. 反相输出开关电源

图 7-65 所示为采用脉宽频率调制型开关电源集成电路 CW78S40 构成的反相输出开关电源电路，可输出稳定的负电压。

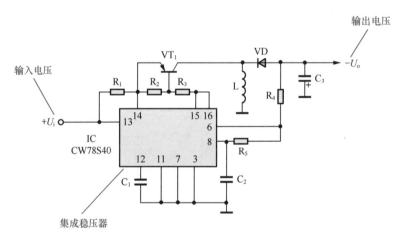

图 7-65　反相输出开关电源电路

180. 升压直流变换电路

图 7-66 所示为采用 CW33163 构成的升压直流变换电路，输出电压高于输入电压。CW33163 各引脚功能如图 7-67 所示。

CW33163 是一种可调输出电压的直流－直流（DC/DC）电压变换器，内部电路由基准电压源、振荡器、低压比较器、反馈比较器、限流比较器、逻辑控制器、输出电路和保护电路等组成，其主要参数见表 7-9。

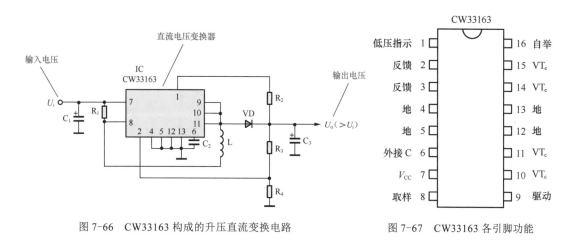

图 7-66 CW33163 构成的升压直流变换电路　　　图 7-67 CW33163 各引脚功能

表 7-9　CW33163 开关电源集成电路主要参数

最大输入电压（V）	40
输出电压（V）	2.5～40
输出电流（A）	3
振荡频率（kHz）	50

181. 降压直流变换电路

图 7-68 所示为采用 CW1575 构成的降压直流变换电路，输出电压低于输入电压。CW1575 各引脚功能如图 7-69 所示。

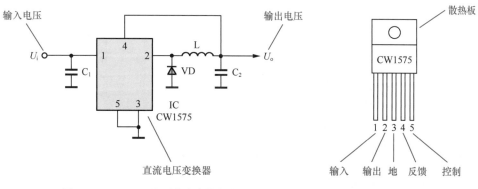

图 7-68　CW1575 降压直流变换电路　　　图 7-69　CW1575 各引脚功能

CW1575 是一种固定频率、固定输出电压的降压型直流－直流（DC/DC）电压变换器，内部电路由基准电压源、振荡器、比较器、控制器、输出电路、过热和过流保护电路等组成，其主要参数见表 7-10。

表 7-10　CW1575 开关电源集成电路主要参数

最大输入电压（V）	40
输出电压（V）	5
输出电流（A）	1
振荡频率（kHz）	52
最大占空比（%）	98

图 7-70 所示为采用直流电压变换器 CW33163 构成的降压直流变换电路，输出电压低于输入电压。

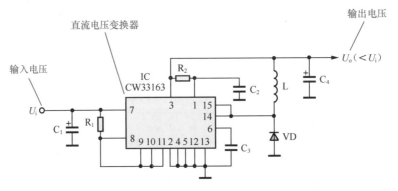

图 7-70　CW33163 降压直流变换电路

182. 反相直流变换电路

图 7-71 所示为采用直流电压变换器 CW33163 构成的反相直流变换电路，可输出稳定的负电压。

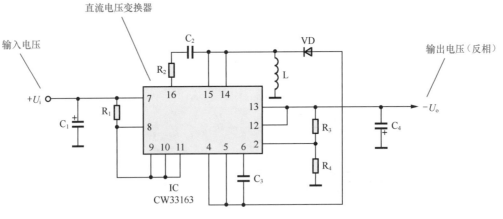

图 7-71　反相直流变换电路

183. 电源极性变换电路

电源极性变换电路可以将正电源变为负电源，也称之为负电源产生电路。图 7-72 所示为 555 时基电路构成的电源极性变换电路，能够将 $+V_{CC}$ 工作电源变换为 $-V_{CC}$ 输出。

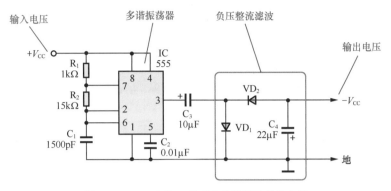

图 7-72　555 时基 IC 构成的电源极性变换电路

555 时基电路 IC 构成多谐振荡器,振荡频率约为 30kHz,峰峰值为 V_{CC} 的脉冲电压由第 3 脚输出,即 IC 第 3 脚的输出电压 U_o 在"$+V_{CC}$"与"0"之间变化。

当 $U_o = +V_{CC}$ 时,经二极管 VD_1 使 C_3 充电,C_3 上电压为左正右负,即 C_3 左侧电压为"$+V_{CC}$"、右侧电压为"0"。当 $U_o = 0$ 时,C_3 左侧电压变为"0",因为电容器两端电压不能突变,其右侧电压即变为"$-V_{CC}$"。地线端电压(0V)经二极管 VD_2 使 C_4 充电,C_4 上电压为下正上负,即 C_4 下端电压为"0"、上端电压为"$-V_{CC}$",实现了电源极性变换,并向外提供负电源。

音乐集成电路也可以构成电源极性变换电路。图 7-73 所示为音乐集成电路构成的电源极性变换电路,正电源经音乐 IC、VT_1 等逆变为交流电压,再经负压整流滤波后产生负电源。电源极性变换电路可在需要正、负电源的电路中取代负电源,简化电源种类。

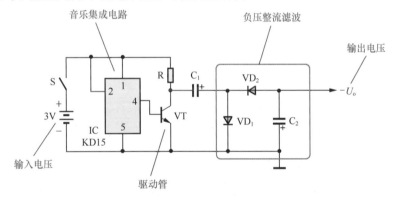

图 7-73　音乐 IC 构成的电源极性变换电路

图 7-74 所示为采用变压器耦合、二极管整流的电源极性变换电路。图 7-75 所示为采用变压器耦合、桥式整流的电源极性变换电路。由于采用变压器耦合,因此输出负电源的电压可等于、低于或高于正电源电压。

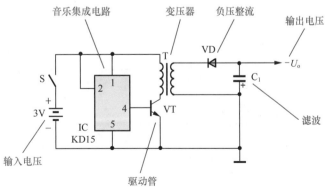

图 7-74　变压器耦合、二极管整流的电源极性变换电路

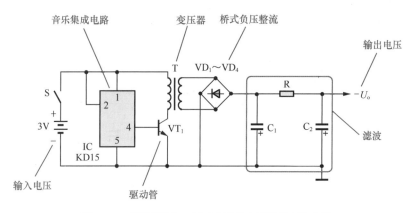

图 7-75　变压器耦合、桥式整流的电源极性变换电路

184. 双电源产生电路

双电源产生电路能够在单电源供电的情况下，产生正负对称的双电源，在需要正负对称双电源供电的场合，可以省去一组负电源，有利于简化电路、提高效率。

双电源产生电路如图 7-76 所示，555 时基电路 IC 构成对称式多谐振荡器，它的特点是定时电阻 R_1 和定时电容 C_2 接在 IC 输出端（第 3 脚）与地之间。当 IC 输出端为高电平时经 R_1 向 C_2 充电，当 IC 输出端为低电平时 C_2 经 R_1 放电，可见充、放电回路完全相同，所以输出脉冲的高电平脉宽与低电平脉宽完全相等。

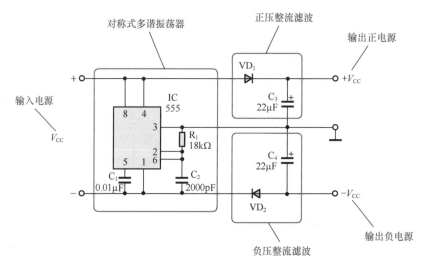

图 7-76　双电源产生电路

555 时基电路 IC 第 3 脚输出频率为 20kHz、占空比为 1:1 的方波脉冲。当 IC 第 3 脚为高电平时，C_4 被充电；当 IC 第 3 脚为低电平时，C_3 被充电。VD_1、VD_2 是隔离二极管，由于 VD_1、VD_2 的存在，C_3、C_4 在电路中只充电不放电，充电最大值为 V_{CC}。将 IC 输出端（第 3 脚）接地，在 C_3、C_4 上就得到了 $\pm V_{CC}$ 的双电源。本电路电源电压 V_{CC} 在 5～15V 范围，输出电流可达数十毫安。

185. 变压器绕组串联提高输出电压

当电源变压器的输出电压不符合要求时，可以通过将其次级绕组适当串联而得到新的输出电压。图 7-77 所示为将变压器次级绕组正向串联提高输出电压的电路，电源变压器 T 原有两个次级绕组 T_{b1}、

T_{b2} 输出电压分别为 6V、12V，当将它们正向串联后，即可得到 18V 的新的输出电压，其最大输出电流等于 T_{b1}、T_{b2} 中额定输出电流较小的绕组的输出电流。

　　所谓正向串联是指变压器各绕组不同名端相连接，即变压器各绕组绕向相同时（几乎所有变压器均如此），一绕组的始端与另一绕组的末端相连接；两绕组绕向相反时，两绕组的始端与始端（或末端与末端）相连接。

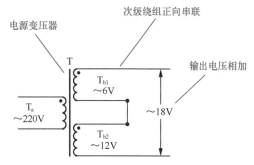

图 7-77　变压器次级绕组正向串联提高输出电压电路

186. 变压器绕组反向串联降低输出电压

　　图 7-78 所示为变压器次级绕组反向串联降低输出电压的电路。所谓反向串联是指变压器各绕组同名端相连接。电路中，电源变压器 T 原有两个次级绕组 T_{b1}、T_{b2} 输出电压分别为 3V、25V，当将它们反向串联后，即可得到 22V 的新的输出电压。反向串联两绕组的额定电压应有较大差距。

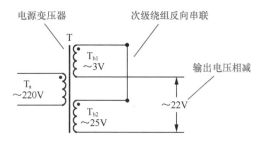

图 7-78　变压器次级绕组反向串联降低输出电压电路

187. 两变压器串联提高输出电压

　　两个电源变压器次级绕组正向串联可以提高输出电压，电路如图 7-79 所示，电源变压器 T_1、T_2 输出电压均为 12V，将它们的初级并联接入 220V 电源，它们的次级正向串联后即可获得 24V 的输出电压。

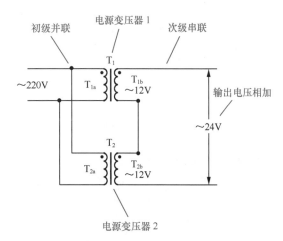

图 7-79　两个电源变压器次级绕组正向串联提高输出电压电路

188. 变压器绕组并联提高输出电流

将电源变压器的次级绕组并联使用，可以提高变压器的输出电流。并联的各绕组其额定输出电压必须一致。图 7-80 所示为变压器绕组并联提高输出电流的电路，电源变压器 T 具有两个输出电压 12V、额定电流 1A 的次级绕组 T_{b1}、T_{b2}，将它们同名端相接（始端与始端、末端与末端相接）并联后，即可将输出额定电流提高到 2A。

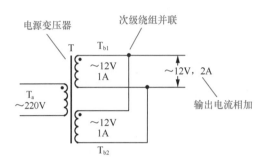

图 7-80　变压器绕组并联提高输出电流电路

189. 两变压器并联提高输出电流

两个变压器的次级绕组并联提高输出电流的电路如图 7-81 所示，电源变压器 T_1 和 T_2 分别具有输出电压 15V、额定电流 1.5A 的次级绕组 T_{1b}、T_{2b}，将 T_1 与 T_2 的初、次级均同名端相接并联后，即可将输出额定电流提高到 3A。

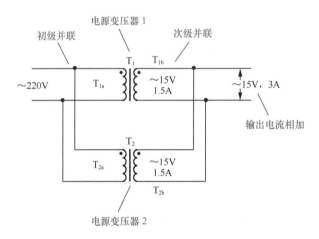

图 7-81　两个变压器的次级绕组并联提高输出电流的电路

190. 变压器并联增加输出功率

当一个电源变压器的额定功率不能满足要求时，可以用两个或两个以上相同的电源变压器并联使用，以获得较大输出功率。例如，缺少 100W 的电源变压器，可以用两个 60W、次级绕组均符合要求的变压器并联代用，如图 7-82 所示。两个较小功率变压器的效率比一个较大功率变压器的效率要低一些，因此，并联的两个变压器的功率之和，应稍大于需要的功率值。

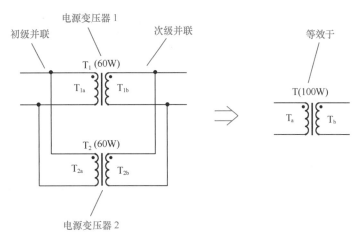

图 7-82　变压器并联增加输出功率

191.　变压器并联增加绕组数量

当电源变压器的次级绕组数量不足时，可以同时使用两个或更多电源变压器。如图 7-83 所示，两个电源变压器 T_1、T_2 同时使用，可以等效为一个次级多绕组变压器 T。T_1、T_2 所有的次级绕组都是等效变压器 T 的次级绕组。

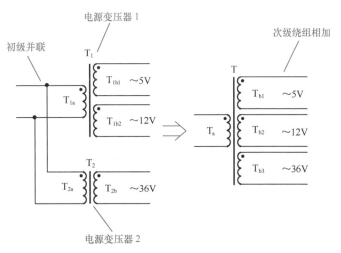

图 7-83　变压器并联增加绕组数量

192.　6V 整流电源

图 7-84 所示为典型的整流电源电路，可以提供 6V、500mA 的直流电源。该整流电源采用了桥式整流和电容滤波电路。电路工作原理是，交流 220V 市电由电源变压器 T 降压、4 只整流二极管 $VD_1 \sim VD_4$ 桥式整流后，再经电容器 C_1 滤除交流分量，向负载输出 6V 直流电压。在大容量滤波电容 C_1 上并接了一个 $0.1\mu F$ 的小容量电容器 C_2，有助于进一步滤除高频交流分量。发光二极管 VD_5 是电源指示灯，R 是 VD_5 的限流电阻。

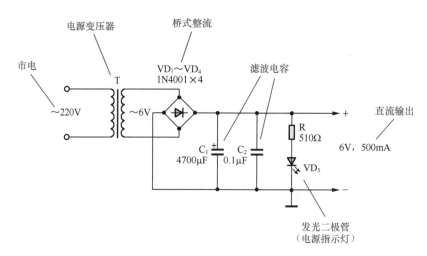

图 7-84 提供 6V、500mA 的整流电源电路

　　整流电源最大输出电流取决于电源变压器功率和整流二极管,适当增大变压器功率可提高输出电流,同时应保证整流二极管有足够的最大整流电流指标。改变变压器次级电压可改变输出电压,同时应保证整流二极管有足够的最大反向电压指标,还应调整发光二极管 VD$_5$ 的限流电阻 R,使 VD$_5$ 的工作电流在 10mA 左右。

193. 3V 晶体管稳压电源

　　图 7-85 所示为 3V 晶体管稳压电源电路,该稳压电源额定输出电压 3V,最大输出电流 600mA。稳压电源包括整流滤波电路、晶体管稳压电路两大部分。

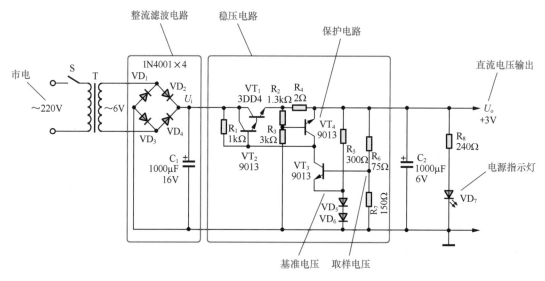

图 7-85 3V 晶体管稳压电源电路

　　稳压电源总体工作原理是:交流 220V 电压经电源变压器 T 降压、整流二极管 VD$_1$ ~ VD$_4$ 桥式整流、电容器 C$_1$ 滤波后,得到不稳定的直流电压。再经由晶体管 VT$_1$ ~ VT$_4$ 组成的稳压电路稳压调整后,输出稳定的 3V 直流电压,如图 7-86 所示。当输入电压或负载电流在一定范围内变化时,输出的 3V 直流电压稳定不变。

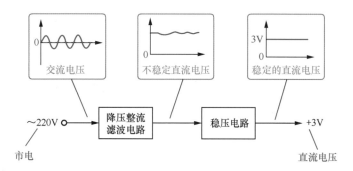

图 7-86　稳压电源的工作原理

（1）整流滤波电路。

稳压电源额定输出电压为 3V，而调整管必须有一定的压降才能正常工作，所以交流输入电压 e 选择为 6V，由电源变压器 T 将 220V 交流电压降压为交流 6V。

整流电路采用了由 $VD_1 \sim VD_4$ 组成的桥式整流器。虽然桥式整流器需要 4 只整流二极管，但是其整流效率较高、脉动成分较少、变压器次级无须中心抽头，因此得到了广泛的应用。

桥式整流后在负载 R_L 上得到的是脉动直流电压，其频率为 100Hz（交流电源频率的两倍），峰值为 $\sqrt{2}\,e \approx 8.4V$，还必须经过平滑滤波后才能实际应用。

电路中采用了电容滤波方式，电容滤波器是一种简单实用的平滑滤波器。由于电容器 C_1 的充、放电作用，当电容器容量足够大时，充入的电荷多，放掉的电荷少，最终使整流出来的脉动电压成为直流电压 U_i，空载时 $U_i = \sqrt{2}\,e \approx 8.4V$。

（2）稳压电路。

稳压电路包括基准电压、取样电路、比较放大器、调整元件和保护电路等单元，是典型的串联型稳压电路，调整元件（晶体管 VT_1）串接在输入电压 U_i（8.4V 左右）与输出电压 U_o（3V）之间。如果输出电压 U_o 由于某种原因发生变化时，调整元件就做相反的变化来抵消输出电压的变化，从而保持输出电压 U_o 的稳定。

两个硅二极管 VD_5 和 VD_6 串联作为稳压管使用，可提供 1.3V 的稳定的基准电压，R_5 是其限流电阻。

（3）保护电路。

为了防止输出端不慎短路或过载而造成调整管损坏，直流稳压电源通常都设计有过流自动保护电路。晶体管 VT_4 和 R_2、R_3、R_4 等组成截止式保护电路，工作原理如图 7-87 所示。

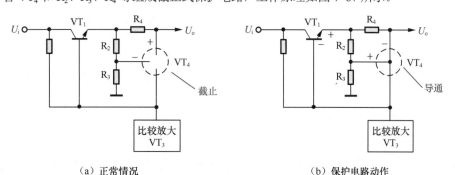

（a）正常情况　　　　　　　　　　（b）保护电路动作

图 7-87　保护电路的工作原理

正常情况下，输出电流在 R_4 上产生的压降小于 R_2 上的电压（R_2 与 R_3 分压获得），使得 VT_4 基极电位低于发射极电位，VT_4 因反向偏置而截止，保护电路不起作用，如图 7-87（a）所示。

当输出端短路或过载时，输出电流增大，R_4 上压降也增大，使 VT_4 得到正向偏置而导通。VT_4 的导通使调整管基极变为反向偏置而截止，从而起到了保护作用，如图 7-90（b）所示。当短路或过载故障排除后，稳压电路自动恢复正常工作。

（4）指示电路。

发光二极管 VD_7 是电源指示灯，R_8 是其限流电阻。

194. 5V 整流稳压电源

5V 整流稳压电源电路如图 7-88 所示，额定输出电压 5V，最大输出电流 600mA。电路的特点是，采用发光二极管 VD_5 作为稳压管，同时兼做电源指示灯。主要由电源变压器 T、整流二极管 $VD_1 \sim VD_4$、滤波电容 C_1 和 C_2、稳压单元 $VT_1 \sim VT_3$ 等部分组成。

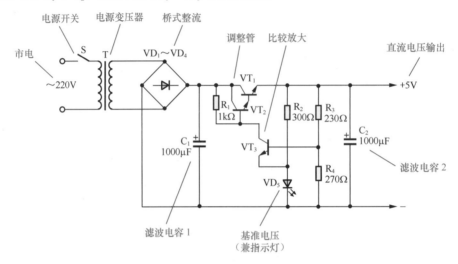

图 7-88　输出 5V、600mA 的整流稳压电源电路

整流稳压电源工作原理是，交流 220V 电压经电源变压器 T 降压、整流二极管 $VD_1 \sim VD_4$ 桥式整流、电容器 C_1 滤波后，得到不稳定的直流电压，送入由 $VT_1 \sim VT_3$ 组成的稳压电路。

稳压电路包括基准电压、取样电路、比较放大器、调整管等。发光二极管 VD_5 作为稳压管使用，可提供 2V 的基准电压，送入比较放大器 VT_3 的发射极。R_3 和 R_4 组成的取样电路将输出电压按比例取出一部分，送入比较放大器 VT_3 的基极。

当由于某种原因使得输出电压变高时，VT_3 基极的取样电压也按比例升高，由于 VT_3 发射极仍被基准电压稳定在 2V，因此 VT_3 集电极电流增大、集电极电压下降，使调整管基极电流减小、管压降增大，迫使输出电压回落。当由于某种原因使得输出电压变低时，VT_3 集电极电压上升，调整管管压降减小，迫使输出电压回升。最终使输出电压稳定地保持在 5V。

电路中调整管采用了复合管（$VT_1 + VT_2$），其中 VT_1 为大功率晶体管。采用复合管的好处是可以极大地提高调整管的电流放大系数，有利于改善稳压电源的稳压系数和动态内阻等指标。

195. 分挡可调稳压电源

分挡可调稳压电源额定输出电压分为 1.5V、3V、4.5V、6V 和 9V 共 5 挡，最大输出电流为 1A，具有过热、过流和输出端短路保护功能。由于采用了集成稳压器，因此具有性能优良、工作稳定可靠、电路简洁和制作调试方便的特点。

图 7-89 所示为分挡可调稳压电源电路，由 3 部分电路组成。①电源变压器 T、整流全桥 UR、滤波电容 C_1 和 C_2 等构成整流滤波电路，其作用是将交流 220V 市电变换为直流电压。②集成稳压器 IC、输出电压选择开关 S_2 等构成可调稳压电路，其作用是自动保持输出直流电压的稳定。③发光二极管 VD、微安表头 PA 等构成指示电路，分别作为整流电源和稳压电源的输出指示。

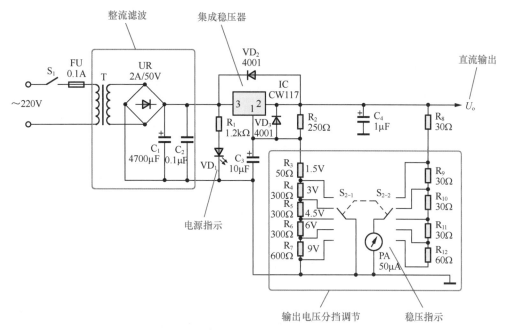

图 7-89　分挡可调稳压电源电路

（1）电路工作过程。

交流 220V 市电经电源变压器 T 降压、整流全桥 UR 整流、电容 C_1 和 C_2 滤波后，得到约 16V 的直流电压。再经由集成稳压器 IC 稳压调整后，输出稳定的直流电压。当输入电压或负载电流在一定范围内变化时，输出的直流电压稳定不变。

（2）稳压与保护电路原理。

集成稳压器 IC 型号为 CW117，内部具有过流、过热和调整管保护功能，其输出电压 U_o 由电阻 R_b 与 R_a 的比值决定，R_b 越大 U_o 越高，$U_o = 1.25 \left(1 + \dfrac{R_b}{R_a}\right)$。

为了实现输出电压分挡调节，R_b 由电阻 $R_3 \sim R_7$ 串联构成，并由 S_{2-1} 予以选择。C_3 的作用是提高纹波抑制比，C_4 的作用是消除振荡以确保电路工作稳定。

VD_2、VD_3 为保护二极管。VD_2 可防止 C_4 放电而损坏集成稳压器，VD_3 可防止 C_3 放电而损坏集成稳压器。

（3）指示电路的作用。

发光二极管 VD_1 为整流全桥输出指示，微安表头 PA 为集成稳压器输出指示。由于集成稳压器的输出电压有不同的 5 挡，因此 PA 的降压电阻为 $R_8 \sim R_{12}$ 电阻串，并由 S_{2-2} 予以同步选择。如果 VD_1 亮而 PA 无指示，则可判断故障在稳压部分。

196.　分挡式 LED 稳压电源

图 7-90 所示为采用发光二极管作为稳压管的分挡式 LED 稳压电源电路，输出电压 3V、4.5V、6V 3 挡可调，最大输出电流 500mA，发光二极管 VD_5 既是稳压管，同时也是电源指示灯。

（1）电路工作原理。

分挡式 LED 稳压电源包括变压、整流滤波、稳压和分挡调节等组成部分，S_1 为电源开关，S_2 为输出电压选择开关。

这是一个典型的串联型稳压电路，交流 220V 市电由电源变压器 T_1 降压、整流二极管 $VD_1 \sim VD_4$ 桥式整流、电容器 C_1 滤波后，得到非稳压的直流电压，再由晶体管 VT_1、VT_2 等组成的稳压电路稳压，然后输出稳压直流电压。电路具有 3 挡输出电压可供选择。

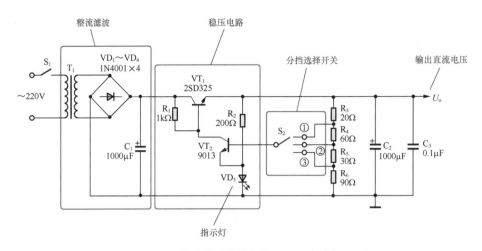

图 7-90 LED 作为稳压管的分挡式 LED 稳压电源电路

（2）分挡稳压原理。

晶体管 VT_1 为调整管，VT_2 为比较放大管。发光二极管 VD_5 构成基准电压源，将 VT_2 的发射极电压稳定在 2V。

电阻 R_3、R_4、R_5、R_6 构成取样电路，通过开关 S_2 选择不同的取样比，即可获得不同的输出电压。

输出电压 $U_o = (U_{VD5} + U_{be2}) \times \dfrac{R_3 + R_4 + R_5 + R_6}{R} = 2.7V \times \dfrac{R_3 + R_4 + R_5 + R_6}{R}$，式中 R 在不同挡位代表不同的数值。

当 S_2 位于①挡时，$R = R_4 + R_5 + R_6$，取样比为 0.9，输出电压 $U_o = 3V$。

当 S_2 位于②挡时，$R = R_5 + R_6$，取样比为 0.6，输出电压 $U_o = 4.5V$。

当 S_2 位于③挡时，$R = R_6$，取样比为 0.45，输出电压 $U_o = 6V$。

197. 12V 开关稳压电源

开关稳压电源革除了笨重的工频电源变压器，主控功率管工作于开关状态，因此具有效率高、自身功耗低、适应电源电压范围宽、体积小、重量轻等显著特点。

图 7-91 所示为 12V、20W 开关稳压电源电路图，该开关稳压电源采用 TOP 系列开关电源集成电路为核心设计，具有优良的技术指标：输入工频交流电压范围 85～265V，输出直流电压 12V，最大输出电流 2.5A，电压调整率≤ 0.7%，负载调整率≤ 1.1%，效率> 80%，具有完善的过流、过热保护功能。

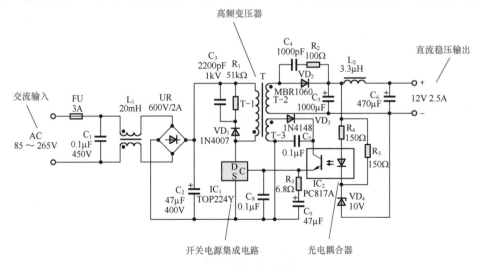

图 7-91 12V、20W 开关稳压电源电路

整机电路包括 5 个部分。① 电容器 C_1 和电感器 L_1 组成的电源噪声滤波器，用于净化电源和抑制高频噪声。② 全波整流桥堆 UR 和滤波电容器 C_2 组成的工频整流滤波电路，将交流市电转换为高压直流电。③ 开关电源集成电路 IC_1、高频变压器 T 等组成的高频振荡和脉宽调制电路，产生脉宽受控的高频脉冲电压。④ 整流二极管 VD_2、滤波电容器 C_5、C_6、滤波电感器 L_2 等组成的高频整流滤波电路，将高频脉冲电压变换为直流电压输出。⑤ 光电耦合器 IC_2、稳压二极管 VD_4 等组成的取样反馈电路，将输出直流电压取样后反馈至高频振荡电路进行脉宽调制。图 7-92 所示为 12V、20W 开关稳压电源电路整机方框图。

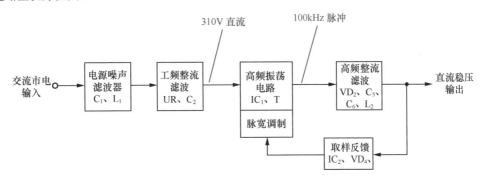

图 7-92　12V、20W 开关稳压电源电路整机方框图

（1）电路工作原理。

交流市电接入 AC 端后，依次经过 C_1、L_1 电源噪声滤波器、整流桥堆 UR 全波整流、电容器 C_2 滤波后，得到直流高压（当交流市电 = 220V 时，直流高压 ≈ 310V），作为高频振荡和脉宽调制电路的工作电源。

直流高压经高频变压器 T 的初级线圈 T-1 加至集成电路 IC_1 的 D 端，IC_1（TOP224Y）内部含有 100kHz 高频振荡器和脉宽调制电路 PWM，在 IC_1 的控制下，通过 T-1 的电流为高频脉冲电流，耦合至高频变压器次级线圈 T-2，再经高频整流二极管 VD_2 整流，C_5、L_2、C_6 滤波后，输出 +12V 直流电压。

T-3 为高频变压器的反馈线圈，用以产生控制电流去改变高频脉冲的脉宽。当脉宽较大时，输出直流电压较高；当脉宽较小时，输出直流电压较低，如图 7-93 所示。通过调整高频脉冲的脉宽，达到稳定输出电压的目的。

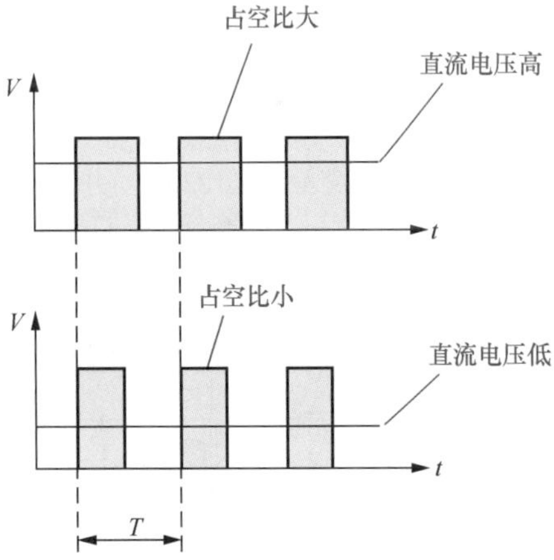

（2）脉宽调制稳压过程。

脉宽调制电路由 TOP224Y（IC_1）、高频变压器（T）、光电耦合器（IC_2）等组成，是开关稳压电源的核心电路，功能是变压和稳压。

如图 7-94 所示，由输入交流市电直接整流获得的 +310V 直流高压，经高频变压器初级线圈 T-1、IC_1 的 D-S 端构成回路。由于 IC_1 的 D-S 间的功率开关管按 100kHz 的频率开关，因此通过 T-1 的电流为 100kHz 脉冲电流，并在次级线圈 T-2 上产生高频脉冲电压，经整流滤波后输出。

T-3 为高频变压器的反馈线圈，其感应电压由 VD_3 整流后作为 IC_1 的控制电压，经光耦（IC_2）中接收管 c-e 极加至 IC_1 的控制极 C 端，为 IC_1 提供控制电流 I_C。

脉宽调制稳压过程如下：如果因为输入电压升高或负载减轻导致输出电压 U_o 上升，一方面 T-3 上的反馈电压随之上升，使经 VD_3 整流后通过光耦接收管的电流 I_e 增大，即 IC_1 控制极 C 端的控制电流 I_C 上升；另一方面，输出电压 U_o 上升也使光耦发射管的工作电流 I_F 上升，发光强度增加，致使接收管导通性增加，I_e 增大，同样也使控制电流 I_C 上升。

图 7-93　脉宽与输出电压

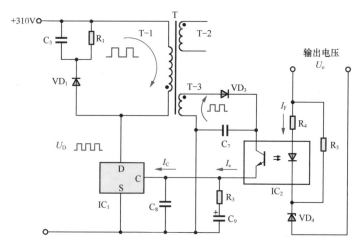

图 7-94　脉宽调制稳压过程

I_C 上升使得 IC_1 的脉冲占空比下降，迫使输出电压 U_o 回落，最终保持输出电压 U_o 的稳定。由于某种原因导致输出电压 U_o 下降时的稳压过程与前述相似，只是调节方向相反。

VD_1 为钳位二极管，R_1、C_3 组成吸收电路，用于钳位并吸收高频变压器关断时漏感产生的尖峰电压，对 IC_1 起到保护作用。C_8、C_9 是控制电压旁路滤波电容，C_9 同时与 R_3 组成控制环路补偿电路，决定电路自动重启动时间。R_4 是光耦发射管的限流电阻，R_5 为稳压二极管 VD_4 提供足够的工作电流。

198.　直流逆变电源

图 7-95 所示为直流逆变电源电路，可将 12V 直流电逆变为 220V 交流电，具有以下特点。① 采用脉宽调制式开关电源电路，可关断晶闸管作为功率开关器件，转换效率高达 90% 以上，自身功耗小。② 输出交流电压 220V，并且具有稳压功能。③ 输出功率 300W，可以扩容至 1000W 以上。④ 采用 2kHz 准正弦波形，无须工频变压器，体积小、重量轻。

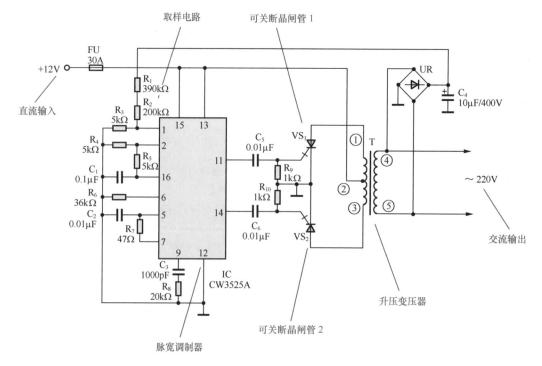

图 7-95　直流逆变电源电路

直流逆变电源由脉宽调制器、开关电路、升压电路、取样电路等部分组成，图 7-96 所示为直流逆变电源电路原理方框图。

图 7-96 直流逆变电源原理方框图

（1）脉宽调制器。

IC 为脉宽调制型（PWM）开关电源集成电路 CW3525A，其内部集成有基准电源、振荡器、误差放大器、脉宽比较器、触发器、锁存器等，输出级电路为图腾柱形式，具有 200mA 的驱动能力。

CW3525A 内部振荡器的工作频率由其第 6 脚、第 5 脚外接定时电阻 R_6 和定时电容 C_2 决定，本电路中振荡频率约为 4kHz，通过内部触发器和门电路分配后，从其第 11 脚和第 14 脚轮流输出驱动脉冲，经微分电路触发可关断晶闸管 VS_1、VS_2 轮流导通。

（2）微分触发电路。

因为可关断晶闸管的特点是正脉冲触发导通、负脉冲触发截止，因此脉宽调制器 IC 输出的驱动脉冲，必须经由微分电路转换为正、负触发脉冲，再去触发可关断晶闸管。

电容 C_5、电阻 R_9 构成可关断晶闸管 VS_1 的控制极微分电路，电容 C_6、电阻 R_{10} 构成可关断晶闸管 VS_2 的控制极微分电路。下面以 C_5、R_9 微分电路为例来说明工作原理。

当脉宽调制器 IC 的第 11 脚刚输出驱动脉冲 U_1 时，由于电容 C_5 两端电压不能突变，驱动脉冲 U_1 电压全部加在电阻 R_9 上；C_5 迅速充满电后，R_9 上电压降为 "0"；结果是驱动脉冲 U_1 上升沿在 R_9 上形成一正脉冲，触发可关断晶闸管 VS_1 导通。

当脉宽调制器 IC 的第 11 脚输出的驱动脉冲 U_1 结束时，同样由于电容 C_5 两端电压不能突变，C_5 右端电压变为 - U_1 并全部加在电阻 R_9 上；C_5 迅速放完电后，R_9 上电压恢复为 "0"；结果是驱动脉冲 U_1 下降沿在 R_9 上形成一负脉冲，触发可关断晶闸管 VS_1 关断。

同理，脉宽调制器 IC 的第 14 脚输出的驱动脉冲 U_2，在 C_6、R_{10} 的微分作用下，其上升沿在 R_{10} 上形成一正脉冲，触发可关断晶闸管 VS_2 导通；其下降沿在 R_{10} 上形成一负脉冲，触发可关断晶闸管 VS_2 关断。

（3）开关升压电路。

当 VS_1 导通时（此时 VS_2 截止），+12V 电源通过变压器 T 初级上半部分（②端 → ①端）经 VS_1 到地。当 VS_2 导通时（此时 VS_1 截止），+12V 电源通过变压器 T 初级下半部分（②端 → ③端）经 VS_2 到地。通过变压器 T 的合成和升压，在 T 的次级即可获得 220V 的交流电压，其频率约为 2kHz。

由于变压器线圈对高频成分的阻碍，次级波形已不是方波，可称之为准正弦波。采用较高频率的准正弦波形，有利于提高效率和革除工频变压器，也能使大多数电器正常工作。

IC 的第 5 脚与第 7 脚之间所接电阻 R_7 用以调节死区时间，本电路中死区时间约为 2 μs。设置死区时间可以保证 VS_1 与 VS_2 不会出现同时导通的情况，提高了电路的安全性与可靠性。

（4）取样电路。

整流全桥 UR 与 C_4、$R_1 \sim R_3$ 等组成取样反馈电路。输出端的 220V 交流电压经整流桥堆 UR 全波整流、电容 C_4 滤波、电阻 R_1、R_2 与 R_3 分压后，从第 1 脚送入脉宽调制器 IC 内部的误差放大器和比较器进行处理，进而自动控制第 11 脚与第 14 脚的输出脉宽（即脉宽调制），达到稳定输出电压的目的。

199. 时基 IC 逆变电源

图 7-97 所示为时基电路构成的逆变电源，能够将汽车上的 12V 直流电源转换为 220V 交流电源，为电水壶、电烤炉、电吹风、电须刀、电子荧光灯等电器设备供电，给驾车出游休闲提供方便。

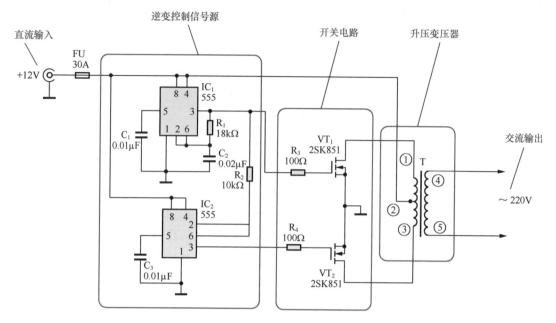

图 7-97　时基 IC 构成的逆变电源

　　该逆变电源采用了两个 555 时基电路，包括多谐振荡器、反相器、开关电路、升压电路等部分组成。电源逆变原理是，多谐振荡器和反相器组成逆变控制信号源，控制开关电路和升压电路的工作；开关电路和升压电路组成逆变主体，将汽车上的 12V 直流电压转变为 220V 交流电压，输出功率 300W。

　　（1）逆变控制信号源电路。

　　555 时基电路 IC_1 构成对称型多谐振荡器，振荡频率 2kHz，占空比 1：1，从其第 3 脚输出完全对称的方波脉冲。555 时基电路 IC_2 构成施密特触发器，作为反相器使用，将 IC_1 输出的方波脉冲倒相后输出。

　　两个 555 时基电路 IC_1 与 IC_2 的第 3 脚分别输出互为反相的方波脉冲，作为逆变主体电路的控制信号，分别经电阻 R_3、R_4 控制大功率开关管 VT_1、VT_2 轮流导通。由于 555 时基电路输出端具有 200mA 的驱动能力，因此可以直接驱动大功率开关管工作。

　　（2）逆变主体电路。

　　大功率场效应管 VT_1 和 VT_2 是逆变开关管，与变压器 T 一起完成电源逆变任务。当 IC_1 第 3 脚输出为"+12V"时，开关管 VT_1 导通（此时 VT_2 截止），+12V 电源通过变压器 T 初级的上半部分（②端→①端）经 VT_1 到地。

　　当 IC_2 第 3 脚输出为"+12V"时，开关管 VT_2 导通时（此时 VT_1 截止），+12V 电源通过变压器 T 初级的下半部分（②端 → ③端）经 VT_2 到地。通过变压器 T 的合成和升压，在其次级即可获得 220V 的交流电压，其频率约为 2 kHz。

　　大功率场效应管 VT_1、VT_2 均工作于开关状态，因此管子自身功耗并不很大。

　　（3）输出功率的扩容。

　　如需输出更大功率，可选用更大电流的功率场效应管。例如，选用电流达 60A 的功率场效应管，可使输出功率提高为 600W。如采用 4 只 60A 功率场效应管，两两并联，则可使输出功率达 1000W 以上。

200.　交流调压电路

　　图 7-98 所示为交流调压电路，双向晶闸管 VS 为电压调整元件，RP 为电压调整电位器，C 为定时电容，VD 为双向触发二极管。交流电压由电路左端输入，调压后的交流电压自电路右端输出，供负载使用。PV 为输出端电压表。

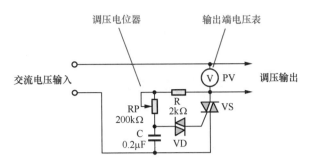

图 7-98　交流调压电路

　　调节电位器 RP，可以改变电容 C 的充电电流，也就改变了 C 上电压达到双向二极管 VD 导通阈值的充电时间，即调节了双向晶闸管 VS 的导通角，达到调整输出电压的目的。

　　增大电位器 RP，电容 C 的充电电流减小、电压上升变慢，C 上电压需要较长时间才能达到双向二极管 VD 的导通阈值产生触发脉冲。换句话说，就是在交流电的每个半周中，触发脉冲在时间上被延后，导致双向晶闸管 VS 的导通角变小，输出电压的平均值降低。

　　减小电位器 RP，电容 C 的充电电流增大、充电速率变快，在交流电的每个半周中，触发脉冲在时间上被提前，导致双向晶闸管 VS 的导通角变大，输出电压的平均值提高。这种交流调压电路的特点是降压调节，即输出电压不可能高于输入电压。

201.　自动交流调压电路

　　图 7-99 所示为自动交流调压电路，它的特点是输入的交流电压在一定范围波动时，调整后的输出电压能够保持不变。

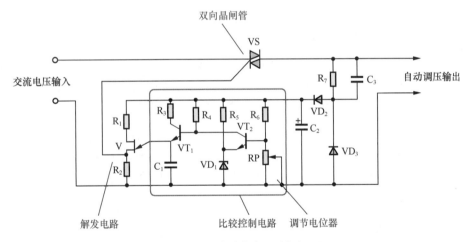

图 7-99　自动交流调压电路

　　自动调压原理是，双向晶闸管 VS 的控制极采用单结晶体管触发电路，并由晶体管 VT_1 控制定时电容 C_1 的充电电流。晶体管 VT_2 等构成比较电路，将输出电压的波动放大后去改变 VT_1 的导通程度，进而改变触发脉冲产生的时间，调节晶闸管 VS 的导通角，达到自动调压、保持输出电压稳定的效果。

　　晶体管 VT_2 的发射极接稳压二极管 VD_1，其基极接 R_6、RP 构成的输出电压取样电路。当电路输入端的交流电压升高时，调压后的输出电压也趋于升高，经取样电阻 R_6 加至 VT_2 基极，由于 VT_2 的发射极电位被稳压二极管 VD_1 稳定在固定值，所以 VT_2 集电极电位下降，使 VT_1 的发射极电流（即 C_1 的充电电流）下降，单结晶体管 V 产生的触发脉冲被延迟，也就是减小了晶闸管 VS 的导通角，迫使输出电压回落，最终使输出电压保持稳定。

电路输入端的交流电压降低时的自动调压情况相似，只是调整方向相反而已。调节电位器 RP 可改变自动调压输出的电压值。

202. 多用途充电器

图 7-100 所示为 555 时基电路构成的多用途充电器电路，可以为 4 节镍氢电池或镍镉电池、4V 或 6V 铅酸蓄电池充电。充电器电路由整流滤波、稳压、充电控制、电压设定、充电指示等部分组成。

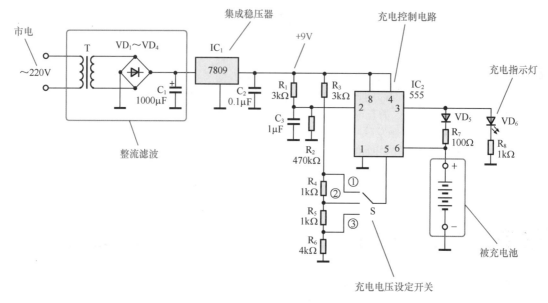

图 7-100　555 时基电路构成的多用途充电器电路

（1）工作原理。

交流 220V 市电经电源变压器 T 降压、二极管 $VD_1 \sim VD_4$ 桥式整流、电容器 C_1 滤波、集成稳压器 IC_1 稳压后，成为 +9V 直流电压，作为充电控制电路的工作电压和充电电压，对被充电池进行充电，充电指示灯 VD_6 点亮。电充满后，充电控制电路关断充电电压，充电指示灯 VD_6 熄灭。

（2）充电控制电路。

555 时基电路 IC_2 工作于 RS 型双稳态触发器状态，构成充电检测与控制电路。

R_1、C_3 构成启动电路，刚接通电源时，由于 C_3 来不及充电，"0" 电压加至 IC_2 的第 2 脚使双稳态触发器置 "1"，其输出端（第 3 脚）为 +9V，经 VD_5、R_7 向被充电池充电，同时使发光二极管 VD_6 发光，指示正在充电。

随着充电时间的推移，被充电池的端电压不断上升，并送入 IC_2 的第 6 脚进行检测比较。当端电压上升到被充电池的标称电压值时（即被充电池基本充满时），通过第 6 脚触发双稳态触发器置 "0"，其输出端（第 3 脚）变为 0V，充电停止，发光二极管 VD_6 熄灭。

555 时基电路 IC_2 的控制端（第 5 脚）通过开关 S 接入不同电压，也就是为检测电路设定了不同的比较电压，当 IC_2 第 6 脚的电压达到第 5 脚的比较电压时，双稳态触发器即刻翻转。

S 是充电电压设定开关。当 S 指向①挡时，设定电压为 6V，适用于为 4 节镍镉电池、6V 铅酸蓄电池等充电。当 S 指向②挡时，设定电压为 5V，适用于为 4 节镍氢电池等充电。当 S 指向③挡时，设定电压为 4V，适用于为 4V 铅酸蓄电池等充电。

203. 电动车充电器

晶闸管构成的电动车充电器电路如图 7-101 所示，能够为电动自行车、电动残疾人车的蓄电池充电，充电电流可调节，以便适应不同电压、不同容量的蓄电池充电。

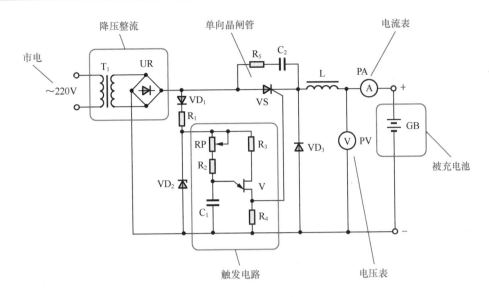

图 7-101 晶闸管构成的电动车充电器电路

晶闸管充电器电路包括电源变压器 T_1 和整流桥堆 UR 构成的降压整流电路、单向晶闸管 VS 等构成的主控电路、单结晶体管 V 等构成的触发电路 3 个组成部分，如图 7-102 方框图所示。

（1）电路工作原理。

充电器的功能是将交流 220V 市电转换为直流电压，向蓄电池充电，并且要求充电电流可调节。晶闸管充电器就是利用晶闸管的可控整流特性，实现充电器的基本功能。

电路工作原理是，交流 220V 市电经电源变压器 T_1 降压、整流桥堆 UR 全波整流后，成为脉动直流电压，在单向晶闸管 VS 的控制下向蓄电池 GB 充电。通过改变触发脉冲的时间，即可改变晶闸管的导通角，从而控制充电电压和充电电流的大小。

（2）主控电路。

单向晶闸管 VS 构成主控电路。整流桥堆 UR 全波整流输出的脉动直流电压加在晶闸管 VS 阳极，在每个半周内，只要有触发脉冲加至晶闸管 VS 的控制极，晶闸管 VS 即导通；而在每个半周结束电压过零时，晶闸管 VS 截止。

晶闸管 VS 的导通角受触发脉冲到来迟早的控制。在每个半周内，触发脉冲到来越早晶闸管 VS 的导通角越大，通过晶闸管 VS 的平均充电电压和充电电流就越大。触发脉冲到来越迟晶闸管 VS 的导通角越小，通过晶闸管 VS 的平均充电电压和充电电流就越小。

晶闸管 VS 输出的脉动直流电压，经电感 L 滤波后，向被充蓄电池 GB 充电。R_5、C_2 构成阻容吸收网络，并接在晶闸管 VS 两端起过压保护作用。VD_3 为续流二极管，在晶闸管 VS 截止期间，为电感 L 产生的自感电动势提供通路，以防晶闸管 VS 失控或损坏。PA 为电流表，用以监测充电电流。PV 为电压表，用以监测被充蓄电池 GB 的端电压。

（3）触发电路。

单结晶体管 V 等构成晶闸管触发电路，RP、R_2 和 C_1 构成定时网络，决定触发脉冲产生的时间。整流桥堆 UR 全波整流输出的脉动直流电压，经二极管 VD_1 隔离、电阻 R_1 降压、稳压二极管 VD_2 稳压后，为单结晶体管 V 提供合适的工作电压。

在每个半周开始时，脉动直流电压经 RP、R_2 向 C_1 充电。当 C_1 上电压达到单结晶体管 V 的峰点电压时，单结晶体管 V 导通，C_1 经 V 和 R_4 迅速放电，在 R_4 上形成一个触发脉冲，去触发晶闸管 VS 导通。

C_1 的充电时间受 RP 和 R_2 制约。当 RP 阻值增大时，C_1 充电时间延长，单结晶体管 V 导通产生触发脉冲的时间延后，使晶闸管 VS 导通角减小。当 RP 阻值减小时，C_1 充电时间缩短，单结晶体管 V 导通产生触发脉冲的时间提前，使晶闸管 VS 导通角增大。RP 即为充电电流调节电位器。

204. 手机智能充电器

手机智能充电器允许输入交流电压 110～240V/50 Hz 或 60Hz，可以对各种手机锂电池进行充电（配以不同的电池固定座和接点），充电过程智能控制并有相应的 LED 指示。

手机智能充电器电路如图 7-103 所示，包括开关电源和充电控制两部分。开关电源摒弃了笨重的电源变压器，减小了充电器的体积和重量，提高了电源效率。充电电路采用脉宽调制控制，可以对电池进行先大电流后涓流的智能快速充电，并由发光二极管予以指示。VD_9 为电源指示灯，VD_{10} 为充电指示灯。图 7-104 所示为手机智能充电器方框图。

（1）开关电源电路。

电路左半部分为开关电源电路。整流二极管 VD_1～VD_4 将交流 220V 市电直接整流为 310V 直流电压，经开关管 VT_1、脉冲变压器 T_1、整流二极管 VD_8 等组成的直流变换电路后，输出 +12V 直流电压供给后续的充电电路。

（2）充电控制电路。

电路右半部分为充电控制电路，包括脉宽调制控制电路和充电指示控制电路。脉宽调制控制电路采用 PWM 集成电路 MB3759（IC_1），指示控制电路由集成运算放大器 LM324（IC_2）构成。

充电电路工作原理是，充电器接通电源后，电源指示灯 VD_9 点亮，+12V 电压通过驱动晶体管 VT_3 对被充电池进行充电。

刚开始充电时，被充电池两端电压较低，经 R_{13} 与 R_{29} 和 RP_1 分压后使 IC_1 的输出脉宽较宽，VT_3 导通时间较长，对电池的充电电流较大（180～200mA），充电指示灯 VD_{10}（双色 LED）发红光。

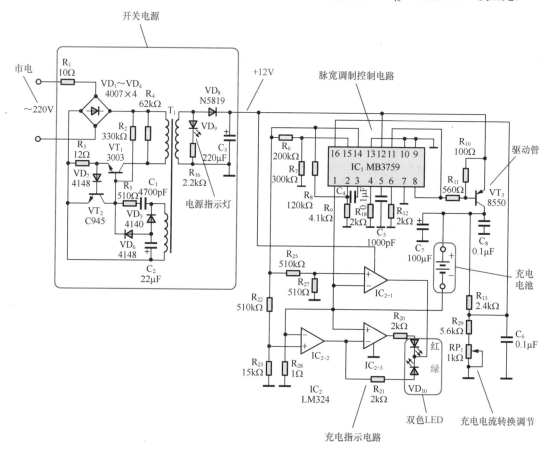

图 7-103　手机智能充电器电路

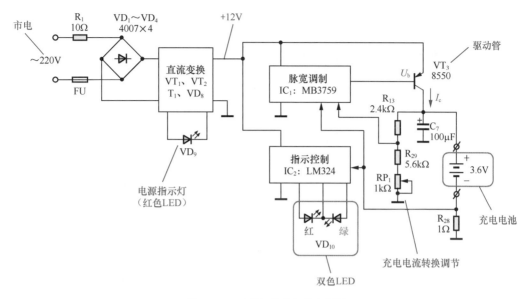

图 7-104 手机智能充电器方框图

随着充电时间的推移，被充电池两端电压逐步升高，IC_1 输出脉宽逐步变窄，VT_3 导通时间逐步缩短，充电电流逐步减小。IC_1 输出脉宽（U_b）与充电电流（I_c）的关系如图 7-105 所示。

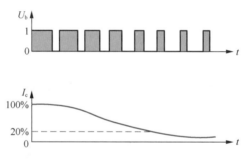

图 7-105 输出脉宽与充电电流的关系

当被充电池电量充到 50% 时，发光二极管 VD_{10} 发橙色光。当被充电池电量充到 75% 后，发光二极管 VD_{10} 发绿色光，进入充电电流＜ 50mA 的涓流充电状态，直至充满。R_{28} 是 IC_2 的取样电阻，如果电池出现短路，R_{28} 上过高的取样电压还会使 IC_1 关断，保护 VT_3 不被损坏。

电位器 RP_1 用于调节充电电流从大电流转为涓流的时机，一般选择被充电池电量达到 75% 时转入涓流充电状态。调整方法是，当 C_7 正端电压为 4.2V 时，调节 RP_1 使 R_{13}、R_{29} 连接处为 3.1V 即可。

205. 车载快速充电器

车载快速充电器的功能是利用汽车上的 12V 电源为镍氢充电电池快速充电。您可以在行驶途中为镍氢充电电池快速充电，到达目的地后保证您的数码电子设备具有充足的电源，满足您的使用需要。

车载快速充电器电路如图 7-106 所示。电路中 IC_1 采用了镍氢电池快速充电控制集成电路 MAX712，可对两节镍氢充电电池进行全自动快速充电。VT_1 为充电电流控制晶体管。R_5 为取样电阻，R_1 为降压电阻。发光二极管 VD_1 为工作指示灯，VD_2 为快充指示灯。整机输入电源为 12V。

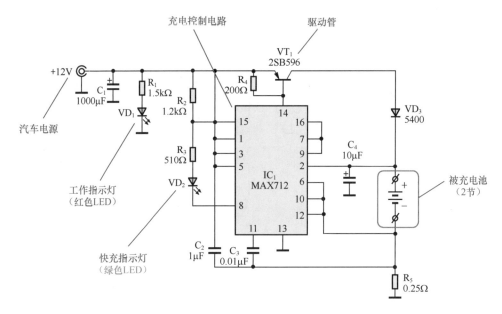

图 7-106　车载快速充电器电路

（1）充电控制集成电路。

充电控制集成电路 MAX712 内部包含有定时器、电压增量检测器、温度比较器、欠压比较器、控制逻辑单元、电流电压调节器、充电状态指示控制电路、基准电压源和并联式稳压器等。

MAX712 具有较完备的智能充电控制与检测功能，其特点如下。① 可以为 1～16 节镍氢电池（串联）充电。② 快速充电电流可在 $\frac{1}{3}$ C～4C 之间选择（C 为镍氢充电电池的额定容量）。③ 具有电压增量检测法（ΔV 法）、定时法、温度监测法 3 种结束快速充电的方式可供选用。④ 基本充满后自动由快速充电转为 $\frac{1}{16}$ C 的涓流充电。⑤ 具有充电状态指示功能。⑥ 具有被充电池电压检测控制功能。

（2）电路设定。

IC_1（MAX712）连接成对两节镍氢电池串联充电模式，设定镍氢电池容量为 2000 mA·h，充电时间为 180min，快速充电电流为 1A（充电率为 $\frac{1}{2}$ C），涓流充电电流为 125mA（$\frac{1}{16}$ C）。选用电压增量检测法，当被充电池电压的增量为 "0"（$\Delta V/\Delta t = 0$）时，结束快速充电转为涓流充电。

（3）电路工作过程。

接通 12V 电源，VD_1（红色 LED）亮。当接入两节镍氢充电电池后，IC_1 首先对被充电池进行检测，如果单节电池的电压低于 0.4V，则先用涓流充电，待单节电池电压上升到 0.4V 以上时，才开始快速充电，快充指示灯 VD_2（绿色 LED）亮。

IC_1 内部电路通过检测取样电阻 R_5 上的电压降来监测和稳定快充电流。如果 R_5 上电压降小于 250mV，IC_1 驱动输出端 DRV（第 14 脚）控制晶体管 VT_1 增加导通度以增加充电电流，反之则减小充电电流，以保持恒流充电。

当被充电池基本充满、电压不再上升时（即电池端电压的增量为 "0" 时），IC_1 内部电压增量检测器将检测结果送入控制逻辑单元处理后，通过电流电压调节器使电路结束快速充电过程并转入涓流充电，同时通过第 8 脚使快充指示灯 VD_2 熄灭，直到切断 12V 电源为止。

（4）拓展使用。

本充电器电路可以根据需要方便地拓展使用。① 如需改变充电电池的节数，相应改变 IC_1 的第 3 脚、第 4 脚的接法即可，见表 7-11。② 如需改变快充电流，调节 R_5 的阻值即可，R_5（Ω）= 0.25V/快充电流（A）。③ 如需改变设定充电时间，相应改变 IC_1 的第 9 脚、第 10 脚的接法即可，见表 7-12。

表 7-11　MAX713 不同电池节数的接法

电池节数	第 3 脚连接到	第 4 脚连接到
1	第 15 脚	第 15 脚
2	第 15 脚	开路
3	第 15 脚	第 16 脚
4	第 15 脚	第 12 脚
5	开路	第 15 脚
6	开路	开路
7	开路	第 16 脚
8	开路	第 12 脚
9	第 16 脚	第 15 脚
10	第 16 脚	开路
11	第 16 脚	第 16 脚
12	第 16 脚	第 12 脚
13	第 12 脚	第 15 脚
14	第 12 脚	开路
15	第 12 脚	第 16 脚
16	第 12 脚	第 12 脚

表 7-12　MAX713 不同充电时间的接法

充电时间（分）	取样间隔（秒）	$-\Delta V$ 法作用	第 9 脚连接到	第 10 脚连接到
22	21	不	第 15 脚	开路
22	21	是	第 15 脚	第 16 脚
33	21	不	第 15 脚	第 15 脚
33	21	是	第 15 脚	第 12 脚
45	42	不	开路	开路
45	42	是	开路	第 16 脚
66	42	不	开路	第 15 脚
66	42	是	开路	第 12 脚
90	84	不	第 16 脚	开路
90	84	是	第 16 脚	第 16 脚
132	84	不	第 16 脚	第 15 脚
132	84	是	第 16 脚	第 12 脚
180	168	不	第 12 脚	开路
180	168	是	第 12 脚	第 16 脚
264	168	不	第 12 脚	第 15 脚
264	168	是	第 12 脚	第 12 脚

206. 太阳能充电器

太阳能充电器电路如图 7-107 所示，它具有以下功能和特点。① 在光照下直接为 4 节镍氢电池充电。② 在光照下直接为手机等电器充电。③ 具有电能储存功能，在光照下储存电能后，能够在无光照情况下为手机等电器充电。④ 采用发光二极管指示充电状态。

充电器电路由太阳能电池板、充电电路、镍氢电池组、电压指示电路等部分组成。由于太阳能电池板输出电压和电流均取决于光照强度，不稳定且输出电流较小。设置镍氢电池组的作用是作为"蓄水池"，既可稳定输出电压、提高输出电流，又可在无光照情况下提供应急充电；同时作为镍氢电池的充电仓，可为 4 节 1.2V 镍氢电池充电。

（1）充电电路。

整流二极管 VD_1 构成最简充电电路。太阳能电池板 BP 在光照下产生的电能，经 VD_1 向镍氢电池组 GB 充电。由于太阳能电池板 BP 所能提供电流较小（50～100mA），属于涓流充电，因此可以将充电控制与保护电路略去，简化了电路，降低了制作成本，而丝毫不影响充电器功能。

电池组 GB 由 4 节镍氢可充电电池组成，充满时端电压约为 4.8V。当太阳能电池板 BP 的输出电压高于电池组 GB 电压与 VD_1 管压降之和时，VD_1 导通，向电池组 GB 充电。当太阳能电池板 BP 的输出电压低于电池组 GB 电压与 VD_1 管压降之和时，VD_1 截止，停止向电池组 GB 充电。

（2）电压指示电路。

电压指示电路为检测镍氢电池组 GB 电量所设，需要时按下"电量"按钮，5 个发光二极管则按 ＜ 70%、70%、80%、90%、100% 五级指示出电池组电量，点亮的发光二极管越多则电量越足。

电压指示电路由集成电路 IC_1～IC_4、发光二极管 VD_3～VD_7 等构成。IC_1～IC_4 分别构成 100%、90%、80%、70% 电压比较器，分别由 VD_3～VD_6 予以指示，＜ 70% 电压由 VD_7 指示。

R_3、VD_2 等构成 3.3V 稳压电路，以提高比较器基准电压的稳定度。R_4～R_8 构成串联分压器，将 3.3V 稳定电压分压后形成 4 个递增的电压，分别送至 4 个电压比较器的"IN+"端作为基准电压。R_1、R_2 为取样电阻，取样比为 2/3，取样电压同时送至 4 个电压比较器的"IN-"端。R_9～R_{13} 为发光二极管限流电阻。SB 为"电量"检测按钮。IC_1～IC_4 为集成电压比较器，集电极开路输出形式。

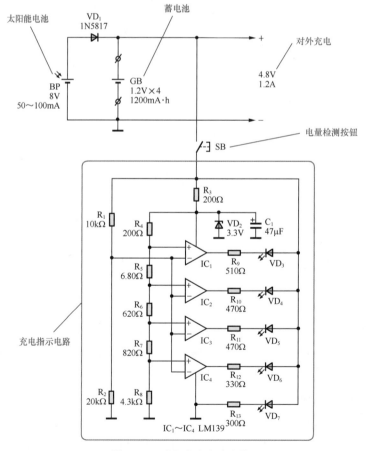

图 7-107　太阳能充电器电路

按下"电量"检测按钮 SB 后，当取样点(R_1 与 R_2 的分压点)电压未达到 IC_4 基准电压时，仅 VD_7 点亮，指示电量＜ 70%。当取样点电压≥ IC_4 基准电压时，IC_4 输出管导通，使 VD_6 点亮（VD_7 仍亮），指示电量≥ 70%。当取样点电压≥ IC_3 基准电压时，VD_5 点亮（VD_6、VD_7 仍亮），指示电量≥ 80%。当取样点电压≥ IC_2 基准电压时，VD_4、VD_5、VD_6、VD_7 点亮，指示电量≥ 90%。当取样点电压≥ IC_1 基准电压时，VD_3 ~ VD_7 均点亮，指示电量达到 100%。

207. 恒流充电器

恒流充电器电路如图 7-108 所示，采用三端固定正输出集成稳压器 7805 作为恒流源，可以为两节镍氢充电电池充电，充满后指示灯自动熄灭。

恒流充电器电路由整流电源、恒流源、充电指示电路等部分组成。集成稳压器 7805 与 R_4、R_5、R_6、R_7 分别构成 50mA、100mA、150mA、200mA 恒流源，由开关 S 进行选择，以适应不同容量电池充电电流的需要。两节 1.2V 镍氢充电电池串联接入电路进行充电，二极管 VD_6 的作用是防止被充电池电流倒灌。

晶体管 VT_1、VT_2、发光二极管 VD_5 等组成充电指示电路。充电开始时，因为被充电池电压很低，VD_6 正极电位也较低，不足以使 VT_2 导通，VT_2 截止，VT_1 导通，发光二极管 VD_5 点亮指示正在充电。随着充电的进行，VD_6 正极电位逐步上升。当被充电池充满电时，VT_2 导通，VT_1 截止，发光二极管 VD_5 熄灭指示充电结束。

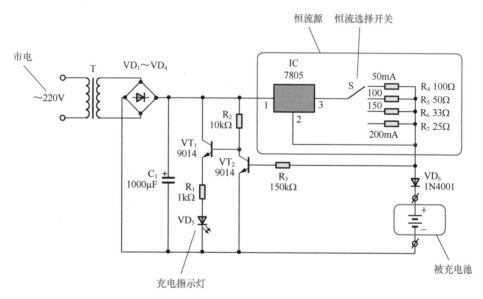

图 7-108　恒流充电器电路

变压器 T、整流二极管 VD_1 ~ VD_4、滤波电容 C_1 等组成整流电源电路，为充电电路提供约 12V 的直流电源。

使用时一般以 10 小时率电流充电。例如，对于 500mA·h 左右的镍氢充电电池，将 S 置于 50mA 挡进行充电；对于 1000mA·h 左右的镍氢充电电池，将 S 置于 100mA 挡进行充电；对于 1500mA·h 左右的镍氢充电电池，将 S 置于 150mA 挡进行充电；对于 2000mA·h 左右的镍氢充电电池，将 S 置于 200mA 挡进行充电。

第8章 电动机控制电路

电动机是最常用的电动动力设备，也是各种电器设备的动力装置，使用面广量大。电动机控制电路是电工电路的组成部分，包括直流电机、交流电机等各种大小电机的驱动电路、控制电路、调速电路、自动控制电路等。

208. 电机同相驱动电路

图 8-1 所示为直流电机同相驱动电路，即输入控制信号高电平时电机转动。555 时基电路（IC）构成施密特触发器，直流电机 M 接在 IC 第 3 脚与电源 $+V_{CC}$ 之间。当输入控制信号 $U_i = 1$ 时，IC 第 3 脚输出为低电平，直流电机 M 转动。当输入控制信号 $U_i = 0$ 时，IC 第 3 脚输出为高电平，直流电机 M 停转。

时基电路有单时基电路、双时基电路、双极型时基电路和 CMOS 型时基电路等种类。双极型时基电路具有 200mA 的驱动能力，用它构成电机驱动电路十分方便，特别是对于工作电流不超过 200mA 的直流电机，可以直接驱动而省去功率开关元件。CMOS 型时基电路功耗低、输入阻抗高，更适合作长延时电路。

时基集成电路简称时基电路，是一种将模拟电路和数字电路结合在一起、能够产生时间基准和完成各种定时或延迟功能的非线性集成电路。图 8-2 所示为时基集成电路外形和符号。

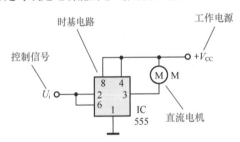

图 8-1 直流电机同相驱动电路

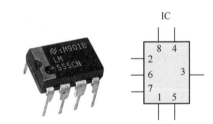

图 8-2 时基集成电路外形和符号

图 8-3 所示为时基电路内部原理方框图。电阻 R_1、R_2、R_3 组成分压网络，为 A_1、A_2 两个电压比较器提供 $\frac{2}{3} V_{CC}$ 和 $\frac{1}{3} V_{CC}$ 的基准电压。两个比较器的输出分别作为 RS 触发器的置"0"信号和置"1"信号。输出驱动级和放电管 VT 受 RS 触发器控制。由于分压网络的三个电阻 R_1、R_2、R_3 均为 5kΩ，所以该集成电路也被称为 555 时基电路。

时基电路的工作原理：当置"0"输入端 R $\geq \frac{2}{3} V_{CC}$ 时（$\bar{S} > \frac{1}{3} V_{CC}$），上限比较器 A_1 输出为"1"，使电路输出端 U_o 为"0"，放电管 VT 导通，DISC 端为"0"。

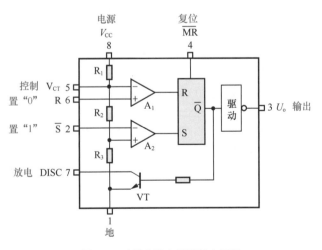

图 8-3 时基电路内部原理方框图

当置 "1" 输入端 $\overline{S} \leqslant \frac{1}{3} V_{CC}$ 时（$R < \frac{2}{3} V_{CC}$），下限比较器 A_2 输出为 "1"，使电路输出端 U_o 为 "1"，放电管 VT 截止，$DISC$ 端为 "1"。

$\overline{MR}$ 为复位端，当 $\overline{MR} = 0$ 时，$U_o = 0$，$DISC = 0$。

时基电路的典型工作模式有单稳态触发器模式、双稳态触发器模式、多谐振荡器模式、施密特触发器模式等 4 种。时基电路的主要用途是定时、振荡和整形，广泛应用在延时、定时、多谐振荡、脉冲检测、波形发生、波形整形、电平转换和自动控制等领域。

209. 电机反相驱动电路

图 8-4 所示为直流电机反相驱动电路，即输入控制信号低电平时电机转动。555 时基电路（IC）构成施密特触发器，直流电机 M 接在 IC 第 3 脚与地之间。当输入控制信号 $U_i = 0$ 时，IC 第 3 脚输出为高电平，直流电机 M 转动。当输入控制信号 $U_i = 1$ 时，IC 第 3 脚输出为低电平，直流电机 M 停转。

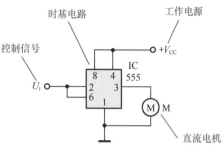

图 8-4　直流电机反相驱动电路

210. 电机桥式驱动电路

图 8-5 所示为直流电机桥式驱动电路，可控制电机的正、反转。两个 555 时基电路 IC_1、IC_2 均构成施密特触发器，直流电机 M 接在 IC_1、IC_2 两个输出端之间。

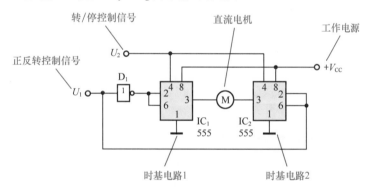

图 8-5　直流电机桥式驱动电路

电机正转与反转由控制信号 U_1 决定。当 $U_1 = 1$ 时，使 IC_2 第 3 脚输出为低电平（VT_{21} 截止，VT_{22} 导通），同时经非门 D_1 反相后使 IC_1 第 3 脚输出为高电平（VT_{11} 导通，VT_{12} 截止），直流电机 M 正转，电流 I_{M1} 如图 8-6 中红色虚线所示。

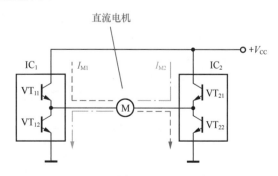

图 8-6　电机正反转控制原理

当 $U_1 = 0$ 时，使 IC_2 第 3 脚输出为高电平（VT_{21} 导通，VT_{22} 截止），同时经非门 D_1 反相后使 IC_1

第 3 脚输出为低电平(VT_{11} 截止，VT_{12} 导通)，直流电机 M 反转，电流 I_{M2} 如图 8-6 中绿色点画线所示。

电机转动与停转由控制信号 U_2 决定。U_2 控制着两个 555 时基电路的复位端 $\overline{MR}$（第 4 脚）。当 $U_2=1$ 时，IC_1、IC_2 正常工作，电机 M 在 U_1 的控制下正转或反转。$U_2=0$ 时，IC_1、IC_2 均输出为"0"，电机 M 停转。

211. 直流电机调速电路

图 8-7 所示为采用脉宽调速方式的直流电机调速电路，555 时基电路（IC）构成占空比可调的多谐振荡器，振荡频率一般为 3～5kHz。VT 是功率开关管，R_3 是其基极电阻。

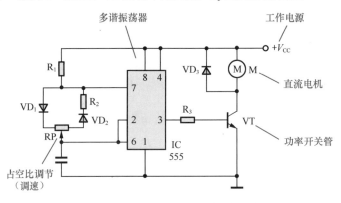

图 8-7　采用脉宽调速方式的直流电机调速电路

555 时基电路（IC）第 3 脚输出的脉冲信号，经 R_3 控制功率开关管 VT 的导通与截止，驱动直流电机 M 转动。脉冲信号的占空比越大，通过电机的平均电流就越大，电机的转速就越快。脉冲信号的占空比越小，通过电机的平均电流就越小，电机的转速就越慢。RP 是占空比调节电位器，因此也就是电机速度调节电位器。

VD_3 是续流二极管，在功率开关管截止期间为电机电流提供通路，既保证电机电流的连续性，又防止电机线圈的自感反压损坏功率开关管。

212. 交流电机间接控制电路

图 8-8 所示为交流电机间接控制电路。开关 SB 并不直接控制交流电机的电源，而是控制光电耦合器 IC 的输入信号。当按下按钮开关 SB 时，光电耦合器输出端三极管导通，产生触发电压触发双向晶闸管 VS 导通，交流电机 M 转动。由于光电耦合器的作用，只需控制 3V 低压直流电即可间接控制交流 220V 电源，实现了低压直流电路与高压交流电路的完全隔离。

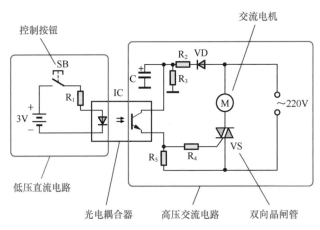

图 8-8　交流电机间接控制电路

光电耦合器原理如图 8-9 所示,内部包括一个发光二极管和一个光电三极管。当输入端加上直流低压时,发光二极管发光,光电三极管接受光照后就导通,接通交流电源回路,从而实现了间接控制。

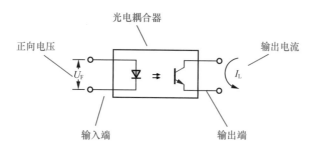

图 8-9　光电耦合器原理

光电耦合器的特点是输入端与输出端之间既能传输电信号,又具有电的隔离性,并且传输效率高、隔离度好、抗干扰能力强、使用寿命长,在隔离耦合、电平转换、继电控制等方面得到广泛的应用。

213.　三相电机控制电路

图 8-10 所示为三相交流电机控制电路,Q 为电力开关,控制交流电机的三相电源。当合上开关 Q 时,接通了三相电源,交流电机转动。当分断开关 Q 时,切断了三相电源,交流电机停转。FU$_1$、FU$_2$、FU$_3$ 分别是 A、B、C 三相电源的熔断器。

214.　三相电机正反转控制电路

图 8-11 所示为三相交流电机正、反转控制电路,控制开关 Q 是三极三位开关,控制着 A、B、C 三相电源的接入方式,从而达到控制三相交流电机正转或反转的目的。

当控制开关 Q 拨至"a"位时,接通了交流电机的三相电源,电机正转。当控制开关 Q 拨至"b"位时,切断了交流电机的三相电源,电机停转。当控制开关 Q 拨至"c"位时,同样是接通了交流电机的三相电源,但 C 相与 B 相调换了位置,使得电机反转。

215.　远距离控制三相电机电路

图 8-12 所示为采用交流接触器构成的远距离控制三相电机电路,控制开关 S 可置于远离电机的地方。当 S 闭合时,交流接触器 KM 得电吸合,接通电机的三相电源使其工作。当 S 断开时,交流接触器 KM 失电释放,切断电机的三相电源使其停止工作。

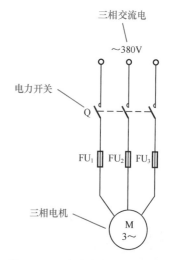

图 8-10　三相交流电机控制电路

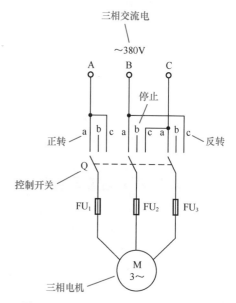

图 8-11　三相交流电机正、反转控制电路

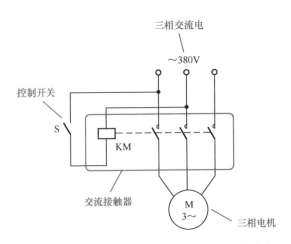

图 8-12　交流接触器构成的远距离控制三相电机电路

　　电路的核心器件是交流接触器,它是利用电磁铁原理工作的,主要应用在交流电机等设备的主电路和交流供电系统,用作间接或远距离控制。交流接触器由线圈、铁芯、衔铁、压簧和触点等组成,外形和符号如图 8-13 所示,结构原理如图 8-14 所示。三相交流接触器至少具有三组常开触点,有的还有常闭触点和更多常开触点,图中仅示出一组常开触点和一组常闭触点。

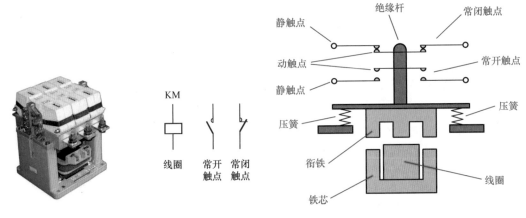

图 8-13　交流接触器的外形和符号　　　　图 8-14　交流接触器的结构原理

　　平时,衔铁在压簧的作用下弹起,各触点处于静止状态,常开触点断开、常闭触点接通。当给线圈通以工作电流时,铁芯产生电磁力将衔铁吸下,衔铁向下运动时,通过固定在衔铁上的绝缘杆带动各动触点同步向下运动,使常闭触点断开、常开触点接通,相应负载电路工作。当线圈断电时,铁芯失去电磁力,衔铁在压簧的作用下弹起并带动各触点回复静止状态,相应负载电路停止工作。

216. 按钮控制电机电路

　　图 8-15 所示为按钮控制交流电机电路,适用于需要频繁启动、停止,运转时间短暂的场合。SB 为控制按钮开关,KM 为交流接触器。按下按钮 SB 时,接通交流接触器 KM 的绕组电源,其主触点吸合,接通交流电机电源使其转动。松开按钮 SB 时,交流接触器 KM 的绕组断电,其主触点释放,切断交流电机电源使其停转。

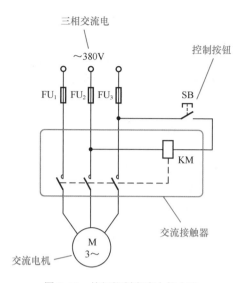

图 8-15　按钮控制交流电机电路

217.　双按钮控制电机正反转电路

图 8-16 所示为双按钮控制交流电机正、反转电路，使用了两个交流接触器 KM_1 和 KM_2，SB_1 为正转控制按钮，SB_2 为反转控制按钮。

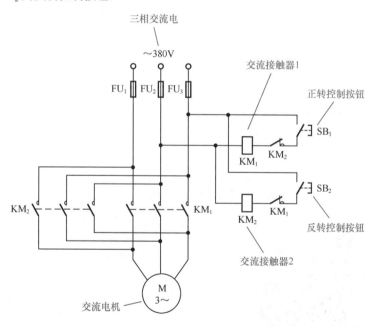

图 8-16　双按钮控制交流电机正、反转电路

按下按钮 SB_1 时，交流接触器 KM_1 得电吸合，接通交流电机电源使其正向转动。松开按钮 SB_1 时，交流接触器 KM_1 断电释放，切断交流电机电源使其停转。

按下按钮 SB_2 时，交流接触器 KM_2 得电吸合，在接通交流电机电源的同时改变了三相交流电的相序，使交流电机反向转动。松开按钮 SB_2 时，交流接触器 KM_2 断电释放，切断交流电机电源使其停转。

在交流接触器 KM_2 的绕组回路中，串接有 KM_1 的常闭辅助触点。同样在交流接触器 KM_1 的绕组回路中，串接有 KM_2 的常闭辅助触点。它们的作用是连锁保护，其保护原理是，当按下 SB_1 时，KM_1 吸合，其常闭辅助触点断开，切断了 KM_2 的绕组回路，这时即使误按下 SB_2，KM_2 也不会吸合，有效防止了 SB_1 与 SB_2 同时按下时造成三相电源相间短路。同理，当按下 SB_2 时，KM_2 吸合，其常闭辅助触点断开，切断了 KM_1 的绕组回路，这时即使误按下 SB_1，KM_1 也不会吸合。

218. 电机间歇运行控制电路

图 8-17 所示为电机间歇运行控制电路，电路中使用了两个时间继电器 KT_1 和 KT_2、一个普通继电器 KA、一个交流接触器 KM。该电路自动能够控制交流电机运转一段时间、停止一段时间、再运转一段时间、再停止一段时间……如此自动周而复始间歇运行。

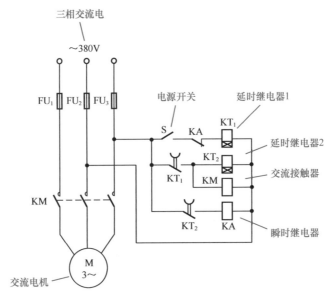

图 8-17　电机间歇运行控制电路

时间继电器是延时动作的继电器，根据延时结构不同可分为机械时间继电器和电子时间继电器两大类。

机械时间继电器如图 8-18 所示，其结构原理如图 8-19 所示，由铁芯、线圈、衔铁、空气活塞、接点等部分组成，它是利用空气活塞的阻尼作用达到延时目的的。

图 8-18　机械时间继电器

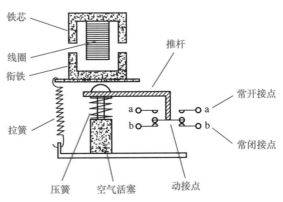

图 8-19　机械时间继电器的结构原理

线圈通电时使铁芯产生磁力，衔铁被吸合。衔铁向上运动后，固定在空气活塞上的推杆也开始向上运动，但由于空气活塞的阻尼作用，推杆不是瞬时而是缓慢向上运动，经过一定延时后才使常开接点 a-a 接通、常闭接点 b-b 断开。

电子时间继电器的工作原理如图 8-20 所示，实际上是在普通继电器前面增加了一个延时电路，当在其输入端加上工作电源后，经一定延时才使继电器 K 动作。电子时间继电器具有较宽的延时时间调节范围，可通过调节 R 进行延时时间调节。

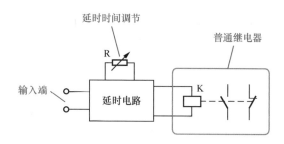

图 8-20 电子时间继电器的工作原理

根据动作特点不同，时间继电器又分为缓吸式和缓放式两种。缓吸式时间继电器的特点是，继电器线圈接通电源后需经一定延时各接点才动作，线圈断电时各接点瞬时复位。

缓放式时间继电器的特点是，线圈通电时各接点瞬时动作，线圈断电后各接点需经一定延时才复位。图 8-21 所示为时间继电器的图形符号。时间继电器主要用作延时控制。

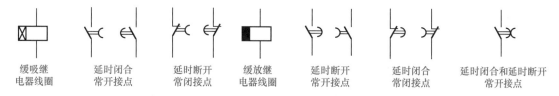

图 8-21 时间继电器的图形符号

电机间歇运行自动控制过程是，接通电源开关 S 后，交流电机并不立即运转，而是要待时间继电器 KT_1 延迟一定时间后动作，其触点接通交流接触器 KM 电源使其吸合，交流电机才运转。同时也接通了时间继电器 KT_2 电源，延迟一定时间后接通瞬时继电器 KA 电源，KA 动作其常闭触点断开，时间继电器 KT_1 断电释放，使交流接触器 KM 断电释放，交流电机停转。此时时间继电器 KT_2 也断电释放，切断了瞬时继电器 KA 电源，KA 释放其常闭触点闭合，又接通了时间继电器 KT_1 的电源，进入新一轮延时循环。

该间歇运行控制电路中，交流电机运转时间取决于时间继电器 KT_2 的延迟时间，交流电机停止时间取决于时间继电器 KT_1 的延迟时间。

219. 电机自动再启动电路

图 8-22 所示为交流电机自动再启动电路，主要应用于电源切换、换用备用电源等短暂断电又较快恢复供电情况下交流电机的自动启动。KM 为交流接触器，KA 为中间继电器，KT 为延时释放时间继电器，SB_1 为启动按钮，SB_2 为停止按钮。

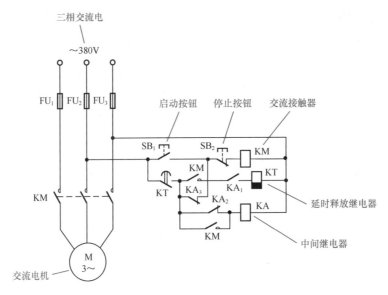

图 8-22 交流电机自动再启动电路

电路工作原理是，按下启动按钮 SB₁，交流接触器 KM、中间继电器 KA、延时释放时间继电器 KT 相继吸合，交流电机运转。这时如果断电，中间继电器 KA 与交流接触器 KM 释放，延时释放时间继电器 KT 虽然断电，但其触点并不立即断开，而是要延迟一定时间才断开。如果在 KT 触点尚未断开前又恢复供电，交流接触器 KM 绕组经 KT 触点、KA₃ 常闭触点、SB₂ 常闭按钮构成回路，使 KM 再次吸合，交流电机立即再自动启动。

需要交流电机停止时，应使按下停止按钮 SB₂ 的时间，超过延时释放时间继电器 KT 的延迟时间。

220. 多处控制电机电路

实际工作中，有时需要在多处控制同一个交流电机。图 8-23 所示为多处控制电机电路，可以在不同的地点控制同一个交流电机的运转或停止。

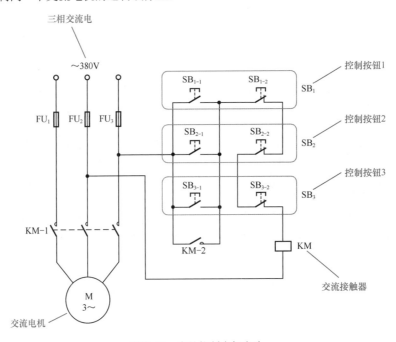

图 8-23 多处控制电机电路

电路中，SB$_1$、SB$_2$、SB$_3$ 为 3 组控制按钮，每组都包括一个常开按钮和一个常闭按钮，常开按钮的功能是启动电机运转，常闭按钮的功能是停止运转。

在任一处按下常开按钮（例如 SB$_{1-1}$），交流接触器 KM 得电吸合，主触点 KM-1 接通三相电源使交流电机运转，辅助触点 KM-2 接通维持交流接触器 KM 绕组的电源。

在任一处按下常闭按钮（例如 SB$_{1-2}$），交流接触器 KM 断电释放，主触点 KM-1 断开，交流电机即停止运转。

3 组控制按钮分置于 3 处。也可根据需要增加控制按钮的数量，只要将所有常开按钮并联、所有常闭按钮串联，然后一起串入交流接触器 KM 的绕组回路，即可实现在更多处控制一个交流电机。图 8-24 所示为多处控制电机电路实物接线图。

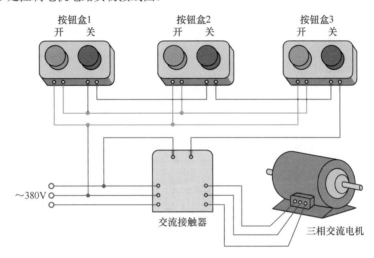

图 8-24　多处控制电机电路实物接线图

第9章 电工仪表与家用电器电路

电工仪表是电工工作中重要的检测设备，电工仪表电路同时也是电工电路中的重要组成部分。随着家用电器的普及，家用电器特别是小家电电路逐渐进入电工电路领域。

221. 万用表电路

万用表是最常用的电工仪表。图9-1所示为一款典型的万用表电路，共有20挡量程，包括：① 直流电流 1mA、5mA、10mA、50mA、100mA、500mA 共6挡，② 直流电压 2.5V、10V、50V、250V、500V、1000V 共6挡，③ 交流电压 10V、50V、250V、1000V 共4挡，④ 电阻 R×1、R×10、R×100、R×1kΩ 共4挡。

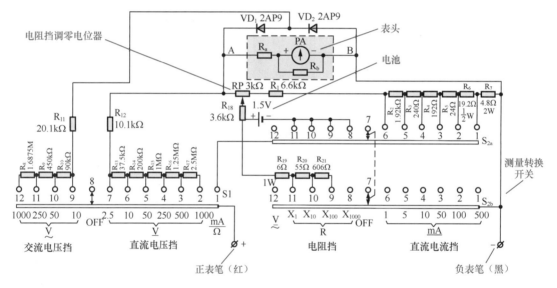

图 9-1 万用表电路

万用表由表头电路、分流器、整流器、直流降压器、交流降压器、电阻测量电路和转换开关等部分组成，图9-2所示为万用表原理方框图。根据不同的测量对象，通过转换开关可以方便地组成直流电流表、直流电压表、交流电压表、欧姆表。S_1、S_2为测量转换开关，RP为电阻挡调零电位器。

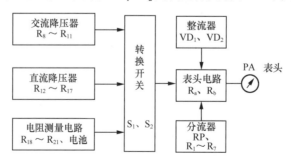

图 9-2 万用表原理方框图

（1）直流电流测量原理。

测量直流电流时，通过测量转换开关 S_1、S_2 的转换，电路构成电流表，如图 9-3 所示。表头 PA 与分流器 R 并联，被测电流 I 由 A 端进、B 端出。I 分为通过表头的电流 I_P 和通过分流器的电流 I_R 两个支路，分配比例由表头内阻 R_o 与分流器 R 的阻值比的倒数决定。表头 PA 按比例指示电流的大小。

在并联电路中，支路电流的大小与支路电阻的大小成反比。因此，改变 I_P 和 I_R 两支路阻值的大小，即可改变电流分配比例，实现量程的转换。如图 9-4 所示，当被测电流 I_1 从 A①端输入时，I_P 支路电阻为 R_o，I_R 支路电阻为 $R_1 + R_2 + R_3$；而当被测电流 I_3 从 A③端输入时，I_P 支路电阻为 $R_2 + R_1 + R_o$，I_R 支路电阻为 R_3。可见，当表头指示相同（I_P 相同）时，$I_3 > I_1$，扩大了量程。

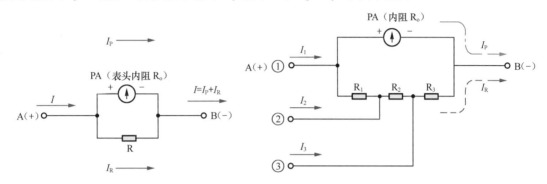

图 9-3　直流电流测量原理　　　　　　图 9-4　直流电流量程的转换

（2）直流电压测量原理。

测量直流电压时，通过测量转换开关 S_1、S_2 的转换，电路构成直流电压表，如图 9-5 所示。表头 PA 与分压器 R 串联，被测电压 U 加在 A、B 两端间，A 端为正，B 端为负。U 等于分压器压降 U_R 与表头压降 U_P 之和，分配比例由表头内阻 R_o 与分压器 R 的阻值比决定。表头 PA 按比例指示电压的大小。

在串联电路中，某部分电压降的大小与其阻值成正比。因此，改变 U_P 和 U_R 两部分阻值的大小，即可改变电压分配比例，实现量程的转换。如图 9-6 所示，当被测电压 U_3 接于 A③端与 B 端之间时，$U_P = U_{Ro}$，$U_R = U_{R3}$；而当被测电压 U_1 接于 A①端与 B 端之间时，$U_P = U_{Ro}$，$U_R = U_{R1} + U_{R2} + U_{R3}$。可见，当表头指示相同（$U_P$ 相同）时，$U_1 > U_3$，扩大了量程。

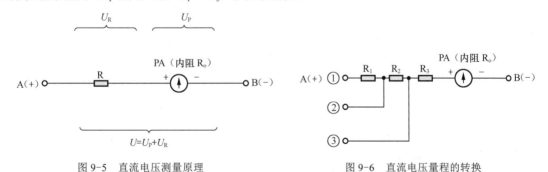

图 9-5　直流电压测量原理　　　　　　图 9-6　直流电压量程的转换

（3）交流电压测量原理。

测量交流电压时，通过测量转换开关 S_1、S_2 的转换，电路构成交流电压表，如图 9-7 所示。分压器经过半波整流器 VD_1、VD_2 与表头 PA 串联，交流电正半周时经 VD_1 整流后通过表头，VD_2 为负半周续流二极管。量程转换原理与测量直流电压时相同。

（4）电阻测量原理。

测量电阻时，通过测量转换开关 S_1、S_2 的转换，电路构成欧姆表，如图 9-8 所示。欧姆表电路由表头 PA、分流器 R_1、调零电位器 RP 和电池等组成。当 A、B 两端（正、负表笔）短接时，1.5V 电池回路包括表头 PA 和分流器 R_1 两个电流支路，调节 RP 可使表头指针满度，即为"0Ω"。回路电阻 R_o' 等于表头支路电阻（$R_0 + RP$ 左边）与分流器电阻（$R_1 + RP$ 右边）的并联值。当在 A、B 两端间接入被测电阻 R_x 时（R_x 串入了回路），回路电流减小。R_x 越大，回路电流越小。当 $R_x = R_o'$ 时，回路电流减小为原来的 1/2，这时的 R_x 值称为中心阻值。所以，电流值间接反映了被测电阻 R_x 的阻值，而欧姆表的刻度线则直接按欧姆值标示。

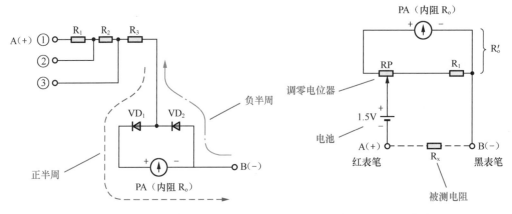

图 9-7 交流电压测量原理　　　　　　　　图 9-8 电阻测量原理

　　欧姆表换挡原理如图 9-9 所示，实际上就是通过改变分流器的阻值来改变回路电阻 R_o'，从而改变了中心阻值，也就改变了量程。例如，当欧姆表置于"×1k"挡时，分流器的阻值为 R_1，而置于"×100"挡时，R_2 与 R_1 并联，使 R_o' 减小为原来的 1/10，中心阻值相应地也减小为原来的 1/10，量程也就减小为原来的 1/10。

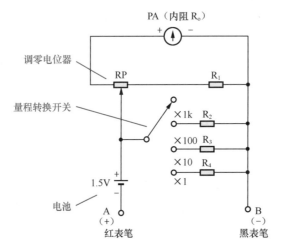

图 9-9 欧姆表换挡原理

222.　兆欧表电路

　　兆欧表主要用于测量各种电机、电缆、变压器、家用电器、工农业电气设备和配送电线路的绝缘电阻，以及测量各种高阻值电阻器等，在电工领域应用广泛。

　　兆欧表电路如图 9-10 所示，主要由磁电式流比计（线圈 1、线圈 2）和手摇发电机 G 组成，磁电式流比计和被测电阻组成测量电路，手摇发电机为磁电式流比计提供工作电压。兆欧表中没有游丝等定位装置，所以平时指针没有固定的位置。兆欧表共有 3 个接线端：线路端"L"、接地端"E"、保护环端"G"。测量时，L、E 两端用于接入被测对象，如果测量对地绝缘电阻则 E 端接地。G 端的作用是消除被测对象表面漏电造成的测量误差。

兆欧表是运用高压下测量两个电流的比值的原理来测量兆欧级电阻的, 如图 9-11 所示, 图中上半部分为磁电式流比计, 用于测量 I_1 和 I_2 两路电流的比值; 下半部分的手摇发电机的作用是给磁电式流比计提供直流工作高压。

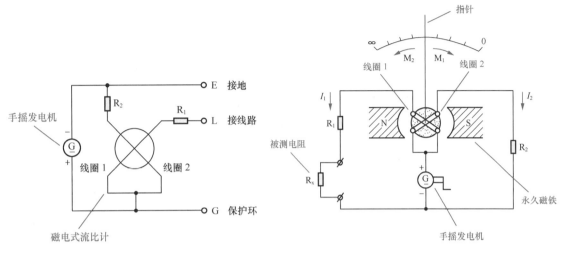

图 9-10　兆欧表电路　　　　　　　图 9-11　兆欧表测量原理

磁电式流比计具有两个固定在同一转轴上的线圈, 线圈置于永久磁铁形成的强磁场中。当有电流通过线圈时, 产生电磁作用力使线圈绕转轴偏转, 偏转的角度与通过该线圈的电流成正比。两个线圈的偏转方向相反, 一个产生转矩, 另一个则产生反转矩。在转轴上粘有一指针, 以准确指示出线圈的偏转角度 (即两个线圈中电流的比值)。

手摇发电机 G 输出的直流高压电流分为两路电流: ① 经线圈 1、表内电阻 R_1 和被测电阻 R_x 形成的 I_1 支路; ② 经线圈 2 和表内电阻 R_2 形成的 I_2 支路。

当未接被测电阻 R_x 时, I_1 支路断路, 只有 I_2 支路有电流, 电磁作用力使线圈 2 产生转矩逆时针偏转一定角度, 表针指向刻度线的最左侧 "∞"。

接入被测电阻 R_x 后, I_1 支路和 I_2 支路均有电流。电磁作用力使线圈 1 产生顺时针转矩 M_1、线圈 2 产生逆时针转矩 M_2, 表针偏转的方向和角度由两转矩 M_1 与 M_2 的差值决定。当 $M_1 = M_2$ 时, 表针指向刻度线的中间。当 $M_1 < M_2$ 时, 表针指向刻度线偏左位置, 说明 I_1 支路电流较小, 即被测电阻 R_x 阻值较大。当 $M_1 > M_2$ 时, 表针指向刻度线偏右位置, 说明 I_1 支路电流较大, 即被测电阻 R_x 阻值较小。当被测电阻 $R_x = 0$ 时, 表针指向刻度线的最右侧 "0"。

由于人摇动手摇发电机时速度的不一致性和不均匀性, 手摇发电机输出的直流电压会有一些变化, 但直流电压的变化将使 I_1、I_2 两支路电流同时相应变化, 对两支路电流的比值基本无影响, 也就不会对测量结果造成影响。

223.　钳形电流表电路

钳形电流表是一种常用的测量在线电流的电工仪表。钳形电流表可以在不断开电路的情况下测量电路的交流电流, 这给检测维修提供了极大的方便。

钳形电流表最显著的特征是伸出于表体前端的可开合的铁芯, 铁芯由右侧的固定部分和左侧的活动部分组成, 当用力按下表体左前端的扳手时, 活动铁芯即张开, 以便钳入被测导线。

图 9-12 所示为钳形电流表电路, TA 为电流互感器, S 为量程选择开关, 电阻 $R_1 \sim R_3$ 构成分流器, 二极管 $VD_1 \sim VD_4$ 和直流表头 PA 构成整流式交流电流表, 图 9-13 所示为钳形电流表电路原理方框图。

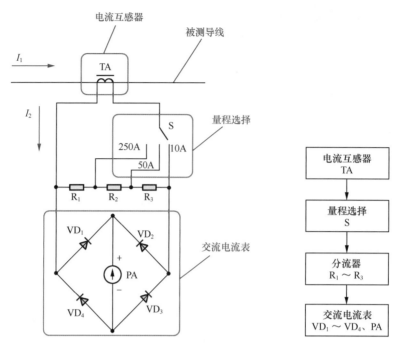

电流互感器

被测导线

I_1

TA

I_2

量程选择

S

250A 10A

50A

R_1 R_2 R_3

交流电流表

VD_1 VD_2

+

PA

−

VD_4 VD_3

图 9-12 钳形电流表电路

电流互感器
TA

↓

量程选择
S

↓

分流器
$R_1 \sim R_3$

↓

交流电流表
$VD_1 \sim VD_4$、PA

图 9-13 钳形电流表电路原理方框图

钳形电流表是利用电流互感器原理工作的，基本的钳形电流表由电流互感器和交流电流表组成，为了扩大测量范围，往往还增加分流器和量程选择开关。

电流互感器的作用是感知被测导线中的电流，并按一定比例产生感应电流。钳形电流表中的电流互感器结构如图 9-14 所示，由铁芯和次级绕组 L_2 组成。铁芯呈钳形，前端钳口可张开，以便使被测导线在不断开的情况下穿入钳形铁芯中。穿入铁芯中的被测导线即成为电流互感器的初级绕组 L_1，电流 I_1 通过被测导线时，在闭合的铁芯中产生磁通，使绕在铁芯上的次级绕组 L_2 中产生相应的感应电流 I_2。I_2 与 I_1 之间具有固定的比例关系，该比例由次级绕组 L_2 的匝数所决定（初级绕组 L_1 的匝数为1）。

当被测导线通以交流电流时，电流互感器 TA 按比例产生出感应电流 I_2，经量程选择开关 S 和分流电阻 $R_1 \sim R_3$ 后，由二极管 $VD_1 \sim VD_4$ 整流为直流，使直流表头 PA 表针偏转。直流表头 PA 的刻度线直接按电流互感器 TA 的初级电流 I_1 标示，因此可从刻度线上直接读出被测导线的电流值。量程选择开关 S 置于不同的位置，即可选择不同的分流比，达到改变量程的目的。

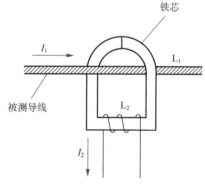

铁芯

I_1

L_1

被测导线

L_2

I_2

图 9-14 电流互感器的结构

224. 音响欧姆表

音响欧姆表没有表头，而是通过不同音调的声音表示电阻阻值的大小，在某些仅需粗略判断阻值大小和通断情况的场合，使用很方便。

音响欧姆表电路图如图 9-15 所示，555 时基电路 IC 构成多谐振荡器，电阻 R_3 两端连接测试笔 X_1 和 X_2。

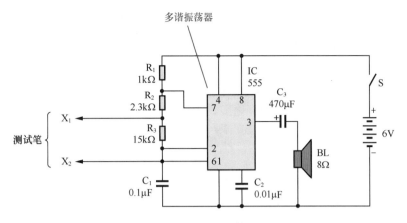

图 9-15　音响欧姆表电路

电路工作原理是，当用测试笔 X_1 和 X_2 测量电阻时，实际上就是将被测电阻并联在 R_3 上。被测电阻越小，并联后的 R_3 阻值就越小，电路振荡频率就越高。本电路中，被测电阻为无穷大时，振荡频率约为 400Hz；被测电阻等于 R_3（15kΩ）时，振荡频率约为 700Hz；被测电阻为 "0" 时，振荡频率约为 2500Hz。

实际使用时，打开电源开关 S，可以从扬声器中听到约 400Hz 的音频声音。用测试笔 X_1 和 X_2 测量，如果音调不变，说明 X_1 与 X_2 之间不通。如果音调升高，说明 X_1 与 X_2 之间有电阻，音调升高越多说明电阻值越小。如果音调升高至 2500Hz，说明 X_1 与 X_2 之间导通（电阻为 "0"）。

225.　线性欧姆表

普通欧姆表的刻度是非线性的，越往高阻端刻度越密，不易精确读数。线性欧姆表的刻度是线性的，克服了上述缺点。

图 9-16 所示为线性欧姆表电路，包括 4 个组成部分：① 结型场效应管 VT 等构成的恒流源电路；② 集成运放 IC_1 构成的电压跟随器；③ 电阻 $R_4 \sim R_7$ 构成的分压器；④ 集成运放 IC_2 和表头 PA 等构成的 10mV 电压表。

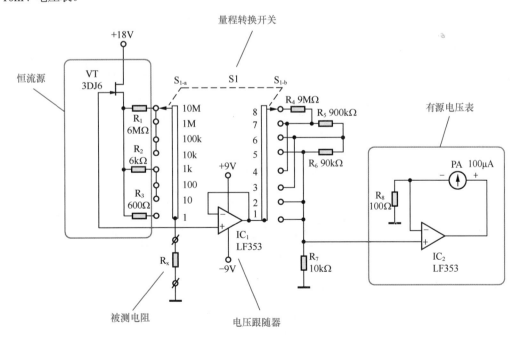

图 9-16　线性欧姆表电路

线性欧姆表测量电阻的原理，实际上是测量恒定电流在被测电阻上的压降，由于电流恒定，电压表的指示便直接反映出被测电阻的阻值。线性欧姆表可以测量 0 ~ 10MW 的电阻，共分 8 个测量挡位，最小分辨率为 0.01Ω。S_1 为量程选择开关。

（1）恒流源。

测量的关键是恒流源。结型场效应管 VT 和电阻 R_1、R_2、R_3 构成恒定电流可变的直流恒流源，其恒定电流 I 的大小，取决于场效应管的夹断电压 U_p 和源极电阻 R（R_1 或 R_2 或 R_3）的阻值。

电路中，场效应管 VT 的夹断电压绝对值 $|U_p|$= 6V，当 R_1（6 MΩ）接入电路时，恒定电流 I = 1μA。当 R_2（6kΩ）接入电路时，恒定电流 I = 1mA。当 R_3（600Ω）接入电路时，恒定电流 I = 10mA。

（2）有源电压表。

集成运放 IC_2 等构成 10mV、内阻∞的高精度有源电压表。微安表头 PA 接在 IC_2 的输出端与反相输入端之间作为反馈回路，由于运算放大器的作用，流过表头 PA 的电流 I_{PA} 仅与电阻 R_8 相关，而与表头内阻无关，即：I_{PA} = U_x / R_8。当 PA 满度电流为 100μA、R_8 = 100Ω 时，电压表满度值为 10mV。

（3）量程转换。

电阻 R_4 ~ R_7 组成分压器，其中 R_7 为取样电阻，其上电压送入 10mV 电压表进行测量。恒定电流在被测电阻上产生的压降 U_x，接入分压器的不同挡位，则送往电压表的取样电压具有不同的取样比，达到了转换量程的目的。

226. 数显温度计

数显温度计采用 3 位 LED 数码管显示，可以测量 -50℃ ~ +100℃ 的温度，测量误差不大于 0.5℃，具有测量范围宽、测量精度高、反应速度快、测量结果直观易读、便于远距离遥测和计算机控制等显著优点。该数显温度计不仅可以测量气温，若将温度传感器用导线连接出来，还可以用于测量水温、体温等。

数显温度计电路如图 9-17 所示，由温度传感器、测温电桥、基准电压、模数转换、译码驱动、数字显示和电源电路等部分组成。

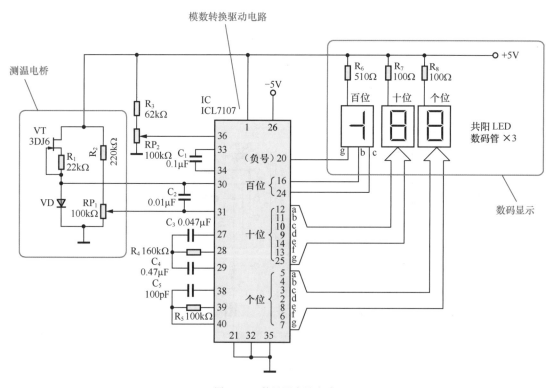

图 9-17　数显温度计电路

（1）温度测量电路。

温度传感器采用常用的硅二极管 1N4148。我们知道，PN 结的正向压降具有负的温度系数，并且在一定范围内基本呈线性变化，因此，半导体二极管可以作为温度传感器使用。硅二极管 1N4148 的正向压降温度系数约为 -2.2mV/℃，即温度每升高 1℃，正向压降约减小 2.2mV，这种变化在 -50℃ ~ +150℃范围内非常稳定，并具有良好的线性度。如果用恒流源为测温二极管提供恒定的正向工作电流，可进一步改善温度系数的线性度，使测温非线性误差小于 0.5℃。

VT、R_1、VD、R_2、RP_1 等组成测温电桥。VD 是作为温度传感器的测温二极管。场效应管 VT 与 R_1 构成恒流源，为 VD 提供恒定的正向电流。R_2 和电位器 RP_1 构成电桥的另两个臂。电桥的上下两端点接入直流工作电压，左右两端点（VD 正极、RP_1 动臂）输出代表温度函数的差动信号电压，其中，RP_1 动臂为固定参考电压，VD 正极为随温度变化的函数电压。

（2）模数转换与译码驱动电路。

模数转换与译码驱动电路由 3 位半双积分 A/D 转换驱动集成电路 ICL7107 构成，其功能是将测温电桥输出的代表温度函数的模拟信号电压转换为数字信号，进行处理后去驱动显示电路。

ICL7107 内部包含有双积分 A/D（模 / 数）转换器、BCD 7 段译码器、LED 数码管驱动器、时钟和参考基准电压源等，能够把输入的模拟电压转换为数字信号，并可直接驱动 LED 数码管显示，还具有自动调零、自动显示极性、超量程指示等功能。

（3）显示电路。

显示电路采用了 3 只 7 段共阳极 LED 数码管，在 ICL7107 电路的控制下，将温度测量结果显示出来。由于百位的数码管只需要显示"1"和负号，所以只连接了它的 b、c、g 3 个笔画。R_6、R_7、R_8 分别是 3 只数码管的限流电阻。

227. 自动电饭煲

自动电饭煲是一种电热炊具，它不仅可以用来煮饭，还可以煲粥、蒸馒头、炖汤等，具有自动化程度高、操作简便、安全可靠的特点，是社会拥有量很大的家用电器。

图 9-18 所示为一种典型的自动电饭煲电路，由热熔断器 FU、发热器、限温器、保温器、加热指示灯和保温指示灯等部分组成。接通电源后，电热发热器为内锅加热煮饭，饭煮好后限温器自动切断发热器电源，电饭煲进入保温阶段，自动控制温度约为 70℃。

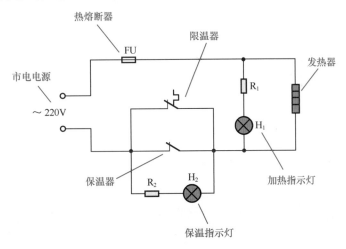

图 9-18　自动电饭煲电路

限温器的作用是将内锅的温度控制在 103℃以下，以保证既能煮熟饭又不会烧糊饭。限温器结构如图 9-19 所示，由感温磁钢、衔铁、杠杆和接点等构成。感温磁钢由特殊材料制成，其居里点温度为 103℃。煮饭时按下煮饭按键，杠杆上抬使衔铁与感温磁钢接触并被吸住，接点接通发热器电源开始煮饭，由于水的沸点为 100℃，因此饭煮好前锅内保持 100℃温度。当米饭煮熟时水已干，锅内温度开始上升，当达到103℃时，感温磁钢失去磁性，衔铁下落带动杠杆下落推动接点断开，切断发热器电源。感温磁钢一经制造出来其居里点温度即不会改变，因此感温磁钢式限温器既简单又可靠。

保温器的作用是将锅内温度保持在70℃左右，其结构如图9-20所示，由双金属片、接点和调温螺钉等构成。双金属片的形状会随温度改变，温度越高弯曲越厉害。保温器安装在内锅下面，当温度高于70℃时双金属片向下弯曲，接点在自身弹性作用下断开；当温度低于70℃时双金属片几乎恢复平直，向上推动接点闭合使发热器加热。调节调温螺钉可使保温温度在60~80℃范围内改变。

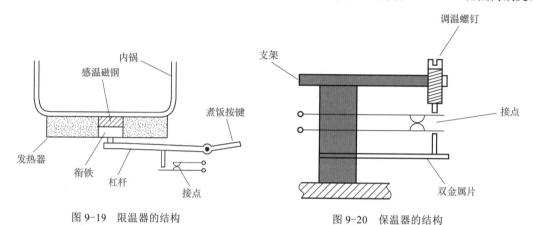

图9-19　限温器的结构　　　　图9-20　保温器的结构

H_1、H_2分别是加热指示灯和保温指示灯，R_1、R_2分别是它们的限流电阻。煮饭时限温器接点接通，加热指示灯H_1亮，H_2被短路，保温指示灯不亮。

保温时，如温度在70℃以上，限温器和保温器接点都断开，保温指示灯H_2亮，因R_2上较大的压降而使加热指示灯H_1不亮，因H_1需要较大电流才亮。如温度低于70℃，则保温器接点接通加热。

FU为热熔断器，熔点温度为150℃，当由于控制电路故障使锅内温度不断升高到150℃时，FU熔断，起到保险作用。

228. 电冰箱保护器

电冰箱保护器具有延时保护功能。当停电后又立即来电时，能够自动延时数分钟再接通电冰箱电源，防止电冰箱压缩机在高负荷下启动，从而保护压缩机免遭损坏。

图9-21所示为电冰箱保护器电路，电路包括电容C_1、二极管VD_1和VD_2等构成的整流电路，电容C_3、电阻R_3、二极管VD_3等构成的延时电路，非门D_1、D_2等构成的整形电路，双向晶闸管VS等构成的控制电路。图9-22所示为电冰箱保护器原理方框图。

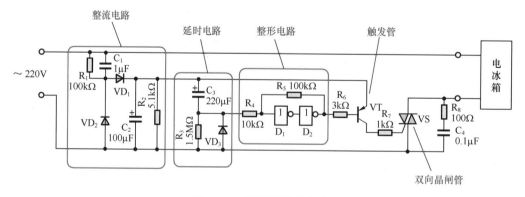

图9-21　电冰箱保护器电路

（1）整流电路。

整流电路的功能是将交流220V市电转换为直流电，作为延时、整形和控制电路的工作电源。整

流电路采用电容降压整流滤波形式，具有电路
简单、体积较小、成本低廉的特点。

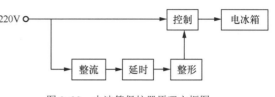

220V 交流电经电容 C_1 降压、二极管 VD_1
整流、电容 C_2 滤波后，成为直流电。VD_2 为续
流二极管，R_1 是 C_1 的泄放电阻。

图 9-22 电冰箱保护器原理方框图

（2）延时整形电路。

延时电路是保护器的核心，由电容 C_3 和电
阻 R_3 等构成，它的功能是停电后再来电时，自动延时数分钟才使后续电路工作。非门 D_1、D_2 和电阻
R_4、R_5 构成施密特触发器，将延时电路的缓慢电压变化整形为边沿陡峭的控制信号。

接通电源后，整流电路输出的直流电压经 R_3 向 C_3 充电。由于电容两端电压不能突变，一开始 R_3
上端电位为高电平，施密特触发器的 D_2 输出端也为高电平。

随着 C_3 充电的进行，R_3 上端电位逐渐下降。当 R_3 上端电位下降到施密特触发器的转换阈值时，
施密特触发器翻转，D_2 输出端变为低电平。由于 R_3 阻值较大，C_3 的充电过程可达数分钟。

停电时，整流电路输出的直流电压也消失，C_3 经 R_2（阻值较小）、VD_3 迅速放电，为下次延时做好准备。

（3）控制电路。

控制电路的主体是双向晶闸管 VS 和晶体管 VT 构成晶闸管触发电路。刚接通电源时，D_2 输出
端为高电平，PNP 型晶体管 VT 截止，双向晶闸管 VS 控制极无触发电压而截止，切断了电冰箱的
电源。

延时数分钟后，D_2 输出端变为低电平，PNP 型晶体管 VT 导通，触发双向晶闸管 VS 导通，接通
了电冰箱的电源使其正常工作。R_8、C_4 构成阻容吸收网络，并接在晶闸管 VS 两端，起保护作用。

229. 双向电风扇

双向电风扇既可以向前吹风，又可以向后吹风，并且会自动地前后轮流吹风。夏天将此双向电风
扇放在面对面而坐的两人之间，即可轮流享受徐徐凉风。

图 9-23 所示为双向电风扇电路，M 为风扇电机。两个 555 时基电路 IC_1、IC_2 分别构成单稳态触
发器驱动电路，它们又共同组成桥式驱动电路。非门 D_1、D_2 构成多谐振荡器，为两个单稳态触发器
驱动电路轮流提供控制触发脉冲，触发脉冲的间隔时间为 100s。

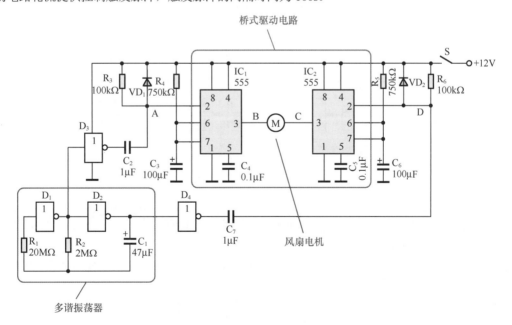

图 9-23 双向电风扇电路

当触发脉冲到达 A 点时，IC$_1$ 进入暂稳态，B 点输出脉宽为 80s 的高电平，使电动机 M 正转，风扇向前吹风，80s 后自动停止。

停止 20s 后，第二个触发脉冲到达 D 点，IC$_2$ 进入暂稳态，C 点输出脉宽为 80s 的高电平，使电动机 M 反转，风扇向后吹风，80s 后自动停止。

停止 20s 后，第三个触发脉冲又到达 A 点，如此循环工作，使电风扇前后轮流送风。

在电动机正转与反转之间设计 20s 的停止时间，主要是考虑到电风扇叶片转动的惯性，需要一定的时间才能停住。

230. 晶闸管自动干手机

自动干手机是一种高档卫生用具，普遍应用于宾馆酒店、机场车站、展览馆、体育馆等公共场所的洗手间。图 9-24 所示为晶闸管自动干手机电路图，由发射电路、接收电路、执行单元和电源电路等部分组成，在设计中巧妙地利用了一只普通电吹风作为热风源，由晶闸管进行控制。图 9-25 所示为晶闸管自动干手机电路原理方框图。

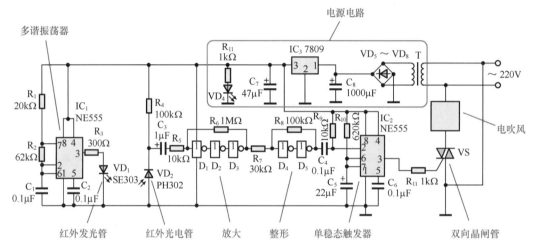

图 9-24　晶闸管自动干手机电路

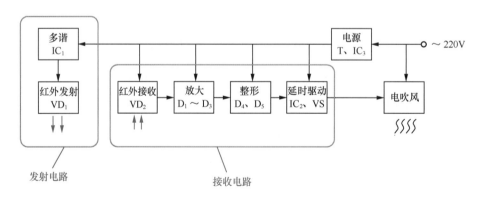

图 9-25　晶闸管自动干手机电路原理方框图

（1）电路基本工作原理。

发射电路是由 555 时基电路 IC$_1$ 等构成的多谐振荡器，产生约 100Hz 的方波信号，驱动红外发光二极管 VD$_1$ 向下发射红外线脉冲。

当有手伸到自动干手机下面时，红外线脉冲即被反射回来，由光电二极管 VD$_2$ 接收并转换为电信号，经 C$_3$ 耦合至非门 D$_1$~D$_3$ 等构成的交流信号放大器进行电压放大，并由非门 D$_4$、D$_5$ 等构成的施密特触发器整形为边沿陡峭的方波信号，再经 C$_4$、R$_9$ 微分电路形成触发脉冲，触发 555 时基电路 IC$_2$ 构成的单稳态触发器翻转为暂稳态，输出高电平触发双向晶闸管 VS 导通，接通电吹风的电源向下（即向湿手）吹热风。

约 15s 后，单稳态触发器（IC$_2$）自动回复稳态，双向晶闸管 VS 截止，电吹风停止工作。如果湿手尚未干，只要手仍在自动干手机下面，红外线脉冲仍会被反射回来，单稳态触发器将再次被触发翻转，电吹风继续吹下去，直至手离开后单稳态触发器回复稳态为止。

（2）红外检测电路。

脉冲式主动红外线检测电路由红外发光二极管 VD$_1$ 和红外接收光电二极管 VD$_2$ 等组成。发光二极管 VD$_1$ 在多谐振荡器 IC$_1$ 的驱动下发射被 100Hz 方波脉冲调制的红外线脉冲。

由于在结构上 VD$_1$ 与 VD$_2$ 平行安装，指向相同（均指向自动干手机下方），因此光电二极管 VD$_2$ 并不能直接接收到 VD$_1$ 发出的红外线脉冲。只有当自动干手机下方一定距离内有手等物体，将 VD$_1$ 发出的红外线脉冲反射回去，VD$_2$ 才能接收到，如图 9-26 所示。

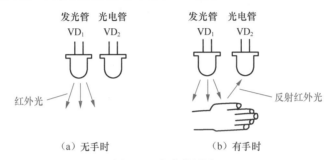

图 9-26　红外检测原理

采用方波脉冲调制发射的红外线信号，有利于提高检测电路的灵敏度和抗干扰能力，并能降低发射电路的功耗。R$_3$ 是 VD$_1$ 的限流电阻，R$_4$ 是 VD$_2$ 的负载电阻。

（3）延时驱动电路。

延时驱动电路由 555 时基电路 IC$_2$ 构成的单稳态触发器和双向晶闸管 VS 组成，工作原理如下。

未触发时，IC$_2$ 输出端（第 3 脚）为"0"，放电端（第 7 脚）导通，C$_5$ 上无电压。

当微分电路输出的负脉冲（正脉冲不起作用）触发 IC$_2$ 的第 2 脚时，IC$_2$ 翻转为暂稳态，第 3 脚变为"1"，经 R$_{11}$ 触发双向晶闸管 VS 导通，接通电吹风电源。同时 IC$_2$ 的第 7 脚截止，电源 V_{DD} 经 R$_{10}$ 向 C$_5$ 充电。

当 C$_5$ 上电压上升到 $\frac{2}{3}V_{DD}$ 时，IC$_2$ 再次翻转为稳态，其第 3 脚又变为"0"，双向晶闸管 VS 截止切断电吹风机电源，直至下一次触发。同时 IC$_2$ 的第 7 脚导通，将 C$_5$ 上电压放掉，为下一次触发做好准备。

IC$_2$ 的输出脉宽即为延时时间，输出脉宽（暂稳态时间）$T_w \approx 1.1R_{10}C_5$，可通过改变 R$_{10}$、C$_5$ 来调节。

231.　继电器自动干手机

继电器自动干手机采用继电器控制热风机，因此控制电路与热风机之间没有电的联系，既安全又灵活，可以采用各种电吹风、暖风机等作为热风机，也可以控制电风扇（吹出的是常温风）。

图 9-27 所示为继电器自动干手机电路，包括时基电路 IC$_1$ 和红外发光二极管 VD$_1$ 等构成的红外发射电路、光电二极管 VD$_2$ 和电压放大器（D$_1$～D$_3$）构成的接收放大电路、时基电路 IC$_2$ 和 IC$_3$ 构成的整形驱动电路，继电器为控制器件。发光二极管 VD$_4$ 为电源指示灯。

由于结构上的安排，红外发光二极管 VD$_1$ 与光电二极管 VD$_2$ 指向平行，VD$_2$ 接收不到 VD$_1$ 发出的红外线脉冲信号。

只有当手伸到自动干手机下面时，红外线脉冲信号被反射回来，才能被光电二极管 VD$_2$ 接收，然后经电压放大器（D$_1$～D$_3$）放大、施密特触发器（IC$_2$）整形、C$_3$ 和 R$_7$ 微分后，触发单稳态触发器（IC$_3$）翻转输出高电平，使继电器 K 吸合，接通热风机的电源，热风机工作，向湿手吹热风。大约 15s 后，单稳态触发器（IC$_3$）自动回复稳态，输出变为低电平，继电器 K 释放，切断热风机的电源，热风机停止工作。

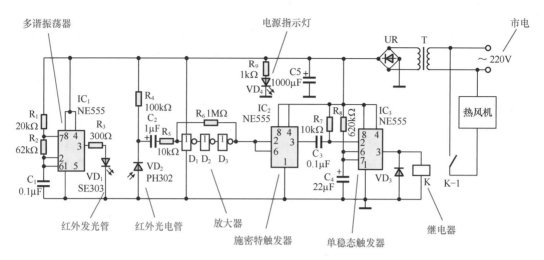

图 9-27　继电器自动干手机电路

如果湿手尚未干，只要手仍在自动干手机下面，红外线脉冲信号仍会被反射回来，电路将立即再次被触发，继电器 K 吸合使热风机继续工作。

时基电路 IC_3 构成的单稳态触发器控制继电器的吸合与否，同时具有延时功能。单稳态触发器（IC_3）被触发一次，就输出一个时间长度为 15s 的高电平，在此期间继电器 K 吸合，热风机工作。

232.　车用电源转换器

图 9-28 所示为车用电源转换器电路，该电路实际上是一个数字式准正弦波 DC/AC 逆变器，具有以下特点：① 采用脉宽调制式开关电源电路，转换效率高达 90% 以上，自身功耗小；② 输出交流电压 220V，并且具有稳压功能；③ 输出功率 300W，可以扩容至 1000W 以上；④ 采用 2 kHz 准正弦波形，无须工频变压器，体积小、重量轻。

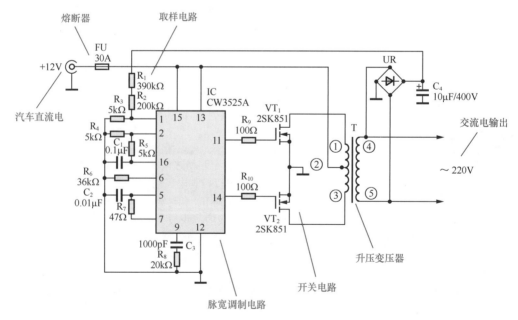

图 9-28　车用电源转换器电路

车用电源转换器电路由脉宽调制器、开关电路、升压电路、取样电路等部分组成。IC 为脉宽调制型（PWM）开关电源集成电路 CW3525A，其内部集成有基准电源、振荡器、误差放大器、脉宽比较器、触发器、锁存器等，输出级具有 200mA 的驱动能力。IC 内部振荡器的振荡频率由外接定时电阻 R_6 和定时电容 C_2 决定，约为 4kHz，通过内部触发器和门电路分配后，从其第 11 脚与第 14 脚轮流输出驱动脉冲，控制功率场效应管 VT_1、VT_2 轮流导通。

当 VT_1 导通时（此时 VT_2 截止），+12V 电源通过变压器 T 初级上半部分（②端 → ①端）经 VT_1 到地。当 VT_2 导通时（此时 VT_1 截止），+12V 电源通过变压器 T 初级下半部分（②端 → ③端）经 VT_2 到地。通过变压器 T 的合成和升压，在 T 的次级即可获得 220V 的交流电压，其频率约为 2kHz。由于变压器线圈对高频成分的阻碍，次级波形已不是方波，可称之为准正弦波。采用较高频率的准正弦波形，有利于提高效率和革除工频变压器，也能使大多数电器正常工作。

电阻 R_7 的作用是调节 IC 的死区时间，约为 2μs。设置死区时间可以保证 VT_1 与 VT_2 不会出现同时导通的情况，提高了电路的安全性和可靠性。

整流全桥 UR 与 C_4、$R_1 \sim R_3$ 等构成取样反馈电路。输出端的 220V 交流电压经 UR 整流，C_4 滤波，R_1、R_2 与 R_3 分压后，送入 IC 内部误差放大器和比较器处理，进而自动控制输出脉宽（即脉宽调制），达到稳定输出电压的目的。

233. 汽车冷热两用恒温箱

汽车冷热两用恒温箱采用半导体电制冷技术，既可以制冷，又可以制热，箱内温度可在 0 ~ 50℃ 调节，并且具有自动恒温控制功能，无噪声、无污染、绿色环保，是您驾车出行时的好伴侣，夏天可以用它来携带冷饮，冬天可以用它来保温饭菜，使旅途变得像在家里一样方便。

汽车冷热两用恒温箱电路如图 9-29 所示，由测温电路、控制电路、半导体制冷/制热组件等部分组成，使用汽车 12V 电源。

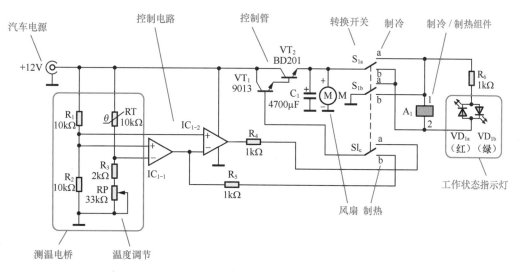

图 9-29　汽车冷热两用恒温箱电路

（1）半导体制冷/制热原理。

A_1 为半导体制冷/制热组件，它是利用半导体的帕尔帖效应实现电制冷的一种器件，其原理结构如图 9-30 所示，由半导体温差电偶元件、导流片、导热板等组成。

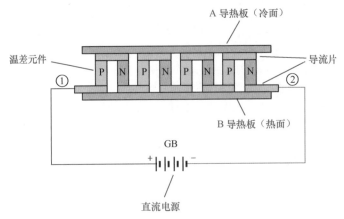

图 9-30　半导体制冷 / 制热组件原理结构

一对 P、N 型半导体材料即构成一个温差电偶元件，当电流从 P 型半导体流向 N 型半导体时，PN 接头处会吸收热量，如图 9-31（a）所示。当电流从 N 型半导体流向 P 型半导体时，NP 接头处会释放热量，如图 9-31（b）所示。

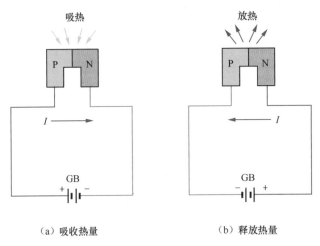

（a）吸收热量　　　　　　　　（b）释放热量

图 9-31　温差电偶工作原理

半导体温差电制冷组件一般由若干个温差电偶元件组成，它们在电气上是串联的，电流依次通过各个温差电偶元件。而这些温差电偶元件在热交换上是并联的，所有的 PN 接头与 A 导热板紧密接触，所有的 NP 接头与 B 导热板紧密接触，A、B 导热板均由陶瓷等绝缘材料制成。

当按图 9-38 所示方向给半导体温差电制冷组件加上直流电源时，电流从①端流向②端，A 导热板即形成组件的冷面（吸热面），B 导热板即形成组件的热面（放热面）。如果将直流电源正、负极颠倒，使电流从②端流向①端，则 B 导热板成为组件的冷面（吸热面），A 导热板成为组件的热面（放热面）。可见，半导体温差电制冷组件具有逆运用功能，可以方便地实现制冷与制热的转换。

（2）温度控制原理。

集成运算放大器 IC_{1-1}、IC_{1-2} 等组成温度控制电路，R_1、R_2、RT 及 R_3+RP 构成测温电桥，RT 为负温度系数热敏电阻，RP 为设定温度调节电位器。当温度发生变化时，测温电桥输出误差信号，经集成运放 IC_1 放大后控制半导体电制冷组件的工作状态，使恒温箱内的温度保持在设定的温度值。

S_1 为制冷/制热转换开关，双色发光二极管 VD_1 为工作状态指示灯，M 是强制散热用微型风扇。电路特点是只用一个测温元件（热敏电阻）和一套控制电路，兼做制冷控制和制热控制。

（3）制冷过程。

当 S_1 置于"制冷"挡时，电路为制冷工作状态。集成运放 IC_{1-1}、IC_{1-2} 的"+"输入端均被 R_1、R_2

组成的分压器偏置在 $1/2V_{CC}$（即 6V）处，IC_{1-1} 的 "—" 输入端接热敏电阻 RT。

当箱内温度高于设定温度时，RT 阻值变小，IC_{1-1} 输出端为低电平，经 IC_{1-2} 倒相为高电平使控制管 VT_1、VT_2 导通，组件 A_1 通电制冷，双色发光二极管 VD_1 的 b 管芯发绿光，指示正在制冷。

当箱内温度下降到设定温度以下时，IC_{1-1} 输出端变为高电平，经 IC_{1-2} 倒相为低电平使控制管 VT_1、VT_2 截止，组件 A_1 停止制冷，绿灯熄灭。调节 RP 可改变制冷设定温度。

（4）制热过程。

当 S_1 置于 "制热" 挡时，电路为制热工作状态。IC_{1-1} 输出端的电平不经 IC_{1-2} 倒相直接控制 VT_1、VT_2。当箱内温度低于设定温度时，RT 阻值变大，IC_{1-1} 输出端为高电平，控制管 VT_1、VT_2 导通，组件 A_1 通电制热，双色发光二极管 VD_1 的 a 管芯发红光，指示正在制热。

当箱内温度上升到设定温度以上时，IC_{1-1} 输出端变为低电平，VT_1、VT_2 截止，组件 A_1 停止制热，红灯熄灭。调节 RP 同样可改变制热设定温度。

234. 汽车空气清新器

汽车空气清新器通过点烟器使用汽车 12V 直流电源变换为 3000V 直流高压，使空气电离产生大量负离子，从而改善了空气质量，使车内小环境的空气变得清新宜人。

汽车空气清新器电路如图 9-32 所示，电路中采用了两块 555 时基电路（IC_1、IC_2），分别构成定时控制器和高频振荡器，晶体管 VT 等构成开关电路，T 为升压变压器，M 为微型风扇。图 9-33 所示为汽车空气清新器原理方框图。

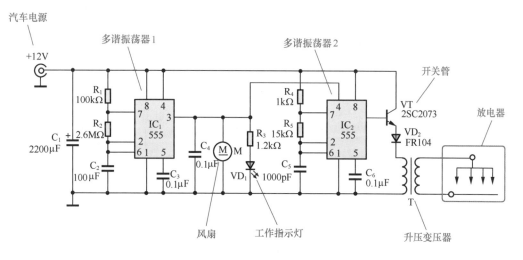

图 9-32　汽车空气清新器电路

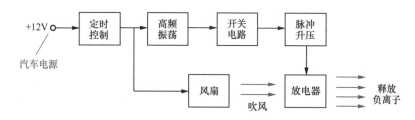

图 9-33　汽车空气清新器原理方框图

（1）高频振荡器。

高频振荡器由 555 时基电路 IC_2 与 R_4、R_5、C_5 等构成，这是一个多谐振荡器，R_4、R_5、C_5 为定时元件，决定电路的振荡频率 f，$f = \dfrac{1.44}{(R_4 + 2R_5)C_5}$，$IC_2$ 的第 3 脚输出约为 48 kHz 的高频脉冲电压。

（2）高压放电电路。

当 IC_2 输出端（第 3 脚）为高电平时，开关管 VT 导通，12V 电源经二极管 VD 流经变压器 T 的初级绕组。当 IC_2 输出端（第 3 脚）为低电平时，开关管 VT 截止，变压器 T 储存的能量通过其次级释放。

由于变压器 T 的初、次级变压比达 1：300，次级脉冲电压高达 3000V 以上，通过放电器的尖端放电使空气电离而产生负离子。风扇 M 的作用是使负离子更快更好地扩散到周围空气当中去。

（3）定时控制器。

555 时基电路 IC_1 与 R_1、R_2、C_2 等组成另一个多谐振荡器，这是一个超低频振荡器，振荡周期约为 6min，其输出端（第 3 脚）输出为脉宽 180s、间隔 180s 的方波。

高频振荡器 IC_2 的复位端（第 4 脚）受 IC_1 输出端（第 3 脚）的控制。当 IC_1 输出端为高电平时，IC_2 振荡。当 IC_1 输出端为低电平时，IC_2 停振，IC_2 输出端恒为低电平。IC_1 与 IC_2 共同作用的结果是，电路工作 3min、暂停 3min，间歇性地产生负离子。

风扇电机 M 也受 IC_1 输出端的控制，与 IC_2 同步工作。发光二极管 VD_1 是负离子发生电路工作指示灯。

235. 助听器

助听器是听力有一定障碍的人的辅助器具。助听器电路如图 9-34 所示，这是一个阻容耦合放大器，晶体管 VT_1、VT_2 分别构成两级电压放大器，VT_3 构成电流放大器，各单元放大器之间，以及话筒与放大器、放大器与耳机之间，均采用阻容耦合。

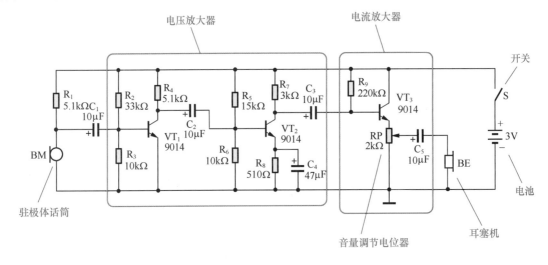

图 9-34　助听器电路

电路中，BM 为驻极体话筒，R_1 为驻极体话筒的负载电阻。BE 为耳机。C_1、C_2、C_3、C_5 为耦合电容，C_4 为 VT_2 的发射极旁路电容。R_2、R_3 为 VT_1 的基极偏置电阻，R_4 为 VT_1 的集电极负载电阻。R_5、R_6 为 VT_2 的基极偏置电阻，R_7 为 VT_2 的集电极负载电阻，R_8 为 VT_2 的发射极电阻。R_9 为 VT_3 的基极偏置电阻，RP 既是 VT_3 的发射极负载电阻，也是音量调节电位器。

驻极体话筒 BM 的作用是拾音，将声音转换为电信号，经 C_1 耦合至 VT_1 进行电压放大。晶体管 VT_1 构成第一级阻容耦合电压放大器，由于所需放大的话筒信号很微弱，对放大器的动态范围要求不大，为简化电路，VT_1 发射极取消了电阻而直接接地。VT_1 放大后的电压信号由集电极输出，经 C_2 耦合至 VT_2 再次进行电压放大。

晶体管 VT_2 构成第二级阻容耦合电压放大器，对电压信号做进一步放大。旁路电容 C_4 并联在 VT_2 发射极电阻 R_8 上，将交流信号旁路，避免产生不必要的负反馈。VT_2 放大后的电压信号也由集电极输出，经 C_3 耦合至 VT_3 进行电流放大。

晶体管 VT_3 构成射极跟随器，对信号进行电流放大。电位器 RP 为 VT_3 的发射极负载电阻，放大后的输出信号从 RP 上取出，经 C_5 耦合至耳机 BE 发声。调节电位器 RP 即可调节音量。

236. 有源小音箱

有源小音箱电路如图 9-35 所示，包括电压放大器和推挽功率放大器两部分，对输入的微弱音频信号进行电压放大和功率放大，以保证有足够的功率推动扬声器。有源小音箱可以与电脑、PAD、手机等配合使用，十分方便。

（1）电压放大器。

晶体管 VT_1 等构成共发射极电压放大器，VT_1 的集电极负载是输入变压器 T_1。R_1、R_2 是 VT_1 的偏置电阻，为 VT_1 提供基极偏置电压。R_3 是 VT_1 的发射极电阻，具有直流电流负反馈功能，可以稳定 VT_1 的工作点。C_2 是发射极旁路电容，它的作用是为交流信号提供通路，保证 VT_1 对交流信号的放大倍数不因 R_3 的存在而降低。

音频信号由输入端 X 接入有源小音箱，经音量控制电位器 RP、耦合电容 C_1 至晶体管 VT_1 进行电压放大，放大后的电压信号由输入变压器 T_1 耦合至功率放大级。

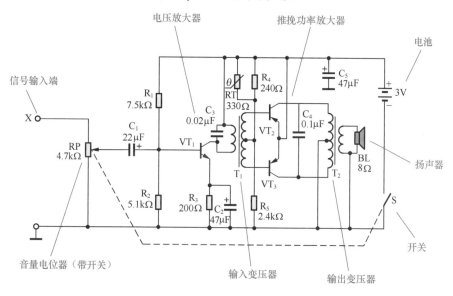

图 9-35　有源小音箱电路

（2）推挽功率放大器。

晶体管 VT_2、VT_3 等组成推挽功率放大器，信号电压 U_i 在输入变压器 T_1 次级感应出一对大小相等、方向相反的信号电压，分别加到 VT_2、VT_3 的基极。

在 U_i 负半周时，VT_2 导通，集电极电流 I_{C2} 流过输出变压器 T_2 初级上半部；在 U_i 正半周时，VT_3 导通，集电极电流 I_{C3} 流过输出变压器 T_2 初级下半部；在输出变压器 T_2 的次级则合成一个完整的信号波形 U_o 驱动扬声器。

R_4 和 R_5 是功放级偏置电阻，为 VT_2、VT_3 提供适当的静态电流，使电路工作于甲乙类状态，以减小交越失真。RT 是负温度系数热敏电阻，起温度补偿作用，用以稳定工作点。C_3、C_4 是高频旁路电容，它们分别并联在输入变压器 T_1 和输出变压器 T_2 的初级，将音频范围以上的高频杂散信号旁路，有效防止电路自激，提高电路稳定性和改善音质。

237. 高保真扩音机

高保真扩音机是音响系统中的重要设备，也是家庭影院系统中不可缺少的组成部分。图 9-36 所示为双声道高保真扩音机电路，采用了集成运放和集成功放，额定输出功率可达每声道 20W，具有电路简洁、功能完备、保护电路齐全的特点。高保真扩音机包括输入选择电路、平衡调节电路、音量调节电路、前置电压放大器、音调调节电路、功率放大器和保护电路等组成部分，图 9-37 所示为高保真扩音机电路原理方框图。

（1）整机工作原理。

音源信号经耦合电容 C_1、隔离电阻 R_1、音量电位器 RP_2 进入集成运放 IC_1 进行电压放大后，通过音调控制网络，再经 C_9 耦合至功率放大器进行功率放大，放大后的功率信号驱动扬声器或音箱。调节 RP_2 即可调节音量。波段开关 S 的作用是输入信号选择，从 4 个输入端中选择 1 个音源信号。

扬声器保护电路的作用有两个，一是开机延时静噪，避开了开机时浪涌电流对扬声器的冲击；二是功放输出中点电位偏移保护，防止损坏扬声器。

电位器 RP_1 与隔离电阻 R_1、R_{21} 组成平衡调节电路，其作用是使左、右声道的音量保持平衡，这在双声道立体声功率放大器中是必需的。

（2）前置电压放大器。

前置电压放大器的作用是对音源信号进行电压放大。前置电压放大器由集成运放 IC_1 等构成，其特点是电路简单、可靠、无须调试。

音源信号由 IC_1 同相输入端（第 3 脚）输入，放大后由输出端（第 1 脚）输出，输出信号与输入信号同相。

在 IC_1 输出端（第 1 脚）与反相输入端（第 2 脚）之间，接有 R_2、R_3、C_2、C_3 组成的交流负反馈网络。由于集成运放的开环增益极高，因此其闭环增益仅取决于负反馈网络，电路放大倍数 $A = R_3/R_2 = 10$ 倍（20dB），改变 R_3 与 R_2 的比值即可改变电路增益。深度负反馈还有利于电路稳定和减小失真。

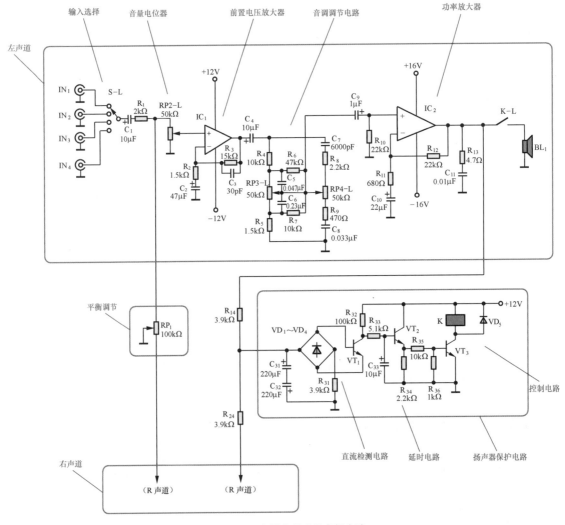

图 9-36 双声道高保真扩音机电路

（3）音调调节电路。

音调调节电路的作用是调节高、低音。由电阻 $R_4 \sim R_9$、电容 $C_5 \sim C_8$、电位器 RP_3 和 RP_4 等组成衰减式音调调节网络，平均插入损耗约 10dB。音调调节曲线如图 9-38 所示。

RP_3 是低音调节电位器，当 RP_3 动臂位于最上端时，低音信号最强；RP_3 动臂位于最下端时，低音信号最弱。

RP_4 是高音调节电路，当 RP_4 动臂位于最上端时，高音信号最强；RP_4 动臂位于最下端时，高音信号最弱。

（4）功率放大器。

功放放大器的作用是对电压信号进行功率放大并推动扬声器。采用了高保真音频功放集成电路 TDA2040（IC_2），具有输出功率大、失真小、内部保护电路完备、外围电路简单的特点。闭环放大倍数 $A = R_{12}/R_{11} = 32$ 倍（30dB），在 ±16V 电源电压下能向 4Ω 负载提供 20W 不失真功率。R_{13} 与 C_{11} 构成消振网络，保证电路工作稳定。

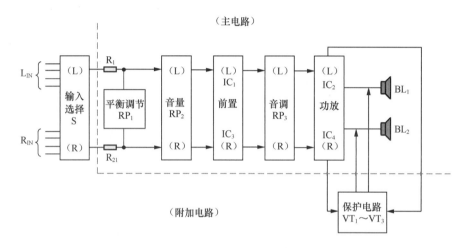

图 9-37　高保真扩音机电路原理方框图

（5）扬声器保护电路。

扬声器保护电路具有开机延时静噪和功放输出中点电位偏移保护两项功能，包括电阻 R_{14} 和 R_{24} 组成的信号混合电路，二极管 $VD_1 \sim VD_4$ 和晶体管 VT_1 组成的直流检测电路，晶体管 VT_2 和 R_{32}、R_{33}、C_{33} 等组成的延时电路，晶体管 VT_3 和继电器 K 等组成的控制电路。

开机延时静噪电路的作用是防止开机瞬间浪涌电流对扬声器的冲击。刚开机（刚接通电源）时，由于电容两端电压不能突变，C_{33} 上电压为 "0"，使 VT_2、VT_3 截止，继电器 K 不吸合，其接点 K-L、K-R 断开，分别切断了左右声道功放输出端与扬声器的连接，防止了开机瞬间浪涌电流对扬声器的冲击，如图 9-39 所示。

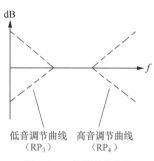

低音调节曲线　高音调节曲线
（RP_3）　　（RP_4）

图 9-38　音调调节曲线

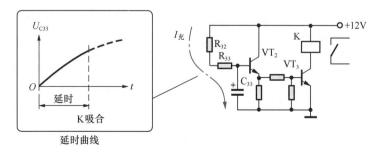

图 9-39　开机延时静噪原理

随着 +12V 电源经 R_{32}、R_{33} 对 C_{33} 的充电，C_{33} 上电压不断上升。经一段时间延时后，C_{33} 上电压达到 VT_2 导通阈值，VT_2、VT_3 导通，继电器 K 吸合，其接点 K-L、K-R 分别接通左右声道扬声器，机器进入正常工作状态。开机延时时间与 R_{32}、R_{33}、C_{33} 的取值有关，为 1～2s。

功放输出中点电位偏移保护电路的作用，是防止功放电路输出端出现直流电压而烧毁扬声器。如图 9-40 所示，二极管 VD_1 ～ VD_4 构成桥式电位偏移检测器。左、右声道功放输出端分别通过 R_{14}、R_{24} 混合后加至桥式检测器，R_{14}、R_{24} 同时与 C_{31}、C_{32}（两只电解电容器反向串联构成无极性电容器）组成低通滤波器，滤除交流成分。在功放工作正常时，其输出端只有交流信号而无明显的直流分量，保护电路不启动。

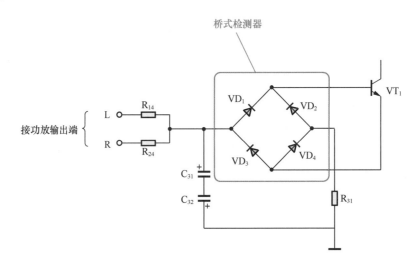

图 9-40　电位偏移检测电路

当某声道输出端出现直流电压时，如果该直流电压为正，则经 R_{14}（或 R_{24}）、VD_1、VT_1 的 b-e 结、VD_4、R_{31} 到地，使 VT_1 导通；如果该直流电压为负，则地电平经 R_{31}、VD_2、VT_1 的 b-e 结、VD_3、R_{14}（或 R_{24}）到功放输出端，同样也使 VT_1 导通。

VT_1 导通后，使 VT_2、VT_3 截止，继电器 K 释放，接点 K-L、K-R 断开，使扬声器与功放输出端脱离，从而保护了扬声器。VD_5 是保护二极管，防止 VT_3 截止的瞬间，继电器线包产生的反向电动势击穿 VT_3。

238. 电子沙漏

沙漏是一种古老的计时工具，也是一种玩具。电子沙漏以发光二极管表示沙粒，模拟沙漏的运动过程。电子沙漏会像真正的沙漏一样，上部的沙粒（点亮的发光二极管）一粒一粒往下掉，下部的沙粒一粒一粒堆起来。漏完以后，将电子沙漏倒过来，又会重新开始一粒一粒往下漏。

电子沙漏电路如图 9-41 所示，包括 5 个组成部分：① 集成电路 IC_1、IC_2 组成的 15 位移位寄存器；② 开关 S_1、S_2，二极管 VD_{16}、VD_{17}、VD_{18}，电阻 R_{16} 等组成的输入数据控制电路；③ 晶体管 VT_1 ～ VT_{15} 和 VT_1' ～ VT_{15}' 组成的输出状态控制电路；④ 发光二极管 VD_1 ～ VD_{15} 和 VD_1' ～ VD_{15}' 组成的显示电路；⑤ 反相器 D_1、D_2 等组成的时钟振荡器。图 9-42 所示为其原理方框图。

（1）电子沙漏的结构。

在结构上，两组各 15 个发光二极管分别排列成为两个三角形状，如图 9-43 所示。其中：VD_1 ～ VD_{15} 位于上部，排列成倒三角形状；VD_1' ～ VD_{15}' 位于下部，排列成正三角形状。两个三角形的顶尖相对，组成沙漏形状。当上部有一个发光二极管熄灭时，相应地下部就有一个发光二极管点亮，模拟了沙漏的运动。

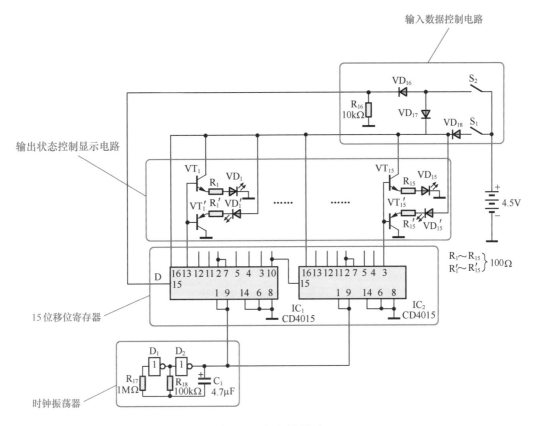

图 9-41 电子沙漏电路

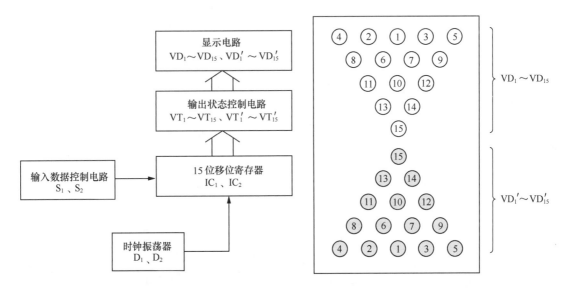

图 9-42 电子沙漏电路原理方框图　　　　图 9-43 发光二极管的排列形状

移位寄存器 IC_1、IC_2 级联组成 15 位移位寄存器，构成了电子沙漏的主体控制电路。每一位寄存单元都分别通过 NPN 晶体管 VT 和 PNP 晶体管 VT′ 形成 Q 和 $\overline{Q}$ 两个互为反相的输出状态，分别控制 VD 和 VD′ 两组发光二极管。15 位移位寄存器的串行数据输入端 D 的状态受位置控制电路的控制。

当电子沙漏正向放置时（发光二极管 $VD_1 \sim VD_{15}$ 在上部且全亮），串行数据输入端 $D = 0$，并在时钟脉冲 CP 的作用下逐步右移，使 $VD_1 \sim VD_{15}$ 一个接一个地熄灭，同时 $VD_1' \sim VD_{15}'$ 一个接一个地点亮，

直至 $VD_1 \sim VD_{15}$ 全灭、$VD_1' \sim VD_{15}'$ 全亮。

当把电子沙漏上下颠倒过来后，串行数据输入端 $D = 1$，并在 CP 作用下逐步右移，又使 $VD_1' \sim VD_{15}'$（此时在上部）一个接一个地熄灭，同时 $VD_1 \sim VD_{15}$（此时在下部）一个接一个地点亮，直至 $VD_1' \sim VD_{15}'$ 全灭、$VD_1 \sim VD_{15}$ 全亮。

（2）15 位移位寄存器。

15 位移位寄存器由 4 个 4 位移位寄存器串接而成（最后 1 位不用），如图 9-44 所示。其串行数据输入端 D 上的数据，在时钟脉冲 CP 上升沿的作用下向右移位。

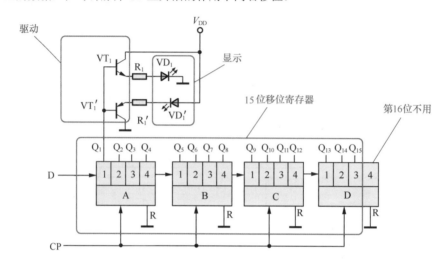

图 9-44　15 位移位寄存器

设 15 位移位寄存器初始状态为全 "1"，串行数据输入端 $D = 0$。当第一个 CP 脉冲到来时，移位寄存器的第一位变为 "0"；第二个 CP 脉冲到来时，移位寄存器的第二位变为 "0"……第 15 个 CP 脉冲到来时，移位寄存器的第 15 位变为 "0"，即 15 位移位寄存器的状态变为全 "0"。

由于 CD4015 的每一位寄存单元只有 Q 输出端，因此在每一位寄存单元的 Q 端同时接有 NPN 型（VT）和 PNP 型（VT'）两个射极跟随器，其输出状态为：$VT = Q$，$VT' = \overline{Q}$。

（3）输入数据控制电路。

电子沙漏的工作模式要求，当 $Q_1 \sim Q_{15}$ 为 "1" 时，输入数据 D 应为 "0"；当 $Q_1 \sim Q_{15}$ 为 "0" 时，输入数据 D 应为 "1"。D 端状态的转换由输入数据控制电路完成。当 $Q_1 \sim Q_{15}$ 为 "1" 时，由 S_1 接通电源，R_{16} 将 D 端箝位到地，$D = 0$；当 $Q_1 \sim Q_{15}$ 为 "0" 时，由 S_2 接通电源，电源电压经 VD_{16} 加至 D 端，$D = 1$。

（4）输出状态控制电路。

晶体管 $VT_1 \sim VT_{15}$ 构成 15 个 NPN 型射极跟随器，分别控制发光二极管 $VD_1 \sim VD_{15}$。晶体管 $VT_1' \sim VT_{15}'$ 构成 15 个 PNP 型射极跟随器，分别控制发光二极管 $VD_1' \sim VD_{15}'$。15 位移位寄存器的每一位寄存单元的 Q 输出端，同时接有 NPN 型（VT）和 PNP 型（VT'）两个射极跟随器。

以第一寄存单元为例：当 $Q = 1$ 时，NPN 晶体管 VT_1 导通，发光二极管 VD_1 亮；同时 PNP 晶体管 VT_1' 截止，发光二极管 VD_1' 灭。当 $Q = 0$ 时，NPN 晶体管 VT_1 截止，VD_1 灭；PNP 晶体管 VT_1' 导通，VD_1' 亮。

（5）位置控制电路。

由于电源开关 S_1、S_2 同时要控制移位寄存器输入数据 D 的状态，而 D 的状态又应与电子沙漏的摆放位置相关，因此 S_1、S_2 设计成重力开关结构。

当电子沙漏的 VD 发光二极管在上部时，重力开关的位置是 S_2 在上、S_1 在下，如图 9-45(a) 所示。这时，落下的金属球使 S_1 接通，+ 4.5V 电源经 VD_{18} 提供给电路工作。由于 VD_{17} 的阻隔作用，+4.5V 电源不能到达 D 端，$D = 0$。

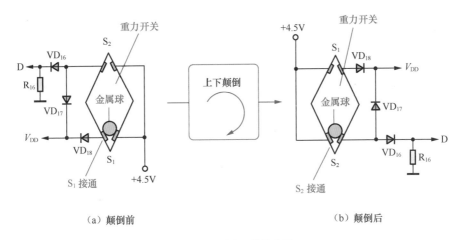

（a）颠倒前　　　　　　　　　　　　　　　　（b）颠倒后

图 9-45　重力开关的作用

当将电子沙漏颠倒过来后（VD′发光二极管在上部），变为 S_1 在上、S_2 在下，如图 9-45（b）所示。这时，落下的金属球使 S_2 接通，+4.5V 电源经 VD_{17} 提供给电路工作，同时经 VD_{16} 加至 D 端，使 $D=1$。

（6）速度控制电路。

反相器 D_1、D_2 组成多谐振荡器，产生频率约为 1Hz 的连续方波，作为移位寄存器的时钟脉冲 CP。改变 C_1、R_{18} 的大小可以调节振荡频率，也就是调节了电子沙漏的流动速度。振荡频率越高，沙漏速度越快。

使用时，将电子沙漏竖立起来，代表沙粒的发光二极管亮点便开始往下漏。漏完以后，将电子沙漏上下颠倒过来，又会重新开始往下漏。不用时，将电子沙漏横着放置，电源便会关断，所有发光二极管均熄灭。

239. 超声波探测器

超声波探测器工作原理类似于蝙蝠，它能够向前方发射看不见听不到的超声波束，可以在旁人毫无觉察的情况下，探测出前方一定范围内的障碍物。

图 9-46 所示为超声波探测器电路，由发射电路和接收电路两部分组成。发射电路包括时基电路 IC_1 等构成的音频多谐振荡器，时基电路 IC_2 等构成的超音频门控多谐振荡器。接收电路包括非门 D_1、D_2、D_3 等构成的超音频电压放大器，C_3、VD_1、VD_2 等构成的倍压检波器，非门 D_4、D_5、D_6 等构成的音频电压放大器，晶体管 VT 构成的射极跟随器。B_1 是发射用超声波换能器，B_2 是接收用超声波换能器。

图 9-47 所示为超声波探测器原理方框图，其工作原理是，发射电路中的超音频振荡器产生的 40kHz 超音频振荡信号，被音频信号调制后，通过超声波换能器向外发射超声波束。

接收电路中的超声波传感器接收到障碍物反射回来的超声波回波后，将其转换为电信号，经超音频放大、检波、音频放大后，使耳机发声。声音大小与接收到的超声波回波的强弱，即与障碍物的距离有关。

（1）发射电路。

发射电路由两个时基电路构成的多谐振荡器组成。第一个多谐振荡器（IC_1）是音频振荡器，产生 1kHz 音频信号去调制第二个多谐振荡器。第二个多谐振荡器（IC_2）是超音频多谐振荡器，振荡频率为 40kHz（超声波频率），RP_1 是振荡频率微调电位器。

第二个多谐振荡器（IC_2）还是一个门控振荡器，IC_2 的复位端 $\overline{MR}$（第 4 脚）没有直接接电源，而是接在 IC_1 的输出端（第 3 脚），这样一来，IC_2 振荡与否便由 IC_1 的输出信号控制。

当 IC_1 第 3 脚的输出信号为"1"时，IC_2 起振，其第 3 脚输出 40kHz 信号电压。当 IC_1 输出信号为"0"时，IC_2 停振，其第 3 脚输出信号电压为"0"。综合作用的效果是，IC_2 第 3 脚的输出信号是间歇性的脉冲串，驱动超声波换能器 B_1 向外发射被音频调制的 40kHz 超声波。

（2）接收电路。

接收电路由 CMOS 电压放大器、检波器和射极跟随器组成。给 CMOS 门电路加上适当的偏置电压，如图 9-48 所示，可使其工作于线性放大状态。在非门 D 的输出端与输入端之间并接一个反馈电阻 R_f，将非门 D 的工作点偏置于转移特性曲线的中间，则构成了一个电压放大器。

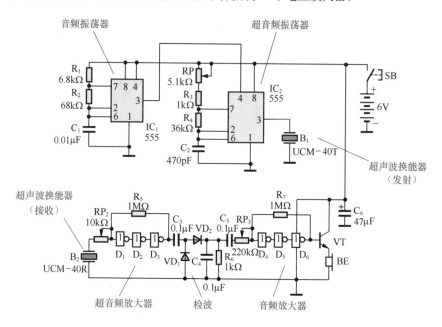

图 9-46 超声波探测器电路

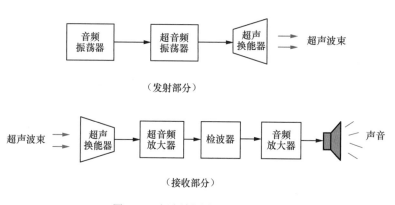

（发射部分）

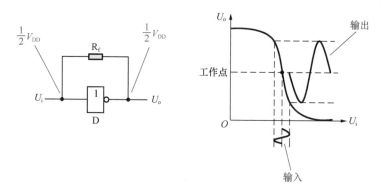

（接收部分）

图 9-47 超声波探测器原理方框图

图 9-48 CMOS 门电路的线性应用

电路中采用三个非门 D_1、D_2、D_3 串联构成电压放大器，可以获得很高的开环增益，其放大倍数 A 等于反馈电阻 R_f 与输入电阻 R_i 之比，即 $A = \dfrac{R_f}{R_i}$。

接收电路工作过程是，超声波换能器 B_2 接收到 40kHz 超声波回波后，转换为电信号，经超音频电压放大器（D_1、D_2、D_3）放大，倍压检波器（VD_1、VD_2）检波，得到 1kHz 音频信号。再经音频电压放大器（D_4、D_5、D_6）电压放大，射极跟随器（VT）电流放大后，驱动耳机 BE 发声。RP_2 是接收灵敏度调节电位器，RP_3 是音量调节电位器。

（3）超声波换能器。

超声波换能器是工作于超声波范围的电声器件，包括发射和接收两大类。超声波发射换能器的功能是将电信号转换为超声波信号发射出去，超声波接收换能器的功能是将接收到的超声波信号转换为电信号，也有些超声波换能器同时兼具发射和接收功能。图 9-49 所示为超声波换能器外形和符号。

超声波换能器的核心是压电晶体，它是利用压电效应原理工作的。超声波换能器内部结构如图 9-50 所示，由压电晶体、锥形共振盘、引脚、底座、外壳和防护网等部分组成。

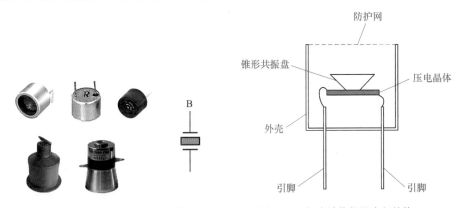

图 9-49　超声波换能器外形和符号　　　　图 9-50　超声波换能器内部结构

超声波发射换能器的工作原理是，当通过引脚给压电晶体施加超声频率的交流电压时，压电晶体产生机械振动向外辐射超声波。

超声波接收换能器的工作原理是，当超声波作用于压电晶体使其振动时，压电晶体产生相应的交流电压并通过引脚输出。锥形共振盘的作用是使发射或接收的超声波能量集中，并保持一定的指向角。

240. 电子催眠器

电子催眠器工作时会发出"滴、滴、滴"的模拟滴水声。专心地听着这滴水的声音，或者跟着这滴水声音数数，可以帮助失眠的朋友很快入睡。

图 9-51 所示为电子催眠器电路，其中晶体管 VT_1、VT_2 均作为电子开关。电子催眠器启动后，每 1.4 s 发出一声"滴"的滴水声，持续约 1h 后自动关机，这时您早已进入了甜蜜的梦乡。

电子催眠器电路由两大部分组成。电路图右半部分（VT_3、HA 等）是振荡电路，产生模拟滴水声音。电路图左半部分（VT_1、VT_2、S_1、S_2 等）是定时电路，产生开机、延迟关机和中止信号，定时电路控制着振荡电路的电源。图 9-52 所示为电子催眠器原理方框图。

（1）振荡电路。

振荡电路是一个由单结晶体管 VT_3 等组成的弛张振荡器。单结晶体管具有负阻特性，用其组成振荡器具有电路简单、易起振、输出脉冲电流大的特点。电阻 R_3 与电容 C_2 是定时元件，电磁讯响器 HA 是单结晶体管 VT_3 的负载。

单结晶体管 VT_3 的第一基极 b_1 输出宽度约为 1.2ms、脉冲间隔约为 1.4s 的窄脉冲，驱动讯响器 HA 发声，音响效果如滴水声。

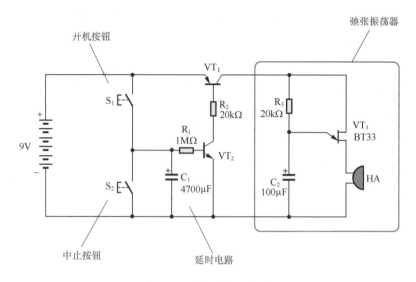

图 9-51　电子催眠器电路

（2）单结晶体管。

单结晶体管又称为双基极二极管，是一种具有一个 PN 结和两个欧姆电极的负阻半导体器件。单结晶体管具有 3 个管脚，外形和符号如图 9-53 所示。

单结晶体管最重要的特点是具有负阻特性，图 9-54 所示为单结晶体管特性曲线。当发射极电压 U_E 大于峰点电压 U_P 时，PN 结处于正向偏置，单结晶体管导通。随着发射极电流 I_E 的增加，大量空穴从发射极注入硅晶体，导致发射极与第一基极间的电阻急剧减小，其间的电位也就减小，呈现出负阻特性。利用单结晶体管的负阻特性可以很方便地构成弛张振荡器。

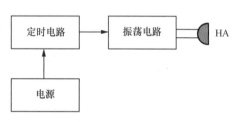

图 9-52　电子催眠器原理方框图

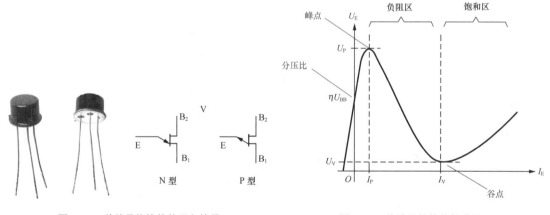

图 9-53　单结晶体管的外形和符号　　图 9-54　单结晶体管特性曲线

241.　时基电路电子催眠器

图 9-55 所示为采用时基电路构成的电子催眠器电路，启动后每 1.4s 发出一声"滴"的滴水声，持续约 1h 后自动关机，帮助您进入梦乡。

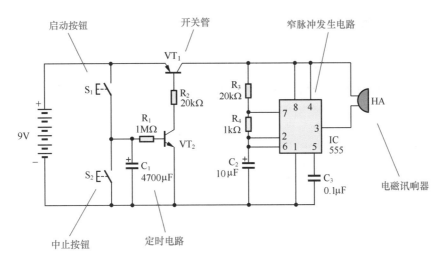

图 9-55　时基电路构成的电子催眠器电路

（1）振荡电路。

振荡电路是一个由时基电路（IC）构成的窄脉冲发生电路，电阻 R_3、R_4 与电容 C_2 是定时元件，电磁讯响器 HA 是 IC 的负载。

接通电源后，+9V 电源经 R_3、R_4 向 C_2 充电，充电时间 $T_1 = 0.7(R_3 + R_4)C_2$，约为 1.4 s。这时 555 时基电路输出端（第 3 脚）为"+9V"，电磁讯响器 HA 无声。

当 C_2 上电压达到 $\frac{2}{3}V_{CC}$ 时，555 时基电路翻转，放电端（第 7 脚）导通到地，C_2 上电压经 R_4 和放电端放电，放电时间 $T_2 = 0.7R_4C_2$，约为 7ms。这时 555 时基电路输出端（第 3 脚）变为"0"，电磁讯响器 HA 发声。

综上所述，555 时基电路输出宽度约为 7ms、脉冲间隔约为 1.4s 的窄脉冲，驱动电磁讯响器 HA 发声，音响效果如滴水声。

（2）定时控制电路。

定时控制电路是一个 1h 延迟开关电路，如图 9-56 所示，晶体管 VT_1 和 VT_2 均工作于开关状态。S_1 是启动按钮，S_2 是中止按钮。

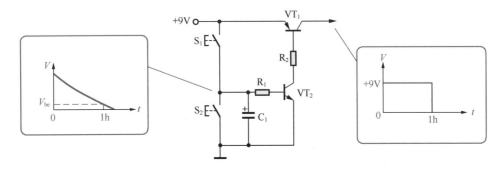

图 9-56　定时控制原理

按一下启动按钮 S_1，+9V 电源经 S_1 使电容器 C_1 瞬间被充满电，晶体管 VT_2 因基极通过 R_1 获得正向偏压而导通，并通过 R_2 使电子开关 VT_1 导通，+9V 电源经 VT_1 加至振荡电路使其工作。

随着 C_1 经 R_1、VT_2 的 b-e 结缓慢放电，约 1h 后，VT_2 因失去基极正向偏压而截止，电子开关 VT_1 随即截止而关断电源，使振荡电路停止工作。如欲中途关掉电子催眠器，按一下中止按钮 S_2，使 C_1 上的电荷迅速放掉即可。

242. 充电式催眠器

充电式催眠器电路如图 9-57 所示，电路由 3 部分组成：① 由二极管 VD 和 R_1 构成的充电电路，其作用是为储能电源充电；② 由电容器 C_1 构成的储能电源，为振荡电路提供工作电源；③ 由晶体三极管 VT、R_2、C_2 以及扬声器 BL 等构成的弛张振荡器，产生催眠声响。

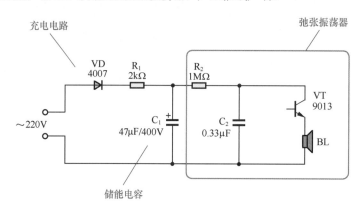

图 9-57　充电式催眠器电路

充电式催眠器是利用晶体三极管的负阻特性设计的，电路工作原理如下。

接通市电电源后，220V 交流电由二极管 VD 直接整流为直流脉动电压，通过 R_1 向 C_1 充电。由于 R_1 阻值较小，C_1 上电压很快被充至直流脉动电压的峰值 310V 左右。C_1 所储存的电能作为振荡电路的工作电源，使 R_2、C_2 与 VT 等构成的弛张振荡器起振，每一次 VT 击穿导通后，C_2 的放电电流就使扬声器发出"嘀"的一声声响。

断开 220V 市电电源后，C_1 所储存的电能继续为振荡电路提供工作电源，维持弛张振荡器振荡。但随着 C_1 所储存电能的逐渐减少，弛张振荡器的频率也逐渐降低，扬声器发出"嘀"声的时间间隔相应地越来越长，总的效果是该催眠器发出了"嘀""嘀""嘀"……由密集到稀疏的滴水声。当 C_1 所储存电能基本耗尽时，催眠器发出的滴水声也就停止了。

适当调节 R_2、C_2 的大小可以改变滴水声的节奏，以达到最适合自己的催眠音响效果。催眠器断开 220V 市电电源后的工作时间与 C_1 的大小成正比，本催眠器的工作时间约为 15min，可通过改变 C_1 来增加或减少工作时间。使用时，将催眠器充电插头插入 220V 市电电源插座充电数秒后拔下，即可将催眠器放在枕边听着滴水声安睡了。